# 肉品加工理论与新技术

栗俊广　著

中国纺织出版社

# 内 容 提 要

本书共分为四章，编者在近年来肉制品加工技术研究取得的成果上，综合了相关的书籍和资料，分别以肉制品低温保鲜技术、肌原纤维蛋白凝胶机理、外源添加物的凝胶改善技术以及中式肉制品加工新技术为切入点，系统的阐述了包括肉品冰温保鲜、浸渍速冻保鲜等在内的十余种肉品加工新技术和理论。本书适用于从事肉制品研究的各个水平的学者及相关产业的生产者，旨在为读者提供肉制品加工领域不同方向新技术研究与应用的指导与灵感。希望通过本书内容帮助读者对目前及将来潜在的肉品加工新技术形成全方位的感知。

**图书在版编目(CIP)数据**

肉品加工理论与新技术 / 栗俊广著. --北京：中国纺织出版社，2019.12

ISBN 978-7-5180-5581-4

Ⅰ.①肉… Ⅱ.①栗… Ⅲ.①肉制品—食品加工 Ⅳ.①TS251.5

中国版本图书馆CIP数据核字(2018)第263942号

---

责任编辑：闫 婷 郑丹妮　　责任校对：高 涵
责任印制：王艳丽

---

中国纺织出版社出版发行
地址：北京市朝阳区百子湾东里A407号楼　邮政编码：100124
销售电话：010—67004422　传真：010—87155801
http://www.c-textilep.com
官方微博 http://weibo.com/2119887771
北京玺诚印务有限公司印刷　各地新华书店经销
2019年12月第1版第1次印刷
开本：710×1000　1/16　印张：13
字数：250千字　定价：68.00元

---

# 序　言

肉制品产业是我国食品工业中第一大产业。改革开放以来，我国肉类总产量连续多年稳居世界首位，肉制品屠宰、加工、贮藏、保鲜、包装、运输等方面也有了很大发展，但在深加工、精加工、综合利用、质量和技术含量等方面仍存在一些问题，需要依靠科技进步和科研的深入来推动我国肉品加工行业的发展。故《肉品加工理论与新技术》一书意在为广大读者和科研工作者提供肉品加工业新思路和新方向。

以此为出发点，本书囊括了 4 章内容。每个章节涉及的每种新技术均由三部分内容构成：①概述部分——主要对该技术的机理及研究现状加以全面的论述；②方法与结果——向读者展示该技术的具体应用方法及结果；③结论与展望——对研究结果加以总结，讨论该技术在实验室研究过程中的缺陷和不足，并对其未来在学术和商业等领域的应用前景加以展望。

第一部分，肉品低温保鲜技术，除对现有的肉品低温冷藏技术进行系统的概述外，本章还详细介绍了冰温保鲜和浸渍式速冻保鲜两种新型保鲜技术的应用。

第二部分，肌原纤维蛋白凝胶，综述了肌原纤维蛋白形成凝胶的机理，然后对两种物理手段即超高压和超声波对凝胶的改善作用进行了概述。

第三部分，基于植物提取物的肌原纤维蛋白凝胶改善技术，列举阐述了不同种类外源添加物包括鹰嘴豆蛋白、改性花生蛋白、蒜粉、仙草多糖和木薯淀粉对肌原纤维蛋白凝胶的改善效果。

第四部分，中式肉制品加工新技术与发展，对酱卤肉制品、仙草贡丸等中式肉制品加工工艺和技术理论进行了阐述，并系统地研究了新技术对肉制品品质的改善作用，为其工业化发展提供理论依据。

本书适用于从事肉制品研究的初学者和已经加入该领域的各个水平的学者，旨在为读者提供肉制品加工领域不同方向新技术研究与应用的指导与灵感。希望通过本书内容帮助读者对目前及将来潜在的肉品加工新技术形成全方位的感知。本书作者虽然在书中提出了很多科学上和技术上的挑战，但相信随着科技的发展和研究的深入，所有的局限都是短暂的，肉品加工业定能取得举世瞩目的成就。

栗俊广

2019 年 10 月　郑州

# 目 录

# 1　肉品低温保鲜技术

## 1.1　肉品冷藏技术

中国作为世界肉类消费量第一的大国,随着生活水平的提高,人们的食品安全意识越来越强,对食品质量的要求也越来越高。由于人们消费意识的改变,我国肉类消费结构发生了明显的变化。2005 年,我国肉类加工率不足 5%,肉类产量中 90% 以上是以未经深加工的鲜(冻)肉形式直接出售,其中绝大多数是热鲜肉和冷冻肉,亚冰温肉的比例很低。在国外,亚冰温肉的销售始于 20 世纪 30 年代,时至今日,欧美和日本等国家都有了科学的加工工艺和流通技术,以及完善有效的质量控制体系,在他们所消费的生鲜肉中 90% 以上是亚冰温肉,英美等发达国家甚至提出不吃结冻肉的口号。世界肉类消费经历了热鲜肉、冷冻肉、和亚冰温肉三个发展阶段,本节重点讨论肉及肉制品的冷藏保鲜技术研究进展。

### 1.1.1　肉品种类及消费趋势

#### 1.1.1.1　热鲜肉

热鲜肉是指清晨宰杀、清早上市,还保持着一定温度的畜肉。

以往广大城乡居民较热衷于热鲜肉,“半夜宰猪,早市卖肉”,这是千百年来普遍的习惯。他们认为热鲜肉更新鲜、更卫生,但事实并非如此。众所周知,细菌的生长条件是要有丰富的营养、足够的水分和适宜的温度。热鲜肉的肉温较高,表面潮湿,适宜细菌繁殖;流通中温度较高,是细菌繁殖生长有利和酶类活性最大的环境;此外,热鲜肉在运输及销售过程中很容易受到污染。因此,热鲜肉非常不卫生且不安全。同时畜肉在贮存中,一旦通过尸僵期,其组织中各种自身的降解作用增强,其中三磷酸腺苷分解能又使肉温上升(有时温度可达 40 ~ 42℃),此时组织中酸性成分减少,pH 值上升,加之畜肉表面潮湿,为细菌的过度繁殖提供了适宜的条件。热鲜肉在流通中最低温度也有 10℃,最高时可达 35℃左右,因此热鲜肉在批发、零售到用户食用这一过程中,会受到空气中的尘埃和苍蝇、运输车辆、操作人员的手等多方面的污染,导致细菌大量繁殖(常见的有四联球菌、葡萄球菌等),造成肉表面腐败,形成黏液或变质。一般认为,热鲜肉的货架期不超过1 d。据报道，在肉温为37～40℃时，有害菌如大肠杆菌在肉上完成一个生命周期仅需17～19 min，按此计算，如在炎夏，几个小时后肉中的微生物量将会达到相当的数量，极易腐败变质，同时还将引发严重的食品安全问题。营养特性方面，热鲜肉从动物宰杀到被消费者食用所经过的时间短，一般未能完成屠宰放血—僵直变硬—解僵、自溶—成熟这一自身固有的变化过程，肌肉蛋白质尚未降解，易于为人体吸收的小分子肽、氨基酸也未足量形成。处于僵直期的肌肉，其酸度逐渐升高，硬度逐渐增大，可以增大到原有硬度的10～40倍，使肌肉的物理性质显著改变，表现为质地坚韧，缺少汁液，难于咀嚼，由此而影响到肉的消化、吸收，同时口感和风味也会大受影响。

#### 1.1.1.2 冷冻肉

冷冻肉是指采用－25℃以下的低温使肉快速降温并完全冻结，然后保存在稳定的－18℃条件下，以冻结状态销售的肉。

肌肉中含有70%～80%的水分，在水结冰时体积膨胀增大9%，形成的冰晶损伤细胞膜，冰晶越大损伤越重，在组织冻结状态下表现不影响，一旦解冻，即发生肉汁渗流造成可溶性营养成分的直接损失。在冰晶形成过程中，未结冰部分的溶质浓度逐渐升高，致使可溶性蛋白质发生盐析作用从溶液中析出，蛋白质的胶体性质遭破坏，可溶性蛋白的量也减少。冻结使蛋白质结构破坏后，对水的亲合力也下降，会影响到解冻后蛋白质的持水力。同时还会使缓冲能力减弱，酸性物质的增减会使$H^+$浓度出现较大波动，由此而促进蛋白质的变性。同时，没有与空气隔绝的冻结肉，结冰时组织中单分子层水也可能结为冰晶，使脂质失去了水膜的保护，在长期贮存过程中，脂质被氧化而降低营养价值。此外，在未达到最大僵直期的肉被冻结后，再行解冻时，有解冻僵直现象出现，此时达到最大僵直的时间会缩短，因而肉的收缩大、硬度高、汁液流失多、对营养和风味影响很大。大多数情况下，冻结肉是将宰杀完毕的屠体立即强制冷冻，继而冻藏形成的。由于仍然没有在适当的条件下，使肌肉组织完成正常的成熟过程，所以组织内蛋白质的降解、ATP的分解及某些小分子物质的二次反应尚未充分进行，所以导致作为鲜味物质基础的肽、氨基酸和核苷酸，作为香味物质基础的某些前体物十分缺乏，难以呈现鲜美滋味和特有香气。冷冻肉在解冻过程中，肌细胞基质中形成的冰晶（水结冰时体积变大）会刺破肌细胞，造成汁液流失，这些汁液中富含蛋白质等营养成分，造成营养物质和风味损失。

#### 1.1.1.3 冰鲜肉

冰鲜肉是严格执行宰前检疫、宰后检验制度，在－20～－27℃的超低温条件下使胴体中心温度在2 h内冷却到15℃以下，在24 h内降至0～4℃，并在随后的分割、冷藏、运输、销售环节中始终保持在0～4℃冷藏链的一种预冷加工肉。

冰鲜肉的生产是根据肉类生物化学的变化规律，从原料检疫、屠宰、快冷分割、剔骨、包装、运输、贮藏到销售的全过程始终处于全面品质管理体系的严格监控之下的生产过程。这样既保证了产品的高品质和标准化，也实现了生产的规模化和现代化。冰鲜肉遵循肉类生物化学基本规律，在适宜温度下，使胴体有序完成了尸僵、解僵软化和成熟这一过程，肌肉蛋白质正常降解，肌肉排酸软化，嫩度明显提高，非常有利于人体的消化吸收，这无疑等于营养价值的提高。由于冷链的形成，冰鲜肉中脂质的氧化从而受到抑制，减少了醛、酮等小分子异味物的生成，并防止了其对人体健康带来的不利影响。在成熟阶段，某些化学组分和降解形成的多种小分子化合物的积累，为熟化时肉香形成打下基础。冰鲜肉在冷却加工过程中，肌肉通过自溶酶的作用，使部分肌浆蛋白质ATP分解成次黄嘌呤核苷酸，肌肉中肌原纤维分解成肽和氨基酸，成为肉浸出物的成分，同时连接结构会变得脆弱并断裂成小片化，使肉变得柔嫩多汁并具有良好的滋味和气味，口感细腻、滋味鲜美。

冰鲜肉的概念于1978年引入我国，由于当时人们对冰鲜肉认识不足，肉产量不太大，家用冰箱和商用冷藏设备还不普及，冰鲜肉未能引起人们重视。经过二十多年来的发展，冰鲜肉已进入大中城市的超市，随着人民生活水平的不断提高，人们对健康营养食品的需求日益增加，人们对生鲜肉及其制品的品质及货架期的要求越来越高。近年来，随着冷链的普及，在我国收入较高的发达城市，冰鲜肉已占到人均年消费肉量的10%～15%。在国外，冰鲜肉的销售始于20世纪20、30年代，欧美发达国家鲜销肉几乎100%是冰鲜肉，澳大利亚、新西兰、丹麦等国家生产的冰鲜肉，除满足国内市场外，还出口到国外市场。总的说来，冰鲜肉是国际生鲜肉生产和消费的主流。

#### 1.1.1.4 肉品消费趋势

根据中国统计年鉴数据，统计分析得:1990～2010年城镇居民消费的主要畜产品及其制品的消费量都有所增长。其中以家禽和肉禽制品消费增长最为明显，家禽消费由1990年的3.4 kg增加到2010年的10.2 kg，增幅达200.0%；肉禽制品消费由1990年的5.7 kg增加到2010年的11.8 kg，增幅达107.0%，具体表现在消费结构上则呈现了从热鲜肉到冷冻肉，再从冷冻肉到冷却肉的发展趋势，形成了“热鲜肉广天下，冷冻肉争天下，冷却肉甲天下”的格局。但是，我国产品结构比重不合理，各类冷鲜肉、深加工肉品市场占有率低。目前，我国冷加工及冷链物流设施不足,白条肉、热鲜肉仍占全部生肉上市量的60%左右,冷鲜肉和小包装分割肉各自仅占10%,肉制品产量只占肉类总产量的15%,而且目前发展比较快的调理肉制品更低,与发达国家肉类冷链100%流通率、肉制品占肉类总产量50%比重的水平相比差距很大,且国外生鲜冷却肉已经向经过更加精细加工(如切丝、切片、调味、裹涂等)的调理制品发展。

### 1.1.2 肉品冷藏技术分类

#### 1.1.2.1 冷却冷藏

冷却冷藏,指将胴体置于-20~-27℃的冷却间约2 h排酸,使其中心温度迅速降至15℃左右,然后将经超低温冷却的猪胴体转入0~4℃的冷却间,充分排酸12~24 h,使肉的中心温度达到7~8℃以下,接着将包装好的产品置于0~4℃的库房再次排酸处理至发送,保持肉的中心温度在0~4℃的冷藏方式。经冷却冷藏的肉称为冷却肉。

冷却肉相对冷冻肉和热鲜肉在安全卫生、风味、营养方面都是最佳的。①从安全卫生方面讲,在冷却肉的生产条件下,酶的活性和大多数微生物的生长繁殖受到抑制,肉毒杆菌和金黄色葡萄球菌等病原菌不分泌毒素;同时肌肉中的肌糖原酵解生成乳酸,乳酸可以杀灭肉中的微生物,使冷却肉食用更安全。而热鲜肉屠宰后未经快速冷却过程,肉温常高达37~40℃,适于微生物的生长和繁殖,特别是沙门氏菌、大肠杆菌等适温性细菌的大量繁殖;②从风味方面讲,冷却肉的肌肉通过自溶酶的作用,使部分肌浆蛋白质分解成肽和氨基酸,成为肉浸出物的成分,同时ATP分解成次黄嘌呤核苷酸,使肉变得柔嫩多汁并具有良好的滋味和气味。经过"后熟"的肉,肌肉中肌原纤维的连接结构会变得脆弱并断裂成小片化,使肉的嫩度增加,肉质得到改善,变得柔软富有弹性;③从营养方面讲,冷却肉遵循尸僵、解僵和自溶的肉类生物化学基本规律,肌肉蛋白质正常降解,使肉的嫩度明显提高,有利于人体的消化吸收,使肉的营养价值提高了。

由于肉中含有丰富的营养成分,且水分活度高,是微生物生长和繁殖的理想培养基,所以很容易受微生物侵袭而产生种种不利变化,同时还受其他环境因素的影响,极易发生腐败变质。这不仅会导致经济损失和环境污染,更严重的是会危及人们的健康和生命。因此,为保证消费者的饮食健康安全,对肉的质量安全控制及有效的检测方法迫切需要。

#### 1.1.2.2 冻结冷藏

我国的肉类冻结普遍采用在两个蒸发温度系统，即 –15℃冷却系统和 –33℃冻结系统。将经过加工整理后的肉胴体先送入冷却间进行冷却，待肉体温度冷却至0～4℃时再送入冻结间进行冻结。

直接冻结工艺即将屠宰加工后的肉体，经冷却间滴干体表水后，不经过冷却过程直接送入冻结间，进行冻结的工艺。白条肉在直接冻结时，在低温和较大空气流速作用下，促使肉体深处的热量迅速向表层散热。在冻结过程中，冷空气以自然对流或强制对流的方式与食品换热。由于空气的导热性差与食品间的换热系数小，故所需的冻结时间较长。但是空气资源丰富，无任何毒副作用，其热力性质早已为人们熟知，所以用空气作介质进行冻结仍是目前最广泛的一种冻结方法。

间接冻结法是指把食品放在制冷剂（或载冷剂）冷却的板、盘、带或其他冷壁上，与冷壁直接接触，但与制冷剂（或载冷剂）间接接触。对于固态食品，可将食品加工为具有平坦表面的形状，使冷壁与食品的一个或两个平面接触；对于液态食品，则用泵送方法使食品通过冷壁热交换，冻成半融状态。如用盐水等制冷剂冷却空心金属板等，金属板与食品的单面或双面接触降温的冻结装置。其装置类型有平板冻结装置（Plater Reezer）、钢带式冻结装置（Steel – belt Reezer）、回转式冻结装置（Rotary Freezer）等。由于不用鼓风机，因此动力消耗低、食品干耗小、品质优良、操作简单，适用于水果、蔬菜、鱼、肉、冰淇淋等的冷冻，水产冷冻工厂对小型鱼虾类的应用特别普遍，其缺点是冻结后食品形状难以控制。

直接接触冻结要求食品（包装或不包装）与不冻液直接接触，食品在与不冻液换热后，迅速降温冻结。食品与不冻液接触的方法有喷淋法、浸渍法，或者两种方法同时使用。某些形式的间接接触冻结法易与直接接触法混淆，二者的区别点在于食品或其包装是否直接与不冻液接触。例如，把食品或经包装后的食品浸入盐水浴内或用盐水喷射，就是直接接触冻结；若同样的食品放在金属容器内，再把容器浸在盐水中，就是间接接触冻结。其中，盐水浸渍式冻结管要求使用的冷冻液无毒、无异味、经济等，但存在食品卫生问题，故一般不适用于未包装食品的冻结；液化气式连续冻结处理冻结速度快、时间短、干耗小、生产效率高，且食品在冻结中避免了与空气接触，不会产生食品的酸化、变色等问题，是一种高冻结品质的冻结设备，适用于各类食品的冻结，但操作成本高，主要是液氮的消耗和费用高。

### 1.1.3 影响冷藏肉品品质的因素

#### 1.1.3.1 温度的影响

现代肉类生产工业中，常用的冷藏温度主要有三种，即冷却冷藏(0～4℃)，冰温冷藏(-1～-5℃)，冻结冷藏(-18℃)这三种。

冰温带是指从0℃开始到组织冻结点的这一温度区域，在冰温带里，鲜肉处于将冻而未冻的活体状态，肌肉组织宰后的各种理化变化处于最低状态但仍在进行，能维持其正常的新陈代谢，可以保持食品的原有品质，而且可以避免冷冻食品在解冻时汁液流失和组织冻伤等问题。

冻结过程中，在-10℃的冻结温度条件下，冰晶仅在细胞间形成，-22℃时冰晶在肌细胞内外均有形成，-33℃时冰晶也仅分布在细胞间，-78℃、-115℃和-196℃时冰晶仅分布在肌细胞内，且-78℃时的冰晶较大，-115℃时冰晶相对较小，-196℃时冰晶很小且在整个肌肉组织中均匀分布。一般说来贮藏温度越低，样品的贮藏期越长，但是过低的冷冻温度却有负面影响，如液氮速冻后肉块的品质反而下降。

此外，温度波动也会对肉品品质产生重要影响。在贮藏、运输过程中，由于产品从冻结间转移到冻藏间，从一个冻藏间转移到另一个冻藏间，或者从冻藏间转移到带有冻藏室的车、船等运输工具上，到目的地后又存在再一次货物的转移。在这些转运过程中，不同环境的制冷能力有差异，同时有功耗、箱体的传热等因素的存在。一些学者的冷冻/解冻循环发现，温度波动越剧烈，肉样中冰晶的重结晶越严重，且随之产生更多的产品组织形态和新鲜度的劣变。当温度下降到肉品中水分冰点以下时是由外到内发生热传递并进行冻结的，而水冻结成冰时，其体积会增大9%，这对肌肉细胞会造成一定的损害作用。倘若在冻藏中存在温度波动，那么肌肉细胞内的冰晶就会被融化，进而在水势差的推动下流出到细胞外，发生重结晶，使得冰晶越长越大，对肉品品质造成不可弥补的伤害。研究表明，猪肉背最长肌随着冷冻-解冻次数的增加，肌肉的解冻损失、煮制损失增加，肌肉保水性下降；脂肪氧化加速、失去了新鲜肉应有的颜色；结缔组织膜破裂、肌肉结构松散、肌纤维断裂，肉的嫩度发生明显的变化；肌原纤维蛋白质发生明显降解。

温度波动还包括这样的情况，即肉片的冷冻发生在比贮藏温度低很多的环境，这在冷库冷冻中经常发生，一旦这样的情况发生，速冻也变得没有意义，这样会更消耗能量以将这些肉片调整到贮藏所需的温度，并且产生由于低的冷冻温度及随后的更高贮藏温度带来的影响。实际上,最终的质量使得这些温度变化成为应该避免的对象。因此,在生产过程中,应密切注意冷冻温度和冻藏温度之间的关系。

#### 1.1.3.2 冷冻速率的影响

我国1988年就颁布了“速冻食品技术规程(1988)”的国家标准,但是因为天然产品的成分与形状各不相同,人们把它们的特点变成数学模拟式计算出时间与产品实际冻结的时间不可能相符。在1990年国际制冷学会出版的《热带发展中国家冷藏手册》一书中指出,所谓快速冻结,即要求被冻食品的界面的进展速度要达到0.5~2 cm/h。用定性的概念来叙述:①根据低温生物学的观点来解释慢冻和快冻。所谓慢冻:是指外界的温度降与细胞组织内的温度降基本上保持等速;所谓快冻:是指外界的温度降与细胞组织内的温度降基本上保持不定值,并且有较大的温差;②食品在冻结时,能以最快的速度(或者说最短的时间)通过食品的最大冰晶区,这种速率称为速冻。关于食品的冻结速度,一般有下面几种表示法:

用定量的数字表示食品的冻结速率:被冻食品从0℃降至-5℃,其中风冷冻结:120~1200 min;中速冻结: 20~120 min;快速冻结:3~20 min。

用定量的冻结速率来表示:风冷冻结:0.1~1 cm/h;中速冻结: 1~5 cm/h;快速冻结:5~15 cm/h;超速冻结:10~100 cm/h(此种冻结,一般在液氮和液体二氧化碳中进行)。

保证冷冻食品的质量一直以来都是食品加工业中一个关键的问题,而冷冻食品质量的保证与冷冻速率有关,冷冻速度越快,形成的冰晶越小,对食品的质量影响越小。超急速冷却可明显改善食品色泽和质地,提高保水能力,对滴水损失、解冻损失和其他感官指标无明显影响;中速冷却和快速冷却可加速背长肌温度的下降,对pH的作用不明显,汁液流失有一定的降低,当风速达到4 m/s时,中速冷却可明显降低滴水损失率。快速冷却易引起冷收缩,尤其是当风速达到4 m/s时,但是快速冷却可明显降低胴体在冷却期的重量损失;慢速冻结会使肉形成大块冰晶,破坏细胞结构,解冻时引起汁液流失,对肉质影响较大。

#### 1.1.3.3 不同冻结工艺的影响

肉的冻结工艺分为一次冻结与二次冻结。

一次冻结:宰后鲜肉不经冷却,直接送进冻结间冻结。冻结间温度为-25℃,风速为1~2 m/s,冻结时间16~18 h,肉体深层温度达到-15℃,即完成冻结过程,出库送入冷藏间贮藏。

二次冻结:将预冷后的猪肉置于 -35℃的浸渍冷冻液或者风冷冷库中,待肉块的中心温度降到 -5℃时,迅速转移到 -18℃的冰箱中,使在冻藏的过程中肉块的中心温度缓慢达到 -18℃,分别为两阶段冷冻浸渍组和两阶段冷冻风冷组。

一次冻结与二次冻结相比,有如下优点:①缩短了加工时间;②减少水分蒸发,降低了干耗;③节省电量;④减少建筑面积,降低投资成本。

与二次冻结工艺相比,一次冻结工艺也有其缺点,主要为:①会使肉体出现寒冷收缩现象,尤其对羊、牛肉的影响较大,使其质量有所降低,但对猪肉的影响不大,因为猪肉脂肪层较厚,导热性差,其 pH 值比牛、羊肉下降快,因而不会发生寒冷收缩现象;②直接冻结工艺要求冻结间配置有较大的冻结设备和较严格的工艺。

#### 1.1.3.4 不同冷藏包装方式的影响

常用的肉品包装方法有气调包装、真空包装、含氧包装等。

$CO + CO_2 + N_2$气调包装是目前冷却肉保鲜方法中比较理想的一种,采用$CO + CO_2 + N_2$的冷却猪肉在 21 d 的贮存过程中,不仅挥发性盐基氮(TVB - N)值和硫代巴比妥酸(TBA)值低,红色稳定,而且无任何异味。真空包装的冷却猪肉 TVB - N 值和 TBA 值也比较低,但色泽呈淡紫色,汁液流失率高。含氧气调包装中,冷却猪肉的 TVB - N 值和 TBARS 值相对较高,特别是脂肪氧化加速,鲜红色泽 1 周后很快变为褐色,并有不良气味产生,但汁液流失率比较低,所以含氧包装仅适合保质期在 1 周以内的冷却猪肉。

除此以外,采用茶多酚、大蒜素等与天然可食性膜溶液研制成涂膜保鲜剂进行冷却肉的涂膜保鲜研究也日益受到人们的关注。

#### 1.1.3.5 不同保鲜剂的影响

保鲜剂具有对肉品中微生物繁殖、蛋白质氧化等进行抑制的作用,在食品生产和贮运过程中,添加保鲜剂可以提高耐藏性和尽可能保持肉品原有品质,从而延长冷却肉的货架期。按照来源的不同,食品保鲜剂可分为化学保鲜剂和天然保鲜剂两大类。

### 1.1.4 结论与展望

食品的速冻技术是目前国际公认的食品最佳保藏技术,食品的低温玻璃化保存是近年发展起来的一门新学科。玻璃化保藏能够最大限度地保持肉类的品质,降低冷冻伤害,研究原料肉的玻璃化转变温度以及冷冻速率对肌肉冻结时玻璃化转变的影响,对生产实际有重要的意义。

## 1.2 肉品冰温保鲜技术

冰温技术是继冷藏和气调贮藏之后的第三代保鲜技术,该方法是由日本的山根昭美首创,其研究始于20世纪70年代。冰温保鲜是将食品置于0℃到食品初始冻结点的温度范围内进行贮藏,大多数食品的初始冻结点处于-0.5~-2.8℃,冰温下生鲜食品生理活性可维持在最低程度,且不会产生冻害,与冷藏相比,冰温贮藏既能保持食品品质,又能延长食品货架期。

### 1.2.1 冰温保鲜技术作用机理

在低温条件下,食品被冷却,温度呈下降趋势,当温度降到一定程度时,食品中的自由水开始形成冰晶,释放大量潜热,此时温度会持续一段相对稳定期,这个阶段被称为"最大冰晶生成带",随后食品温度再次迅速下降,直至大部分水结冰,"最大冰晶生成带"对应的温度即是食品的冰点温度,零度以下冰点以上的温度即是食品的冰温带,简称冰温。在冰温带里,鲜肉处于将冻而未冻的活体状态,肌肉组织宰后的各种理化变化处于最低状态但仍在进行,能维持其正常的新陈代谢,可以保持食品的原有品质,而且可以避免冷冻食品在解冻时汁液流失和组织冻伤等问题。

肉品的冰点均低于0℃,当贮藏温度高于冰点时,细胞会始终处于活体状态。冰温保鲜的机理大致概括为以下几点:①将肉品温度控制在相应的冰温带内,这样可以将细胞的新陈代谢降到最低程度,宰后肌肉的生化反应继续进行,又能维持细胞的活化状态;②当肉品冰点较高时,肉品的冰温带就相对较小,可以人为注射盐、糖等冰点调节剂来降低肉品冰点,进而扩大冰温带,保证达到理想的冰温保鲜效果。

冰温保鲜的效果主要依赖以下几点要素:①食品的冰点各不相同,准确测定食品的冰点温度,这需要重复大量的实验来确定;②食品的包装方式、材料以及包装的密封性等因素都会影响到冰温的保鲜效果;③食品的冰温带范围很小,大部分为-2.8±0.5℃,如果冷藏库或冰温库的温度控制不精确或库温波动大,都会将冰温保鲜效果大打折扣。

### 1.2.2 冰温保鲜技术在肉品中的应用

冰温保鲜技术在食品领域的应用研究由最初的果蔬产品、水产品,再到后来的畜禽产品等范围不断扩大，由最初的冰温技术单一保鲜，逐渐发展到与保鲜剂保鲜技术、气调包装技术、臭氧冰膜技术等多种保鲜技术结合保鲜，再到冰温干燥保鲜技术、冰温后熟、低温驯化技术、冰温无水保活技术、超冰温技术保鲜等，进一步扩大了冰温保鲜技术的应用范围。冰温干燥保鲜技术是能使食品在冰温范围内干燥同时又不冻结的技术，食物经干燥后仍保持较高的鲜度，特别适合水产品和蔬菜类食品的干燥；在冰温环境下后熟的食品称为冰温后熟食品，相比于常温后熟，冰温后熟最大作用就是使食品的风味更鲜美，并且可以抑制微生物的增殖；低温驯化技术与冰温无水保活技术往往结合使用，低温驯化的速率对生物体的存活率有很大影响；超冰温技术是通过调节食品的冷却速率，使食品在低于冰点温度下保藏也不会冻结的技术，超冰温技术的提出使得冰温技术的研究领域进一步扩大。

在我国，研究者对冰温技术的研究稍晚于国外，为了加快冰温技术在国内的应用和发展，在努力研发冰温技术配套设备的同时，需要在温湿度控制、冰点调节剂等技术领域做进一步研究。目前，科研人员对不同种类食品的冰点降低方法进行了探索研究，不断研发出适用于不同种类食品的冰点调节剂，为冰温技术的应用打下基础。由冰温的机理可知，当食品的冰点温度较高时，可以通过向食品中加入一些小分子物质来降低其冰点，同时可使食品细胞在最大温度范围内处于活体状态，这些小分子物质就是冰点调节剂。食品中常用的冰点调节剂需要具备以下几个特点：可食用无危害、自身味道较小、分子量小、低温下易溶解、可维持溶液过冷却状态、不易结晶、亲水性强。食品中常用的冰点调节剂有氯化钠、氯化钙、蔗糖、葡萄糖、果糖、麦芽糊精、乙醇、山梨糖醇、维生素 C 等。

#### 1.2.2.1 冰温保鲜技术在水产品中的应用

冰温保鲜技术在鱼类、虾类、蟹类、贝类四大水产品上的应用研究均有涉及，并且冰温干燥技术、低温驯化技术、冰温无水保活技术、超冰温技术也在水产品领域得到了广泛的应用和研究。

冰温保鲜为采用 0℃到鱼体冰点之间的温度进行保鲜的方式，温度为 0 ~ 2℃，适用于成熟度较高及冰点较低的鱼体。冰温贮藏的水产品可较长时间保持原有的风味和质地，主要集中于鱼和虾蟹贮藏研究。冰温环境可以显著减少鱼肉中挥发性含氮物质的生成，增加鲜味氨基酸的生成，可以抑制鱼肉的腐败变质。目前，冰温技术在日本已经广泛应用于虾、蟹等水产品的贮运。冰温保鲜应用于水产品中，不仅能延长贮藏期，而且贮藏期的鱼类肉质更紧密坚实有弹性，色泽正常，纹理清晰，非常新鲜。

#### 1.2.2.2 冰温保鲜技术在畜禽肉品中的应用

相对于水产品,国外对冰温技术在畜禽肉中的应用研究很少,而国内对冰温技术在牛肉、猪肉、鸡肉等畜禽产品的保藏应用研究较多一些,目前主要集中在冰温保鲜技术结合保鲜剂保鲜技术、气调保鲜技术对牛肉、羊肉、猪肉、鸭肉、鸡肉等品质的影响研究,以及冰温后熟技术的研究等。冰温结合真空包装牛肉有效延迟了牛肉的僵直和解僵,牛肉的组织结构性质变化缓慢,对于宰后牛肉组织结构的改善效果最好;真空包装烤猪肉在 -2.0℃保藏期间表现出感官品质保持较好、微生物数量少、汁液流失率少等优点,其货架期明显高于传统 3.5℃保藏的对照组;采用冰温保鲜及传统冷藏技术对鸡蛋进行处理,通过测定贮藏期间鸡蛋气室大小及质量损失率、蛋黄指数、哈夫单位及挥发性盐基氮等指标,发现冰温保藏效果明显优于普通冷藏法。

### 1.2.3 不同冰温保鲜条件对肉品品质的影响

本节以 4℃冷鲜贮藏为对照组,比较 -0.7℃冰温处理组和 -2.4℃复合冰点调节剂处理组的肉品品质变化。

#### 1.2.3.1 剪切力、硬度的变化

按照《NY/T 1180—2006 肉嫩度的测定 剪切力测定法》进行取样。

TAXT. Plus 质构分析仪测试条件如下:

剪切力:测试探头:HDP/BSK;测前、测试速度:2.0 mm/s,测后速度:5.0 mm/s;测试距离:30.0 mm。

硬度:测试探头:P/35 圆柱形探头;测前、测中、测后速度分别为:2.0 mm/s、1.0 mm/s、5.0 mm/s;压缩比:40%。

剪切力大小可以反映肉的嫩度,剪切力越小,嫩度越大。从图 1-1 中可以看出,随着贮藏时间的延长,鸡胸肉在三种贮藏条件的剪切力不断增大。在同一贮藏时间内,与 4℃条件下贮藏相比,两种冰温条件下贮藏的鸡胸肉剪切力值较低,这可能是因为低温降低了内源性酶的活性以及微生物的活动,延缓了蛋白质组织的降解,从而使鸡胸肉保持较好的嫩度。

硬度是使鸡胸肉达到一定形变所需要的力。硬度测定结果如图 1-2 所示。从图 1-2 可以看出,随着贮藏时间的延长,三种贮藏条件下鸡胸肉的硬度不断下降。与 4℃相比,冰温条件下贮藏鸡胸肉硬度值下降趋势较缓,这可能是因为低温可以抑制微生物和 ATP 酶活性,从而延缓蛋白质的降解,使肌肉硬度的下降速度减慢。

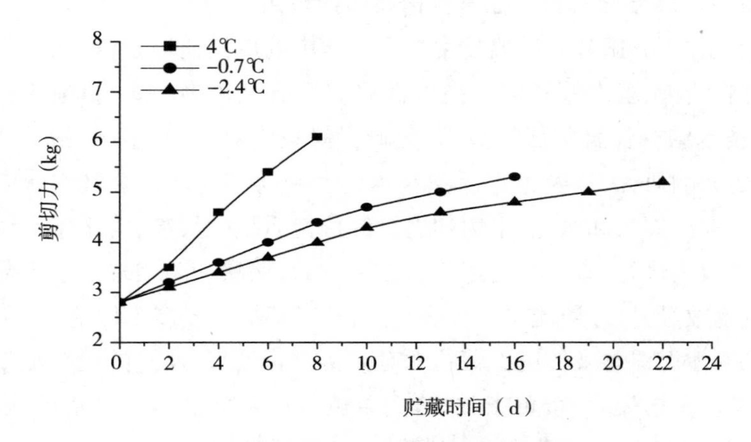


图 1－1　不同贮藏温度条件下鸡胸肉剪切力的变化

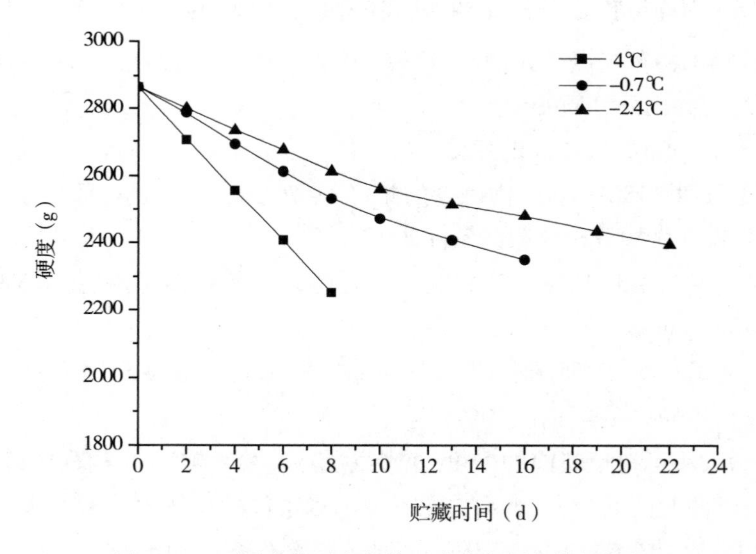


图 1－2　不同贮藏温度条件下鸡胸肉硬度值的变化

### 1.2.3.2　pH 值的变化

按照《GB/T 9695.5—2008 肉与肉制品 pH 值测定》方法，采用 pH 计测定。

pH 值评价标准为：一级鲜度 pH 值≤5.8～6.2，二级鲜度 pH 值≤6.3～6.6，腐败变质肉 pH 值为 6.7 以上。从图 1－3 可以看出，在 4℃条件下，pH 值随着贮藏时间的延长迅速升高，贮藏至第 8 d，pH 值升至 6.68，几乎腐败变质；在 －0.7℃条件下，贮藏至第 16 d 时，pH 值为 6.44，尚在二级鲜度范围内；在

-2.4℃条件下,贮藏至第22 d时,pH值为6.53,仍在二级鲜度范围内。从图1-3可以看出,贮藏温度对其pH值的变化有显著影响。与4℃贮藏相比,冰温贮藏条件能够显著延缓pH值的上升,这可能是因为在低温条件下,微生物的增殖和影响糖酵解等物质能量代谢的酶活性受到一定程度的抑制,致使产酸反应减弱,同时,蛋白质和氨基酸代谢产生碱性基团和胺类物质,致使pH值上升。

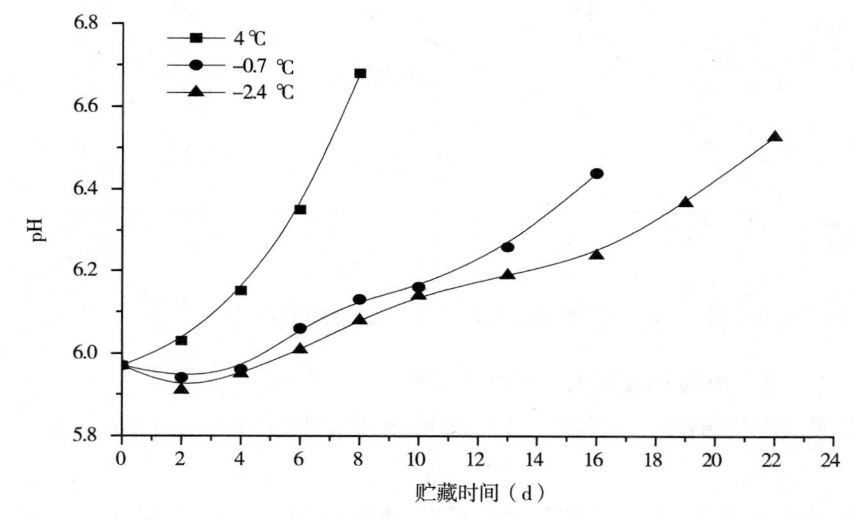


图1-3　不同贮藏温度条件下鸡胸肉pH值的变化

#### 1.2.3.3　TVB-N值的变化

参考《GB/T 5009.44—2003 肉与肉制品卫生标准的分析方法》中挥发性盐基氮的测定方法,采用自动凯氏定氮仪对样品进行测定。

从图1-4可以看出,4℃贮藏条件下,随贮藏时间延长,肉品的TVB-N值迅速增加,贮藏至第8 d,TVB-N值为22.37 mg/100g,已经超过《GB 16869—2005 鲜、冻禽产品》标准中规定的限值15 mg/100g;-0.7℃下贮藏至第13 d,TVB-N值为14.78 mg/100g,仍未超过标准要求;-2.4℃下贮藏至第22 d才刚刚超过15 mg/100g。

与4℃相比,冰温条件下TVB-N值上升缓慢,这可能是因为TVB-N值的变化与蛋白质的降解有关,在贮藏过程中,低温可以抑制相关酶的活性和微生物的增殖,从而延缓了酶和微生物对蛋白质的分解作用,使鸡胸肉的新鲜度在冰温条件下保持较长时间。

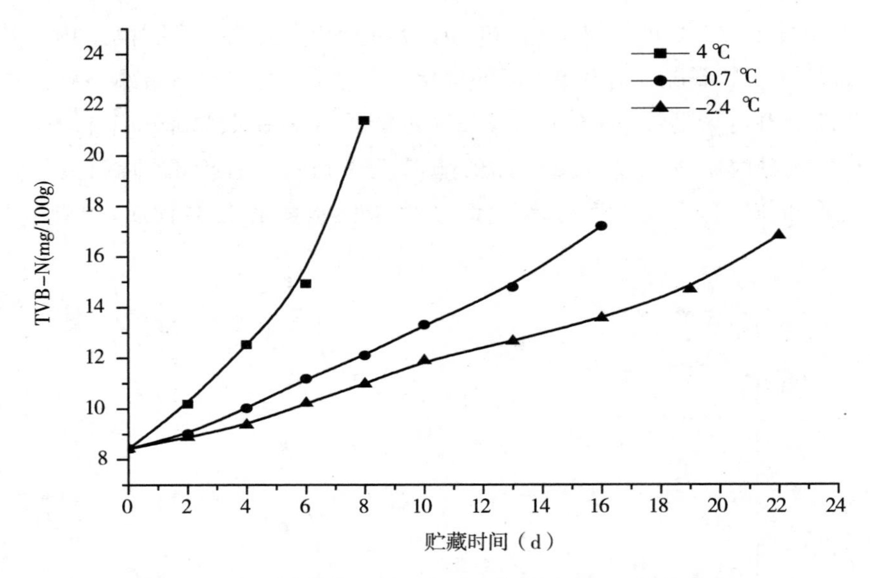


图 1－4　不同贮藏温度条件下鸡胸肉 TVB－N 值的变化

### 1.2.3.4　菌落总数和大肠菌群的变化

按照《GB/T 4789.2—2010 食品微生物学检验菌落总数测定》测定菌落总数。

按照《GB/T 4789.2—2003 食品微生物学检验大肠菌群测定》测定大肠菌群。

菌落总数的测定结果如图 1－5 所示。在 4℃条件下，菌落总数增长迅速，到第 8 d 时，菌落总数为 $7.9\times10^6$ CFU/g，超过《GB 16869—2005 鲜、冻禽产品》标准中规定的限值 $1\times10^6$ CFU/g，已经腐败变质；在冰温条件下，菌落总数增长缓慢，－0.7℃条件下，贮藏至第 13 d，菌落总数才升至 $2.2\times10^5$ CFU/g；－2.4℃条件下，贮藏至第 19 d，菌落总数为 $4.8\times10^5$ CFU/g，仍未腐败变质。

可以看出，相对于 4℃贮藏，冰温条件能够很好地抑制微生物的生长，这可能是因为在冰温条件下，水分子排布有序，可供微生物利用的自由水含量较少，微生物的生长繁殖受到抑制。

大肠菌群测定结果如图 1－6 所示。在贮藏过程中，大肠菌群均未超出《GB 16869—2005 鲜、冻禽产品》标准中规定的限值 $1\times10^4$ MPN/100g。与 4℃贮藏相比，冰温条件下贮藏，大肠菌群增长更缓慢，说明冰温带温度对其生长产生了较好的抑制作用。

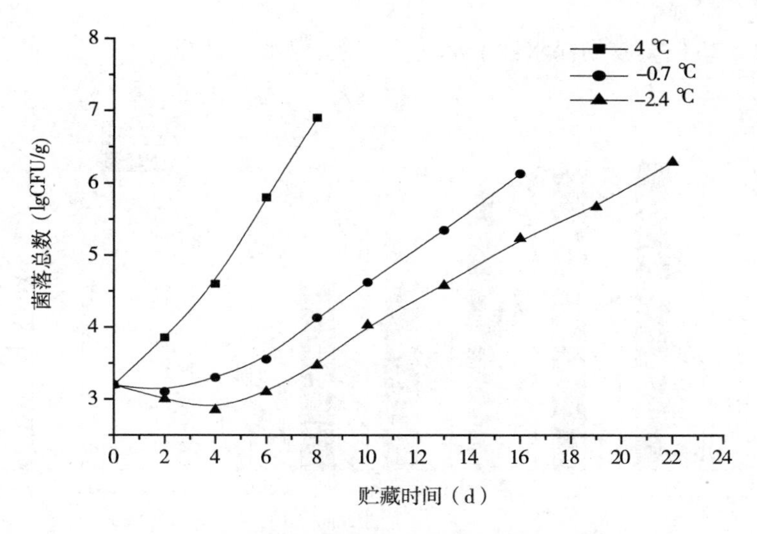


图 1－5 不同贮藏温度条件下鸡胸肉菌落总数的变化

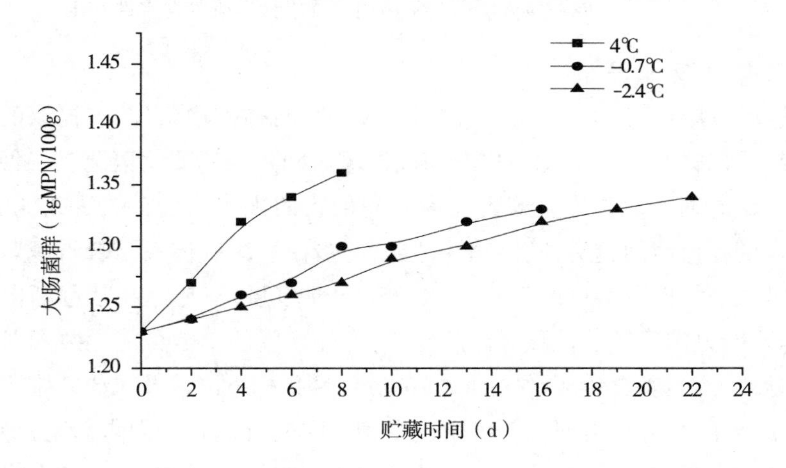


图 1－6 不同贮藏温度条件下鸡胸肉大肠菌群的变化

## 1.2.4 冰温保鲜技术对肌原纤维蛋白凝胶特性的影响

### 1.2.4.1 保水性

在－0.7℃冰温和4℃冷鲜两种贮藏条件下，鸡胸肉肌原纤维蛋白凝胶的保水性测定结果如图1－7所示。不同贮藏条件下，凝胶的保水性均呈现出不断下降的趋势，在贮藏的前期，凝胶的保水性变化较缓慢，随着贮藏时间的延长，凝胶保水性的下降速度加快。相对于4℃冷鲜保藏，－0.7℃冰温保藏条件下鸡胸肉的肌原纤维蛋白凝胶的保水性下降速率较慢,保水性更好。

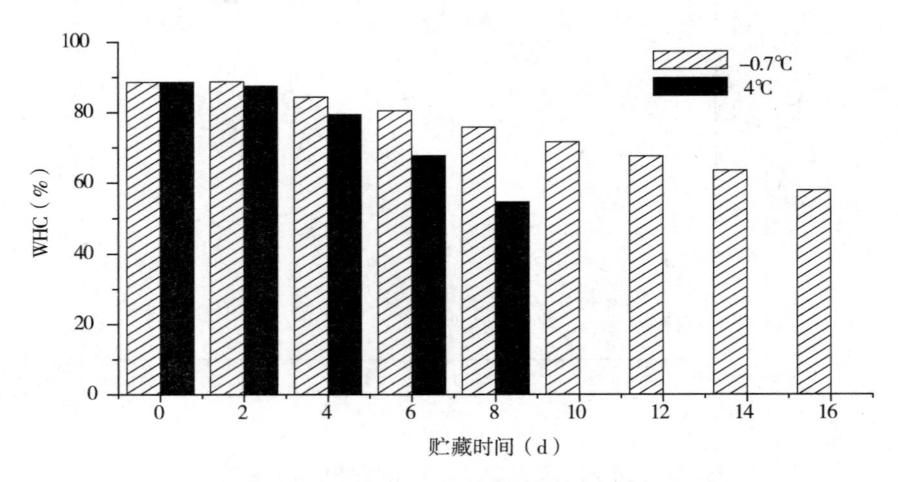


图1-7　不同贮藏温度下鸡胸肉肌原纤维蛋白凝胶保水性变化

### 1.2.4.2　水分分布

表1-1、表1-2分别表示在4℃和-0.7℃两种贮藏条件下,提取的鸡胸肉肌原纤维蛋白凝胶的 $T_2$ 弛豫时间分布随贮藏时间延长的变化情况。三种状态的水随着贮藏时间的延长均呈现出弛豫时间延长的规律。已有的研究证明,不同状态的水的弛豫时间越短,其流动性越弱,与蛋白质凝胶体系结合得越紧密。弛豫时间延长表示肉品蛋白凝胶中的水分流动性增强,不易流动水逐渐向自由水转化,这可能是因为随着贮藏时间的延长,内外环境的影响可能导致了肌原纤维蛋白的盐溶性、巯基含量、$Ca^{2+}$-ATPase等活性指标下降以及肌原纤维蛋白疏水基团逐渐暴露,也有可能肌原纤维蛋白受到了引起其氧化的因素影响,导致蛋白质受到了一定程度的氧化,从而导致其品质不断劣化,提取率和凝胶形成能力不断下降,形成的凝胶网络结构粗糙化,网孔孔径变大,从而导致凝胶的持水性不断下降。

对比这不同贮藏温度下 $T_2$ 各峰弛豫时间的变化速率可以发现,-0.7℃冰温贮藏条件下凝胶的 $T_2$ 弛豫时间变化较慢,这说明冰温条件下贮藏肉制品可以延缓其蛋白质的劣变,更好地保持肉蛋白质的品质。同时,在不同贮藏温度下贮藏的前两天,肌原纤维蛋白凝胶的结合水、不易移动水的峰值变化不显著($p<0.05$),这可能是鸡胸肉结束了僵直、解僵过程,进入成熟期,肌原纤维蛋白的提取率重新回升,从而使得形成的凝胶品质良好。

表1-1 4℃贮藏鸡胸肉提取肌原纤维蛋白凝胶 $T_2$ 弛豫时间变化趋势

| 贮藏时间(d) | $T_{2b}$(ms) | $T_{21}$(ms) | $T_{22}$(ms) | $T_{23}$(ms) |
|---|---|---|---|---|
| 0 | $1.31 \pm 0.02^{a}$ | $31.24 \pm 0.11^{a}$ | $96.86 \pm 0.05^{a}$ | $1146.02 \pm 0.04^{a}$ |
| 2 | $1.32 \pm 0.01^{a}$ | $32.07 \pm 0.09^{b}$ | $103.27 \pm 0.14^{b}$ | $1157.35 \pm 0.04^{b}$ |
| 4 | $2.25 \pm 0.14^{b}$ | $41.13 \pm 0.03^{c}$ | $127.43 \pm 0.05^{c}$ | $1222.60 \pm 0.01^{c}$ |
| 6 | $3.73 \pm 0.08^{c}$ | $50.12 \pm 0.05^{d}$ | $195.62 \pm 0.03^{d}$ | $1359.44 \pm 0.05^{d}$ |
| 8 | $4.64 \pm 0.03^{d}$ | $67.15 \pm 0.06^{e}$ | $232.81 \pm 0.04^{e}$ | $1413.96 \pm 0.02^{e}$ |

注:同列字母不同表示差异显著($p<0.05$)。

表1-2 -0.7℃贮藏鸡胸肉提取肌原纤维蛋白凝胶 $T_2$ 弛豫时间变化趋势

| 贮藏时间(d) | $T_{2b}$(ms) | $T_{21}$(ms) | $T_{22}$(ms) | $T_{23}$(ms) |
|---|---|---|---|---|
| 0 | $1.31 \pm 0.01^{a}$ | $31.24 \pm 0.12^{a}$ | $96.86 \pm 0.03^{a}$ | $1146.02 \pm 0.06^{a}$ |
| 2 | $1.30 \pm 0.02^{a}$ | $31.29 \pm 0.08^{a}$ | $98.61 \pm 0.02^{b}$ | $1152.41 \pm 0.04^{b}$ |
| 4 | $1.53 \pm 0.05^{b}$ | $36.33 \pm 0.11^{b}$ | $101.17 \pm 0.04^{c}$ | $1172.60 \pm 0.02^{c}$ |
| 6 | $1.88 \pm 0.01^{c}$ | $42.82 \pm 0.03^{c}$ | $117.62 \pm 0.05^{d}$ | $1221.43 \pm 0.05^{d}$ |
| 8 | $2.14 \pm 0.06^{d}$ | $47.54 \pm 0.03^{d}$ | $136.03 \pm 0.11^{e}$ | $1254.06 \pm 0.03^{e}$ |
| 10 | $2.78 \pm 0.03^{e}$ | $51.85 \pm 0.07^{e}$ | $151.86 \pm 0.01^{f}$ | $1305.88 \pm 0.07^{f}$ |
| 12 | $3.31 \pm 0.02^{f}$ | $56.48 \pm 0.03^{f}$ | $179.47 \pm 0.04^{g}$ | $1347.07 \pm 0.01^{g}$ |
| 14 | $3.82 \pm 0.03^{g}$ | $61.81 \pm 0.05^{g}$ | $196.29 \pm 0.03^{h}$ | $1371.69 \pm 0.03^{h}$ |
| 16 | $4.24 \pm 0.11^{h}$ | $66.55 \pm 0.08^{h}$ | $219.11 \pm 0.05^{i}$ | $1402.25 \pm 0.08^{i}$ |

注:同列字母不同表示差异显著($p<0.05$)。

表1-3和表1-4分别表示在这两种贮藏温度下,鸡胸肉肌原纤维蛋白凝胶各弛豫峰的面积百分数变化情况。随着贮藏时间的延长,不同贮藏条件下不易流动水的面积百分数均呈下降趋势,自由水的面积百分数不断增加。结合凝胶保水性的测定结果可以发现,自由水含量的增加直接导致了凝胶保水性的下降;同时,在贮藏末期,冰温贮藏条件下凝胶的保水能力与冷鲜贮藏凝胶的保水能力相当,甚至更好。因此,相对于4℃冷鲜贮藏,-0.7℃冰温贮藏可以更好维持肌原纤维蛋白凝胶的保水能力。

表1-3 4℃贮藏鸡胸肉提取肌原纤维蛋白凝胶各弛豫峰峰面积百分数的变化

| 贮藏时间(d) | $T_{2b}$(%) | $T_{21}$(%) | $T_{22}$(%) | $T_{23}$(%) |
|---|---|---|---|---|
| 0 | $0.34 \pm 0.02^{a}$ | $0.27 \pm 0.01^{a}$ | $81.77 \pm 0.06^{a}$ | $17.62 \pm 0.03^{a}$ |
| 2 | $0.33 \pm 0.01^{a}$ | $0.25 \pm 0.03^{a}$ | $79.05 \pm 0.02^{b}$ | $20.37 \pm 0.05^{b}$ |
| 4 | $0.29 \pm 0.03^{b}$ | $0.19 \pm 0.01^{b}$ | $72.98 \pm 0.11^{c}$ | $26.54 \pm 0.12^{c}$ |
| 6 | $0.27 \pm 0.02^{bc}$ | $0.16 \pm 0.02^{b}$ | $69.48 \pm 0.09^{d}$ | $30.09 \pm 0.03^{d}$ |
| 8 | $0.24 \pm 0.01^{c}$ | $0.12 \pm 0.01^{c}$ | $62.39 \pm 0.05^{e}$ | $37.24 \pm 0.05^{e}$ |

注:同列字母不同表示差异显著($p<0.05$)。

表 1-4 -0.7℃贮藏鸡胸肉提取肌原纤维蛋白凝胶各弛豫峰峰面积百分数的变化

| 贮藏时间(d) | $T_{2b}$(%) | $T_{21}$(%) | $T_{22}$(%) | $T_{23}$(%) |
|---|---|---|---|---|
| 0 | $0.34\pm0.03^{ab}$ | $0.27\pm0.01^{ab}$ | $81.77\pm0.03^{a}$ | $17.62\pm0.04^{a}$ |
| 2 | $0.35\pm0.02^{a}$ | $0.29\pm0.02^{a}$ | $81.56\pm0.06^{b}$ | $17.80\pm0.03^{b}$ |
| 4 | $0.33\pm0.03^{abc}$ | $0.28\pm0.04^{a}$ | $79.32\pm0.02^{c}$ | $20.07\pm0.02^{c}$ |
| 6 | $0.31\pm0.01^{bcd}$ | $0.26\pm0.01^{ab}$ | $78.68\pm0.11^{d}$ | $20.75\pm0.12^{d}$ |
| 8 | $0.30\pm0.02^{bcd}$ | $0.25\pm0.02^{ab}$ | $75.49\pm0.07^{e}$ | $23.96\pm0.02^{e}$ |
| 10 | $0.29\pm0.04^{cde}$ | $0.23\pm0.01^{bc}$ | $72.45\pm0.12^{f}$ | $27.03\pm0.01^{f}$ |
| 12 | $0.27\pm0.02^{def}$ | $0.20\pm0.01^{cd}$ | $69.33\pm0.02^{g}$ | $30.20\pm0.05^{g}$ |
| 14 | $0.25\pm0.03^{ef}$ | $0.17\pm0.04^{d}$ | $66.91\pm0.04^{h}$ | $32.67\pm0.13^{h}$ |
| 16 | $0.23\pm0.01^{f}$ | $0.13\pm0.01^{e}$ | $63.57\pm0.06^{i}$ | $36.07\pm0.03^{i}$ |

注:同列字母不同表示差异显著($p<0.05$)。

#### 1.2.4.3 流变性

调整肌原纤维蛋白样品浓度至 30 mg/mL 后进行测量。流变性测试条件为:夹具为 40 mm 平行板,狭缝 1.0 mm,应变 1%,频率 1 Hz。测试程序:升温范围 20~80℃,升温速率 1 ℃/min,每个样品重复 3 次。

肌原纤维蛋白凝胶的储能模量 $G'$ 大小反映其弹性的强弱。4℃冰鲜贮藏和 -0.7℃冰温贮藏鸡胸肉提取的肌原纤维蛋白凝胶的储能模量 $G'$ 的变化如图 1-8、图 1-9 所示。凝胶储能模量 $G'$ 都经历三个阶段:凝胶形成区、凝胶减弱区、凝胶加强区。其中凝胶形成区的温度范围在 49.9℃之前,凝胶减弱区的温度范围在 49.9~57.9℃,凝胶加强区在 57.9~72.0℃,在 72℃以后凝胶的储能模量 $G'$ 随着温度的升高缓慢下降。在温度升高的过程中,肌原纤维蛋白发生了以下变化:在凝胶形成区的前期,由于温度比较低,肌原纤维蛋白的内部结构没有发生明显的变化,随着温度的不断升高,肌原纤维蛋白的二级结构中的 α-螺旋含量开始降低,肌球蛋白头部发生聚集,蛋白质开始变性形成凝胶;在凝胶减弱区,此时肌球蛋白尾端双螺旋链逐渐打开,肌球蛋白头部聚集作用逐渐降低,肌原纤维蛋白二级结构中的 β-折叠含量上升但来不及重排,导致储能模量 $G'$ 值忽然降低,此时凝胶的弹性较低;随着温度的不断升高,肌球蛋白尾端发生交联,β-折叠重排的速率加快,在疏水基和二硫键等作用力的作用下,具有三维空间网络结构的凝胶体系形成。在储能模量 $G'$ 达到最高值后,如果温度继续升高,$G'$ 值开始缓慢下降,这可能是因为过高的温度能够破坏凝胶网络结构。

对比不同贮藏温度下凝胶的储能模量 $G'$ 不难发现,在前 8 d 的贮藏期内,

-0.7℃冰温贮藏条件下凝胶的储能模量 $G'$ 值总体高于4℃冷鲜贮藏,贮藏至第8 d时,4℃冷鲜贮藏和-0.7℃冰温贮藏条件下凝胶储能模量值分别为256 Pa和373 Pa,在整个贮藏期内,-0.7℃冰温和4℃冷鲜两种贮藏条件下肌原纤维蛋白凝胶的储能模量最大值分别为457 Pa、455 Pa,说明冰温贮藏条件下提取的肌原纤维蛋白凝胶的强度更好,提取的肌原纤维蛋白品质更高。

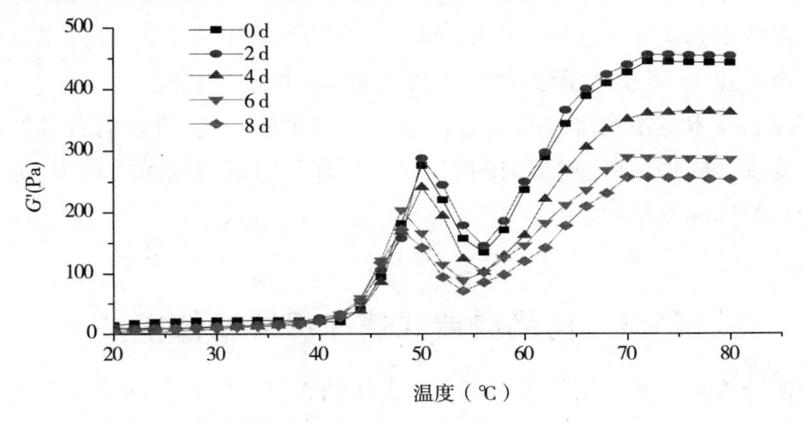


图1-8 4℃贮藏鸡胸肉肌原纤维蛋白的储能模量($G'$)

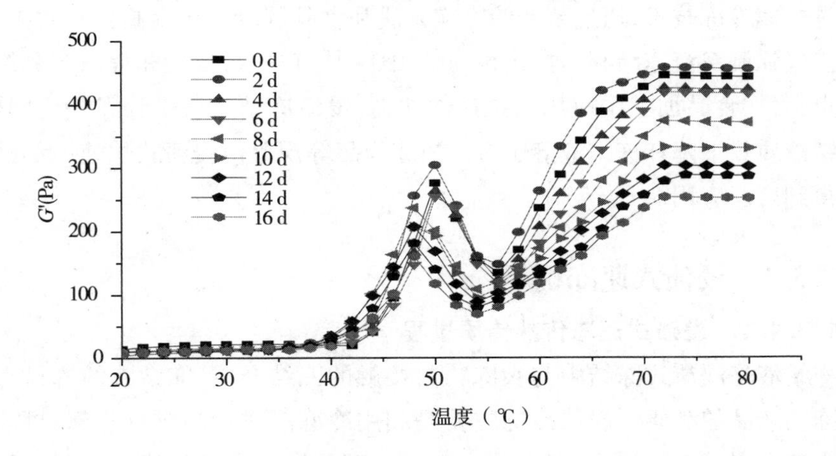


图1-9 -0.7℃贮藏鸡胸肉肌原纤维蛋白的储能模量($G'$)

### 1.2.5 结论与展望

我国关于冰温研究主要集中于水产品和果蔬中,而在肉品中的研究及应用相对较少。水产品比肉品及果蔬更易发生腐败,且发达国家的研究已经证实了水产品冰温保鲜的优良效果,这更加激发了科研工作者对水产品冰温保鲜的研究兴趣;掌握冰温保鲜技术的国家大多都是水产大国,如日本、挪威等国都是临海国家,水产品资源富饶,对猪肉、牛肉的生产量和消费量远低于水产品,因此并未投入过多的资源用于肉品的冰温保鲜研究中;冰温技术对温度的要求非常严,冰温设备要求同时具备稳定性和准确性,这对设备的要求非常高,加大了冰温研究及推广应用的难度。

冰温技术真正在企业中的应用问题,主要是冰温库的建立,尤其是冰温库的温控系统的建立,以及冰温运输链、销售链中温度的控制问题。

将冰温技术应用到禽肉及其制品的生产加工中,不仅符合消费者对高品质产品的要求,同时能够促进禽肉的深加工,丰富我国禽肉制品的种类,提高我国禽肉制品的国际竞争力。

## 1.3 肉品浸渍式速冻保鲜新技术

浸渍冷冻主要是利用一系列对食品无味和无毒等特性的冷冻液作为载冷剂或制冷剂,与食品直接接触,通过直接的热交换方式实现快速冻结。浸渍冷冻作为一种快速冷冻技术,通过革新的冷冻方法和食品制冷系统提高传热效果,与传统的空气强制对流冻结和间接接触冻结相比,具有高效、节能和提高产品终质量的优点,可在食品加工中应用与推广。然而,浸渍冻结过程中存在一些问题,比如冻结液质量下降和冻结液溶质渗入被冻物品等现象使浸渍式快速冻结技术仍无法得到广泛应用。

### 1.3.1 浸渍式速冻机理

#### 1.3.1.1 浸渍式速冻传热传质过程

冻结液是浸渍式冻结中与被冻物料接触的冻结介质,冻结液的选择直接决定着冻结产品的品质。浸渍冷冻主要是利用冷冻液对食品进行冷冻,目前主要的冷冻液有三元、二元和一元液体。由于乙醇能够在食品的保存和蒸煮的过程中挥发,所以乙醇和氯化钠溶液能够用于所有水产品和肉类的冷冻,同时还能提高肉类制品和水产品的保质期。三元的冷冻液主要有氯化钠、乙醇和水溶在一起的混合溶液,或者是盐和糖的水溶液;二元的冷冻液主要为水和其他溶质,如氯化钠溶液、氯化钙溶液和酒精水溶液,这三种溶液应用得最多;一元冷冻液主要是利用液氮或 $CO_2$ 作为冷冻剂,直接对食品进行冻结,冻结的温度可以在很低的温度下进行(液氮和 $CO_2$ 的沸点温度分别在 -196℃和 -78℃),所以利用液氮

和 $CO_2$ 直接浸渍冻结也称为低温冻结(Cryogenic Freezing)。

直接浸渍冻结中冻结液直接与被冻物品相接触,因此对冻结液的要求相对比较高。首先,冻结液的冻结点要低,一般不能高于 -30 ~ -35℃,而且传热系数大,黏度小;其次,性质稳定,即安全无毒、不燃不爆、腐蚀性小;最后,价格不能过高。但是常用的冻结液都存在一些缺陷,比如,酒精溶液易挥发,氯化钙溶液不可用于直接浸渍式冻结中,糖溶液黏度大等。

目前的国内外研究主要集中在浸渍冻结过程中的传热传质过程方面。

(1)传热过程机制。

以氯化钠溶液为载冷剂研究冻结过程的表面热传递系数,结果表明随着雷诺数 Re 和普朗特数 Pr 增加,其努塞尔数也增大。采用吉布斯自由能模式预测制冷剂的比热容、密度和冻结点等热物理性质,采用有限差分法建立数学模型以预测浸渍冻结过程中的传热和传质规律,结果表明,温度越低,溶液浓度越小,冻结速率越快,溶质吸收量越少,扩散系数越小,食品中吸收的溶质量越小,热传递系数越大。

(2)传质过程。

在传热平衡之前,传质速率比较快,但是由于冻结时间比较短,故传质的量比较少;冻前将原料预冷到冰点以下,提高冻结速率,可降低载冷剂与冷冻食品间传质的量。

#### 1.3.1.2　浸渍式速冻优势

浸渍冷冻具有很多优于其他冷冻方法的优势:

(1)冷冻速度快。

浸渍冷冻能提高食品的冻结速度、减少能耗和降低成本,直接浸渍冷冻所采用冷冻液的传热系数是空气的传热系数的数倍,在常压下,20℃时空气的导热系数为 0.0256 W/(m·K),大多数液体的导热系数值介于 0.116 ~ 0.628 W/(m·K)之间。

如在豌豆冻结过程中,直接浸渍冷冻是空气对流隧道式冻结的 7 ~ 10 倍,在空气温度为 -40℃,流速为 5 m/s 的条件下,冻结到所需的温度需要 15 ~ 20 min,而在 -21.5℃的氯化钠 - 乙醇水溶液中只需要 2 min 就可以达到所需的温度,并且直接浸渍冷冻的传热系数是空气对流冷冻传热系数的 24 倍左右;在肉的冻结中,不同的冻结方法冻结速率差别很大,采用空气强制对流冻结,从室温降到 -30℃需要 24 h;而采用冷冻液为乙醇的浸渍冷冻,从室温降到 -30℃只需要 1.5 h。目前有些学者通过浸渍冷冻与超声波相结合来提高浸渍冷冻的速度。超声波已经被证明有利于提高水冻结过程中晶核的形成和冰晶成长，所以利用超声波结合浸渍冷冻，发现经过超声波处理的土豆的浸渍冷冻速率高于没经过处理的土豆，在功率为 15.85 W 的超声波处理 2 min 的土豆的冷冻时间最短。

(2)能耗少，成本低。

在食品加工中，如何既能保证食品的质量，又能降低能耗，成为食品加工中一个很关键的问题。在沙丁鱼的冻结中，采用直接浸渍冷冻比采用空气强制对流冷冻节省一半的成本与时间，而在牛肉糜和菠菜的冷冻中，采用氯化钙溶液直接浸渍冷冻的成本最低，并且设备费用比空气强制对流冷冻的设备费用低 30%；以草莓为例，采用一个详细的计算模型从技术和经济上（投资、操作费用、能耗、原材料和各种辅料等）评估直接浸渍冷冻、空气强制对流冷冻和液氮超低温冷冻这三种冷冻方法在整个冷冻过程的费用。研究结果表明，直接浸渍冻结的总体成本最低，以年工作时间为 4000 h 计，液氮—机械低温冻结、空气强制冻结和直接浸渍冷冻的总冷冻成本分别为 0.096、0.07、0.06 欧元/kg。在蔬菜冷冻加工过程中，采用直接浸渍冷冻的全部能耗比采用空气强制对流冷冻的能耗能够节约 25%，直接浸渍设备的成本是机械制冷成本的 1/4。这些对于食品冷冻产业的发展有着重要的意义。

(3)提高产品的质量。

在冷冻过程中，导热越快越能降低食品中的温度，而温度的降低更能延缓肉类中的生物化学反应，降低由酶引起的一系列变质并抑制微生物的生长，特别是对于水产品这类比较容易受污染的食品，快速降温对保证质量更加重要。采用直接浸渍冷冻技术快速亚冰温肉，能够减少肉中挥发物质的损失，并减少汁液流失。低温盐水直接浸渍冷冻已经应用于渔船上水产品保鲜，采用温度为 -5℃ 左右，浓度为 18% 的氯化钠溶液对刚捕获的水产品进行快速冷冻，能保证水产品的质量和延长水产品的保鲜期。

同时，直接浸渍冷冻技术通过保持食品的质构、口感、外观来保持食品的质量，减少干耗和延长食品的货架期。

#### 1.3.1.3 抗冻剂

浸渍式冷冻在低温下保持液体状态，是在其中加入抗冻剂的缘故。一般将拥有抗冻效果的化合物称为抗冻剂。相关研究认为，抗冻剂一般应具有相对较小的分子量，一个—OH 或—COOH 必需基团和分子中的功能性基团之间合理分布。主要包含一些分子量比较小的糖或糖醇类、磷酸盐类以及具有抗冻效果的蛋白类。

（1）糖类抗冻剂。

糖类物质中含有大量的游离羟基使其具有抗冻功能：①糖类的游离羟基能与水分子通过共价键进行牢固地结合，可以有效束缚小分子的水，减少冰晶体的形成，抑制冰晶的长大；②蛋白质分子与分子中的游离羟基结合，使其处于饱和状态，增强了蛋白质分子的结构稳定性，从而避免蛋白分子之间发生聚集，抑制蛋白质冷冻变性。

有相关研究表明，较为有效的抗冻剂有己糖（果糖、葡萄糖）和二糖（乳糖、蔗糖）。通常作为抗冻剂的糖类物质主要有山梨醇、多聚葡萄糖、蔗糖等，工业中通常采用的抗冻剂为4%山梨醇和4%蔗糖的混合物。研究发现虾壳和蟹壳的水解产物具有一定的抗冻效果；将多聚磷酸盐、山梨醇和蔗糖作为抗冻剂应用到鲢鱼的冻藏过程中发现，其可以有效抑制鲢鱼蛋白质含量的下降；低浓度的壳聚糖溶液对猪肉的品质具有较好的保护作用，可以有效延长其货架期。

（2）磷酸盐类抗冻剂。

磷酸盐具有较好的抗冻效果，其作用机理可归纳为：①磷酸盐能够增强肌肉中的离子强度，提高盐溶性蛋白的溶出率，并且还能促使肌浆蛋白与盐形成一种特殊网络结构（对水分具有保护作用）；②磷酸盐能够提高肌肉的 pH 大小，使肌肉的 pH 向着中性或偏碱性方向转移，使其偏离蛋白质的等电点，增强蛋白分子间的静电作用，提高肉制品的持水力；③蛋白质中某些金属离子能与磷酸盐发生螯合作用，如 $Mg^{2+}$、$Ca^{2+}$ 等，促使蛋白质释放出羧基，游离的羧基彼此间存在静电斥力，增强了蛋白质结构的疏松度，抑制了蛋白质的冷冻变性。

研究鲈鱼在磷酸盐中浸泡，-20℃低温环境冻藏一个月后，发现鲈鱼仍有较好的感官品质，磷酸盐对于鲈鱼的品质有一定的改善作用；在猪肉凝胶中添加多聚磷酸盐，发现多聚磷酸盐增强了猪肉凝胶的稳定性和保水性，增加了凝胶强度和凝胶弹性，提高了蛋白质溶解度；磷酸盐对海鲈鱼具有良好的蛋白抗冻效果；多聚磷酸盐能够较好地减缓巯基氧化以及 $Ca^{2+}$-ATPase 的活性下降，提高罗非鱼的抗冻保水性，说明多聚磷酸盐能够对冻藏过程中罗非鱼的品质进行较好的保护。

（3）蛋白类抗冻剂。

蛋白质酶解的水解产物中含有一些具有特定理化活性的酶解物，这些酶解物中羟基、羧基数量较多，能够与蛋白质发生结合，从而增强蛋白质结构的稳定性，在一定程度上可以抑制蛋白质的冷冻变性，同时起到保水剂的作用，因此可以将蛋白质的酶解物作为一种抗冻剂使用。也有专家和学者认为主要是因为蛋白质的酶解产物中含有一定的亲水性氨基酸可以与水作用形成氢键,从而提高蛋白结构的稳定性。

在研究鳙鱼鱼糜的冻藏过程中将一种蛋白酶解产物加入其中,发现冻藏结束后鱼糜仍有较好的质构和感官特性;研究鱼肉冻藏期间添加蛋白水解物的品质的变化,发现蛋白水解物能够有效保障鱼肉的品质;将骨蛋白水解物添加到鲫鱼冷冻鱼糜中,研究其在贮藏期间品质的变化,发现骨蛋白水解物能够抑制鲫鱼鱼糜的脂肪氧化和蛋白变性,较好地保持鱼糜的品质。

### 1.3.2 浸渍式速冻技术研究现状

浸渍冻结是一种新型快捷、高效安全的速冻方法,已经被广泛应用于水产品和生鲜果蔬(荔枝、车厘子)等。浸渍冻结的优点是冷却或冻结速率快、耗时短且效率高。即食品在冻结过程中与载冷剂直接或间接接触换热后迅速降温,它是一种新型且理想的冷冻加工技术。

低温浸渍快速冷冻工艺中可以使用的载冷剂的最佳组成是:乙醇 20%、丙二醇 21%、氯化钠 4% 的水溶液;研发出的一种新型的冻结液(由乙醇、丙二醇、氯化钠、甜菜碱组成)来速冻脆肉冻结效果好,冻结点可达到 -66.10℃。

然而在工业生产和日常应用中,直接浸渍冻结技术由于以下一些缺陷而导致其发展受阻:

①食品在与载冷剂反复接触过程中会释放残留物导致载冷剂的理化性质被破坏,安全性降低;

②食品在与载冷剂的长期接触过程中会吸收载冷剂溶质,而过量的吸收会影响食品安全及品质;

③乙醇和氯化钠都是常用且有效的浸渍冻结液成分,但乙醇在使用过程中存在着容易挥发的特点,而氯化钠作为一种常见的盐类容易对生产设备造成腐蚀,导致经济损失;

④工业生产中对冷冻液的品质要求非常高,冷冻液的冻结点偏高或者黏度过大均不能做冷冻液。

因此,优化出一种冻结点低、黏度低、性质稳定的冻结液十分关键。

### 1.3.3 预冷技术对冻后猪肉品质的影响

屠宰加工中胴体预冷是一个关键工序,它直接关系到肉的品质、卫生和工厂的经济效益。目前,胴体的预冷工艺可大致分为三种:快速冷却(quick chilling)、急速冷却(shock chilling)和超急速冷却(very quick intensive chilling),具体工艺参数见表1-5。

按表1-6处理,研究预冷对冻结后猪肉品质的影响。

**表1-5　亚冰温肉生产中猪胴体冷却工艺指导参数**

| 指导参数 | 快速冷却 | 急速冷却 | | 超急速冷却 | |
|---|---|---|---|---|---|
| | | 第一阶段 | 第二阶段 | 第一阶段 | 第二阶段 |
| 制冷功率($W/m^3$) | 250 | 450 | 110 | 600 | 50 |
| 室温(℃) | 0~2 | -6~-10 | 0~2 | -25~-30 | 4~6 |
| 制冷风温(℃) | -10 | -20 | -10 | -40 | -5 |
| 风速(m/s) | 2~4 | 1~2 | 0.2~0.5 | 3 | — |
| 冷却时间(h) | 12~20 | 2.5 | 8 | 2.0 | 8 |
| 胴体温度(℃) | 4~7 | <7 | | <7 | |
| 重量损失(%) | 1.8(7℃) | 0.95 | | 0.95 | |

**表1-6　不同预冷处理**

| 组别 | 处理方法 |
|---|---|
| 1 | 浸渍-35℃冷冻,终点温度为-5℃,-5℃贮藏,为浸渍亚冰温组 |
| 2 | 浸渍-35℃冷冻,终点温度为-18℃,-18℃贮藏,为浸渍冷冻组 |
| 3 | 风冷35℃冷冻,终点温度为-5℃,-5℃贮藏,为风冷亚冰温组 |
| 4 | 风冷35℃冷冻,终点温度为-18℃,-18℃贮藏,为风冷冷冻组 |

#### 1.3.3.1　预冷对猪肉冷冻过程中降温速率的影响

由图1-10和图1-11可知,猪肉不预冷而从室温直接进行浸渍冷冻时,通过最大冰晶生成带(-1~-5℃)的时间为8 min,其中从-1℃到-3.8℃区间温度变化缓慢,所需时间为7 min,从0℃到-18℃的时间为11 min;猪肉预冷处理后再进行浸渍冷冻时,通过最大冰晶生成带(0~-5℃)的时间为8 min,其中从-1℃到-3.8℃所需时间为5 min,从0℃到-18℃的时间为13 min。综上,浸渍冷冻时,不预冷组通过-1℃到-3.8℃区间所需时间与预冷组相比要长,而通过此区间之后继续冷冻至-18℃时,所需时间与预冷组相比要少。由图7和图8可知,猪肉不预冷而从室温直接风冷冷冻时,通过最大冰晶生成带的时间为91 min,从0℃到-18℃的时间为130 min;先预冷再冷冻时,通过最大冰晶生成带的时间为74 min,从0℃到-18℃的时间为125 min。

因此,浸渍冷冻时温度通过-1~-3.8℃的区间时,温度下降相对较慢,预冷组与不预冷组通过最大冰晶生成带的时间相同;预冷后风冷冷冻时通过最大冰晶生成带的时间比不预冷组少 17 min,而冷冻至 -18℃时时间相近(图 1-10 ~ 图 1-13)。

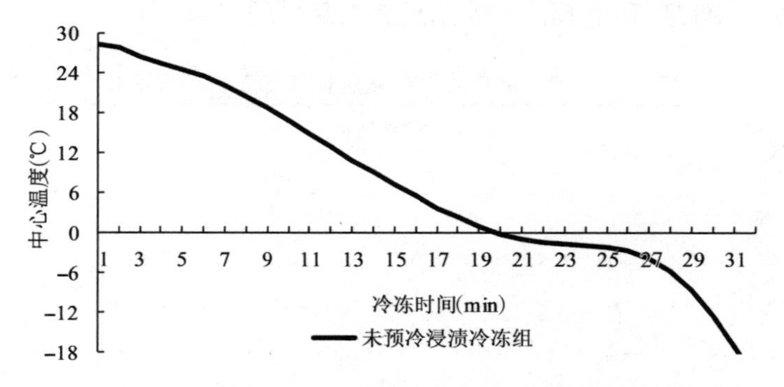


图 1-10　未预冷浸渍冷冻组温度变化曲线

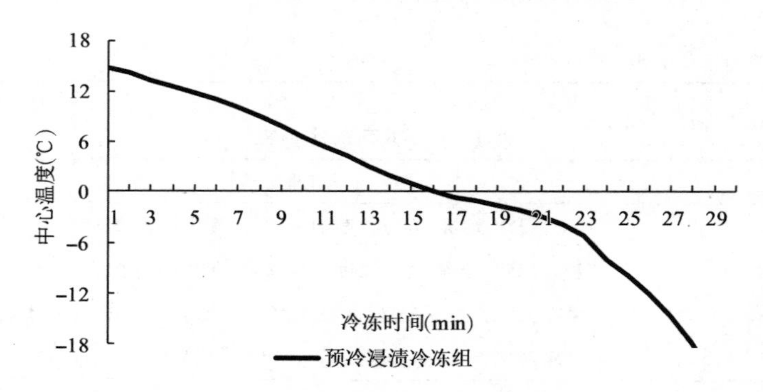


图 1-11　预冷后浸渍冷冻组温度变化曲线

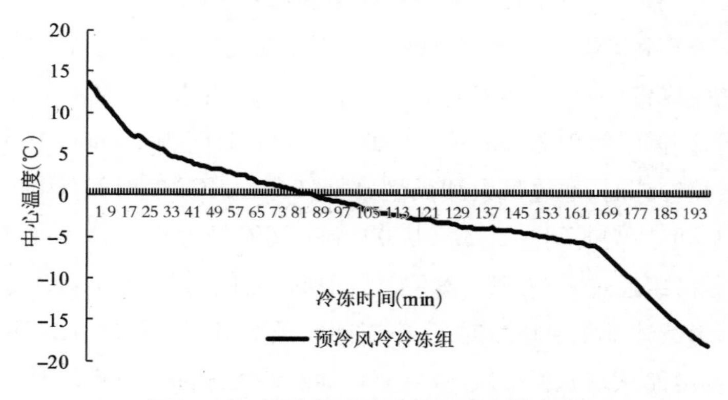


图 1-12　预冷风冷冷冻组温度变化曲线

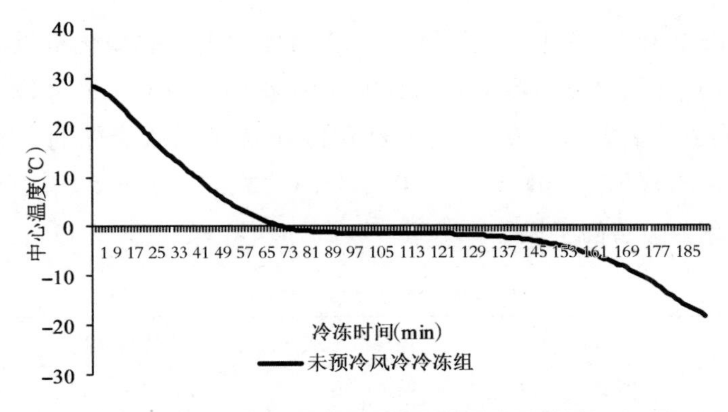


图 1－13　未预冷风冷冻组温度变化曲线

### 1.3.3.2　预冷对解冻汁液流失的影响

由表 1－7 可知，风冷冷冻前肉的预冷与未预冷处理对冻后肉的解冻汁液流失有显著影响（$p<0.05$），预冷后的解冻汁液流失率为 3.18%，不经预冷直接冷冻后为 4.26%，显著高于预冷处理组；而预冷处理对浸渍冷冻后肉的解冻汁液流失率没有显著影响（$p>0.05$）。同时，无论是否经过预冷处理，浸渍冷冻后肉的解冻汁液流失率均低于风冷冷冻组，且差异极显著（$p<0.01$）。

表 1－7　预冷对解冻汁液流失的影响

| 预冷方式 | 风冷组预冷 | 风冷组未预冷 | 浸渍组预冷 | 浸渍组未预冷 |
|---|---|---|---|---|
| 解冻汁液流失率（%） | $3.18 \pm 0.57^{b}$ | $4.26 \pm 0.12^{c}$ | $1.41 \pm 0.13^{a}$ | $1.42 \pm 0.21^{a}$ |

注：同行字母不同表示差异显著（$p<0.05$）。

### 1.3.3.3　预冷对蒸煮损失的影响

由表 1－8 可知，风冷冷冻前，肉的预冷与否对冷冻后肉的蒸煮损失没有显著影响（$p>0.05$），是否预冷对浸渍冷冻后肉的蒸煮损失率也没有显著影响（$p>0.05$）。浸渍冷冻组的蒸煮损失率在 20% 左右，风冷冷冻组的蒸煮损失率达到 25% 以上，显著高于浸渍冷冻组（$p<0.01$）。

表 1－8　预冷对蒸煮损失的影响

| 预冷方式 | 风冷组预冷 | 风冷组未预冷 | 浸渍组预冷 | 浸渍组未预冷 |
|---|---|---|---|---|
| 蒸煮损失率（%） | $28.59 \pm 1.09^{c}$ | $25.96 \pm 0.12^{bc}$ | $20.92 \pm 1.17^{a}$ | $22.87 \pm 1.19^{ab}$ |

注：同行字母不同表示差异显著（$p<0.05$）。

### 1.3.3.4　预冷对电导率的影响

由表 1－9 可知，风冷冷冻前肉的预冷与未预冷处理对肉的电导率大小没有显著影响($p>0.05$),预冷处理对浸渍冷冻后肉的电导率变化也没有显著影响($p>0.05$)。预冷后经浸渍冷冻的肉其电导率为10.26 ms/cm,经风冷冷冻的为9.68 ms/cm,差异显著($p<0.01$);不经预冷而直接浸渍冷冻的肉其电导率为10.41 ms/cm,直接风冷冷冻组为10.01 ms/cm,差异显著($p<0.05$)。浸渍冷冻后肉的电导率要显著高于风冷冷冻组。

**表1-9 预冷对电导率的影响**

| 预冷方式 | 风冷组预冷 | 风冷组未预冷 | 浸渍组预冷 | 浸渍组未预冷 |
|---|---|---|---|---|
| 电导率(ms·cm⁻) | $9.68\pm0.15^{a}$ | $10.01\pm0.13^{ab}$ | $10.26\pm0.10^{bc}$ | $10.41\pm0.02^{c}$ |

注:同行字母不同表示差异显著($p<0.05$)。

#### 1.3.3.5 预冷对巯基含量的影响

由表1-10可知,预冷后经风冷冷冻的肉其表面活性巯基含量为0.23 mg/g,未预冷组为0.28 mg/g,没有显著差异($p>0.05$);预冷后经浸渍冷冻的肉其表面活性巯基含量为0.26 mg/g,未预冷组为0.29 mg/g,没有显著差异($p>0.05$)。浸渍冷冻组和风冷冷冻组的活性巯基含量差异不显著($p>0.05$)。

**表1-10 预冷对巯基含量的影响**

| 预冷方式 | 风冷组预冷 | 风冷组未预冷 | 浸渍组预冷 | 浸渍组未预冷 |
|---|---|---|---|---|
| 活性巯基含量(mg·g⁻) | $0.23\pm0.06^{a}$ | $0.28\pm0.04^{a}$ | $0.26\pm0.04^{a}$ | $0.29\pm0.03^{a}$ |

注:同行字母不同表示差异显著($p<0.05$)。

#### 1.3.3.6 预冷对盐溶蛋白含量的影响

由表1-11可知,浸渍冷冻和风冷冷冻在冷冻前预冷与否,对冷冻后盐溶蛋白的含量没有显著影响($p>0.05$)。

**表1-11 预冷对盐溶蛋白含量的影响**

| 预冷方式 | 风冷组预冷 | 风冷组未预冷 | 浸渍组预冷 | 浸渍组未预冷 |
|---|---|---|---|---|
| 盐溶蛋白含量(%) | $14.9\pm0.62^{a}$ | $19.4\pm0.45^{a}$ | $16.4\pm0.47^{a}$ | $14.3\pm0.32^{a}$ |

注:同行字母不同表示差异显著($p<0.05$)。

#### 1.3.3.7 预冷对加压失水率的影响

由表1-12可知,预冷后风冷冷冻组的加压失水率为20.44%,低于直接风冷冷冻组的23.59%,差异显著($p<0.05$)。预冷后浸渍冷冻组的加压失水率为17.78%,与直接浸渍冷冻组18.11%相比,没有显著差异($p>0.05$)。

表 1 – 12　预冷对加压失水率的影响

| 预冷方式 | 风冷组预冷 | 风冷组未预冷 | 浸渍组预冷 | 浸渍组未预冷 |
| --- | --- | --- | --- | --- |
| 加压失水率(%) | 20.44 ±0.65[b] | 23.59 ±1.44[c] | 17.78 ±0.85[a] | 18.11 ±0.97[ab] |

注:同行字母不同表示差异显著($p<0.05$)。

#### 1.3.3.8　预冷对肌肉质构的影响

由表 1 – 13 可知,肌肉冷冻前预冷处理对冷冻后肌肉硬度有显著影响($p<0.05$),预冷后风冷冷冻组的硬度显著低于非预冷风冷冷冻组,预冷后浸渍冷冻组的硬度显著高于非预冷浸渍冷冻组。

表 1 – 13　预冷对肌肉硬度的影响

| 预冷方式 | 风冷组预冷 | 风冷组未预冷 | 浸渍组预冷 | 浸渍组未预冷 |
| --- | --- | --- | --- | --- |
| 硬度(kg) | 4.85 ±0.20[a] | 5.66 ±0.18[b] | 6.56 ±0.26[c] | 5.33 ±0.09[ab] |

注:同行字母不同表示差异显著($p<0.05$)。

由表 1 – 14 可知,预冷处理对冷冻后肌肉的剪切力有显著影响,预冷后经风冷冷冻组肉的剪切力值小于风冷未预冷处理,差异显著($p<0.01$),而预冷后浸渍冷冻组肉的剪切力值大于浸渍未预冷组,且差异显著($p<0.01$)。

表 1 – 14　预冷对肌肉剪切力的影响

| 预冷方式 | 风冷组预冷 | 风冷组未预冷 | 浸渍组预冷 | 浸渍组未预冷 |
| --- | --- | --- | --- | --- |
| 剪切力(kg · sec⁻) | 41.62 ±2.21[a] | 57.43 ±1.75[c] | 51.96 ±2.23[b] | 44.12 ±0.82[a] |

注:同行字母不同表示差异显著($p<0.05$)。

### 1.3.4　冻结方式及中心温度对猪肉品质的影响

本节以 –5℃及 –18℃的风冷冷冻与浸渍式速冻做对比,比较浸渍式速冻对肉品品质的影响。

#### 1.3.4.1　汁液流失

运用浸渍式冷冻处理的猪肉,其在未通过冰结晶最大生成区( –1 ~ –5℃)时的冷冻速率约为 1 ℃/min,降低到 –5℃的时间约在 20 min 左右,按照速率标准划分,属于快速冷冻。从 –5℃降低到 –18℃时,其冷冻速率达到了2.5 ℃/min。

由表 1 – 15 可知,四种冷冻处理组的解冻汁液流失率随着贮藏时间的延长都呈缓慢上升的趋势。5℃及 –18℃的风冷冷冻与浸渍速冻相比,四种冷冻处理组的解冻汁液流失率随着贮藏时间的延长都呈缓慢上升的趋势。贮藏 14 d 前,浸渍 –5℃肉块的汁液流失率与其他组的汁液流失率有显著差异($p<0.05$),显

著低于其他各组($p<0.01$),贮藏14 d后,浸渍-18℃肉块的汁液流失率与其他各组的汁液流失率有显著差异($p<0.05$),均显著低于其他各组($p<0.01$)。在整个贮藏过程中(除0 d外),风冷-5℃肉块的汁液流失率均与其他各组有显著差异($p<0.05$),均显著高于其他各组($p<0.01$)。

**表1-15 解冻汁液流失随贮藏时间的变化**

| 冷冻方式 | 冷冻中心温度 | TL(%) | | | | | | |
|---|---|---|---|---|---|---|---|---|
| | | 0 d | 7 d | 14d | 21d | 28d | 35d | 42d |
| 浸渍 | -5℃ | 2.08 ± 0.22$^{aA}$ | 3.11 ± 0.05$^{bA}$ | 3.16 ± 0.20$^{bA}$ | 3.90 ± 0.10$^{cB}$ | 4.63 ± 0.62$^{dB}$ | 4.91 ± 0.18$^{dC}$ | 5.92 ± 0.12$^{eC}$ |
| | -18℃ | 2.47 ± 0.24$^{aB}$ | 3.62 ± 0.22$^{cB}$ | 4.06 ± 0.13$^{dB}$ | 3.14 ± 0.14$^{bA}$ | 4.01 ± 0.38$^{cdA}$ | 4.12 ± 0.16$^{deA}$ | 4.49 ± 0.23$^{eA}$ |
| 风冷 | -5℃ | 3.18 ± 0.18$^{aC}$ | 4.25 ± 0.20$^{bC}$ | 5.14 ± 0.16$^{cC}$ | 5.00 ± 0.25$^{cD}$ | 6.02 ± 0.55$^{dC}$ | 5.86 ± 0.09$^{dD}$ | 6.31 ± 0.27$^{dD}$ |
| | -18℃ | 3.27 ± 0.13$^{aC}$ | 3.43 ± 0.19$^{aB}$ | 4.42 ± 0.14$^{bD}$ | 4.45 ± 0.14$^{bcC}$ | 4.74 ± 0.18$^{cdB}$ | 4.53 ± 0.16$^{bcB}$ | 4.88 ± 0.14$^{dB}$ |

注:不同小写字母代表组内差异显著($p<0.05$),不同大写字母代表组间差异显著($p<0.05$)。

### 1.3.4.2 蒸煮损失

由表1-16可知,浸渍-5℃与风冷-5℃处理组的蒸煮损失率随着贮藏时间的延长缓慢增加,贮藏14 d后,浸渍-18℃肉块与风冷-18℃肉块的蒸煮损失率趋向平稳($p>0.01$)。贮藏7 d前,浸渍-5℃肉块的蒸煮流失率与其他组的蒸煮流失率有显著差异($p<0.05$),显著低于其他各组($p<0.01$),贮藏7 d后,浸渍-18℃肉块的蒸煮流失率与其他各组的蒸煮流失率有显著差异($p<0.05$),均显著低于其他各组($p<0.01$)。

**表1-16 蒸煮损失率随贮藏时间的变化**

| 冷冻方式 | 冷冻中心温度 | CL(%) | | | | | | |
|---|---|---|---|---|---|---|---|---|
| | | 0 d | 7 d | 14d | 21d | 28d | 35d | 42d |
| 浸渍 | -5℃ | 19.37 ± 1.84$^{aA}$ | 19.88 ± 1.01$^{aA}$ | 29.14 ± 0.23$^{bcB}$ | 28.02 ± 0.19$^{bB}$ | 30.44 ± 0.77$^{bcB}$ | 31.59 ± 0.49$^{cB}$ | 31.09 ± 0.60$^{cB}$ |
| | -18℃ | 23.86 ± 0.94$^{aB}$ | 22.85 ± 4.09$^{aB}$ | 27.32 ± 0.22$^{bA}$ | 27.10 ± 1.30$^{bA}$ | 28.15 ± 0.09$^{bA}$ | 26.62 ± 1.53$^{bA}$ | 28.93 ± 1.06$^{cA}$ |
| 风冷 | -5℃ | 25.47 ± 1.77$^{abC}$ | 24.46 ± 0.28$^{aC}$ | 28.99 ± 0.40$^{cdB}$ | 27.75 ± 0.75$^{bcB}$ | 32.79 ± 0.44$^{efC}$ | 31.05 ± 0.11$^{deB}$ | 34.71 ± 1.47$^{fD}$ |
| | -18℃ | 23.29 ± 0.37$^{aB}$ | 22.04 ± 0.88$^{aB}$ | 31.43 ± 3.50$^{bC}$ | 30.37 ± 0.01$^{bC}$ | 30.08 ± 0.02$^{bB}$ | 31.13 ± 0.76$^{bB}$ | 32.08 ± 0.99$^{bC}$ |

注:不同小写字母代表组内差异显著($p<0.05$),不同大写字母代表组间差异显著($p<0.05$)。

#### 1.3.4.3 加压失水率

加压失水率所反映的是肉中含量最大的不易流失水分的状态，这部分水分往往与肉的嫩度与多汁性有着很大的关系。浸渍式冷冻后，随着贮藏时间的延长，不同冷冻处理组的加压失水率都呈上升的趋势，至贮藏 42 d 时，均显著增加（$p<0.01$），其中浸渍 -18℃组的增加值最小，且变化较为平稳。说明较快、较低的冻结温度有利于形成均匀且细小的冰晶，对肌肉细胞的伤害较小（表 1-17）。

表 1-17 加压失水率随贮藏时间的变化

| 冷冻方式 | 冷冻中心温度 | 加压失水率（%） | | | | | | |
|---|---|---|---|---|---|---|---|---|
| | | 0 d | 7 d | 14 d | 21 d | 28 d | 35 d | 42 d |
| 浸渍 | -5℃ | 17.80 ± 0.69$^{aA}$ | 19.63 ± 0.55$^{bA}$ | 19.00 ± 0.75$^{abA}$ | 29.23 ± 0.60$^{cB}$ | 33.51 ± 0.58$^{dC}$ | 32.00 ± 0.39$^{dB}$ | 35.40 ± 0.59$^{eB}$ |
| | -18℃ | 19.71 ± 0.58$^{aB}$ | 23.19 ± 0.40$^{bB}$ | 25.80 ± 0.77$^{cB}$ | 25.50 ± 0.88$^{cA}$ | 29.06 ± 0.66$^{dA}$ | 25.00 ± 0.38$^{bcA}$ | 29.35 ± 1.13$^{dA}$ |
| 风冷 | -5℃ | 20.44 ± 0.33$^{aBC}$ | 25.74 ± 0.27$^{bC}$ | 27.52 ± 0.82$^{bC}$ | 34.15 ± 0.51$^{cC}$ | 37.24 ± 0.53$^{deD}$ | 36.09 ± 0.48$^{cdC}$ | 38.76 ± 1.33$^{eC}$ |
| | -18℃ | 21.30 ± 0.66$^{aC}$ | 22.07 ± 0.50$^{aB}$ | 28.70 ± 0.72$^{bC}$ | 31.35 ± 1.24$^{bB}$ | 30.27 ± 0.71$^{bB}$ | 35.04 ± 0.69$^{cC}$ | 38.61 ± 1.55$^{cC}$ |

注：不同小写字母代表组内差异显著（$p<0.05$），不同大写字母代表组间差异显著（$p<0.05$）。

#### 1.3.4.4 滴水损失

如图 1-14 所示，四者的滴水损失都呈现先下降后上升的趋势。滴水损失反映肉中自由水的状态与含量，自由水的含量与肉的安全性及贮藏性有很大的关系，其含量越高，肉中物质变化与化学反应也越剧烈。贮藏过程中滴水损失呈现先下降后上升的趋势。浸渍式冷冻冷冻速率快，冻结温度低，不易出现重结晶，浸渍式冷冻 -18℃，肉块与冷却肉具有相接近的滴水损失。在浸渍式冷冻组内，滴水损失出现显著性差异是在贮藏第 3 周时，-5℃肉样显著高于其他三组（$p<0.05$）。说明较高的冻结温度，不利于肉品的长期贮藏，其在短期内可能会有较好的效果，但随着贮藏期的延长，肉品品质会逐渐下降。

由以上分析可知，短期贮藏时浸渍 -5℃，肉块的持水力最好，长期贮藏则以浸渍 -18℃肉块的持水力最好。因为将肉样冷冻到中心温度为 -5℃时，肉中的水分并未完全冻结，从而对肌肉细胞的损伤较小，但随着贮藏时间的延长，浸渍 -5℃肉样易出现重结晶，冰晶不断增大，从而对肌肉细胞的损伤也增大。因为浸渍式冷冻的冷冻速率较快，形成的冰结晶细小而均匀，对肌肉细胞的损伤较小，因此，冷冻效果较好。

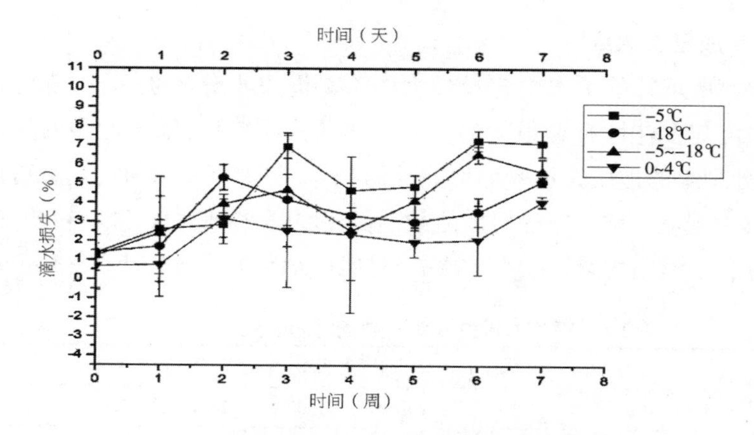


图 1－14　滴水损失在贮藏期内的变化

#### 1.3.4.5　电导率

如图 1－15 所示，浸渍式冷冻组肉样的电导率整体都呈逐渐上升的趋势，而冷却肉的电导率则呈现平缓的变化。由于浸渍式冷冻使肉中的水分发生了冻结，而水结成冰时，其体积会增大 9%，冰晶会对肌肉细胞造成损害，主要是对细胞膜的伤害，使细胞内的电解质流出，从而使得电导率增大。浸渍式－5℃在贮藏第 3 周时与冷却组贮藏 3 天时的电导率出现显著差异，且随着贮藏时间的延长，－5℃组电导率都要高于其他处理。这可能是肉中部分未发生冻结的水分在后续的冻藏过程中流出到肌肉细胞外发生重结晶导致的。

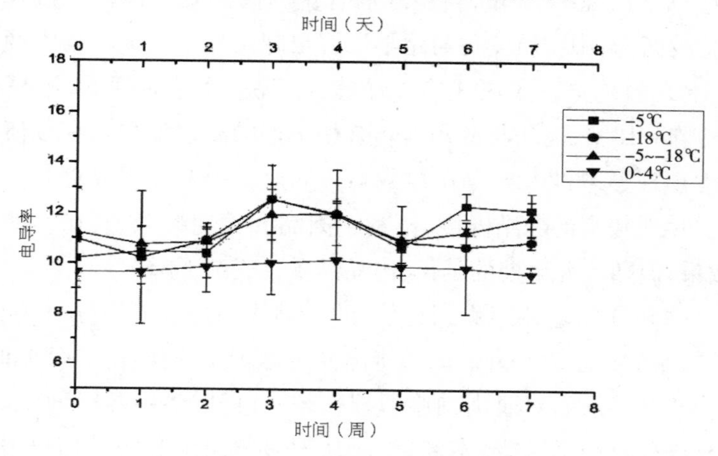


图 1－15　电导率在贮藏期内的变化

#### 1.3.4.6　pH

如图 1－16 所示，四种处理的肉样 pH 值都呈先下降后上升的趋势。肉在屠宰后,会经历僵直—解僵—排酸的成熟过程,在这个过程中先是消耗肉中残留的ATP,产生乳酸,使得肉中的pH逐渐降低,最终降低到肉的等电点,产生僵直,然后随着肉中蛋白质与胺类的降解,其pH会升高,这就是后面的解僵排酸过程,一般刚屠宰后猪肉的pH不超过7.0,成熟后猪肉的pH在5.8~6.0这个范围之内。浸渍式-18℃肉样pH值的最低点出现在贮藏第1周,其他浸渍式冷冻肉样则出现在第2周,冷却肉的最低点出现在第2天,表明冷冻冷藏延缓了肉的成熟过程,有利于肉品品质的保存。另外,冷却肉贮藏7天与浸渍式冷冻-18℃肉样贮藏7周内的pH值均没有显著性差异($p>0.05$),而在贮藏后2天与浸渍式冷冻-5℃肉样后2周的pH值差异性显著($p<0.05$)。

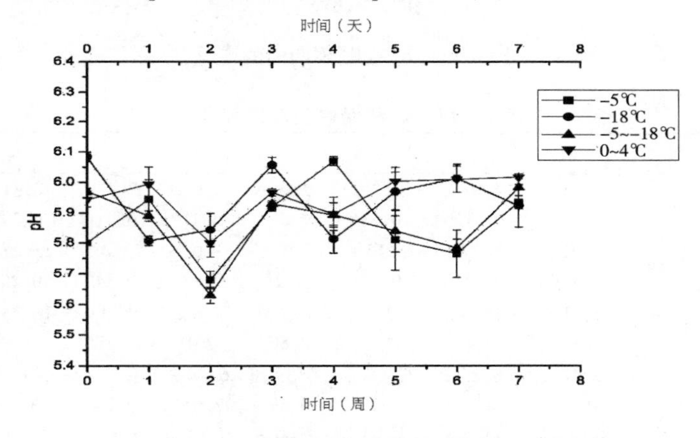


图1-16　pH在贮藏期内的变化

### 1.3.4.7　色泽

肉色是消费者选择肉品最直观的一个参考,肉中的颜色来源于两种蛋白质,即肌红蛋白与血红蛋白,在猪背最长肌中,最主要的来源是肌红蛋白。肌红蛋白往往以脱氧肌红蛋白、氧合肌红蛋白、高铁肌红蛋白三种形式存在于肌肉细胞中。氧合肌红蛋白的含量越高,肉的颜色越鲜红,肉的商业价值也越高。

如图1-17所示,无论是冷却肉还是浸渍式冷冻肉,其$L^*$值都呈逐渐上升的趋势。$L^*$呈逐渐上升的趋势,可能主要与肌肉内部水分渗出,积于肉块表面,对光的反射能力增强有关。浸渍式肉样中,-5℃肉样在贮藏第3周时色泽显著低于其他处理。主要原因可能是-18℃贮藏形成的冰晶对肌肉细胞伤害更大,使得水分更容易流失所致。

由表1-18可知,超速冷冻组保藏4周之前与冷却组保藏4天之前相比较,-18℃呈现较好的有色度值($p<0.05$),0~4℃组次之。而在饱和度值中,冷却

组则一直呈现较低的值($p<0.05$),在后期呈上升的趋势。

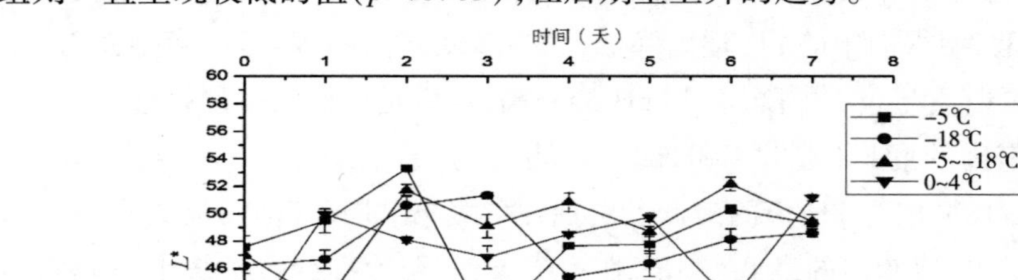


图 1-17 $L^*$ 在贮藏期内的变化

**表 1-18 贮藏期内色度值变化**

| | | 0 | 1 | 2 | 3 | 4 | 5 | 6 | 7 |
|---|---|---|---|---|---|---|---|---|---|
| $b^*/a^*$ | -5 | 9.05 ± 0.72$^{c}$ | 4.95 ± 0.39$^{b}$ | 10.8 ± 0.68$^{c}$ | 2.0 ± 0.63$^{a}$ | 3.8 ± 0.41$^{a}$ | 7.6 ± 0.31$^{b}$ | 10.31 ± 0.39$^{b}$ | 8.1 ± 0.9$^{c}$ |
| | -18 | 5.02 ± 0.86$^{b}$ | 2.77 ± 0.97$^{a}$ | 6.15 ± 0.34$^{a}$ | 3.5 ± 0.2$^{b}$ | 3.0 ± 0.73$^{a}$ | 23.0 ± 0.84$^{c}$ | 13.27 ± 0.25$^{c}$ | 7.3 ± 0.29$^{b}$ |
| | -5 ~ -18 | 5.41 ± 0.46$^{b}$ | 18.8 ± 0.47$^{d}$ | 10.5 ± 0.45$^{c}$ | 8.7 ± 0.86$^{d}$ | 3.6 ± 0.4$^{a}$ | 39.3 ± 0.27$^{d}$ | 16.73 ± 0.4$^{d}$ | 12.46 ± 0.64$^{d}$ |
| | 0 ~ 4 | 2.87 ± 0.32$^{a}$ | 8.25 ± 0.75$^{c}$ | 7.05 ± 0.29$^{b}$ | 6.39 ± 0.69$^{c}$ | 6.44 ± 0.61$^{b}$ | 4.57 ± 0.24$^{a}$ | 3.64 ± 0.71$^{a}$ | 5.00 ± 0.4$^{a}$ |
| $\sqrt{a^{*2}+b^{*2}}$ | -5 | 11.45 ± 0.14$^{b}$ | 11.3 ± 0.12$^{c}$ | 10.23 ± 0.08$^{c}$ | 8.99 ± 0.09$^{b}$ | 9.15 ± 0.18$^{b}$ | 9.28 ± 0.1$^{b}$ | 9.50 ± 0.05$^{bc}$ | 7.7 ± 0.04$^{a}$ |
| | -18 | 8.92 ± 0.11$^{a}$ | 10.69 ± 0.01$^{b}$ | 9.39 ± 0.16$^{b}$ | 11.46 ± 0.12$^{c}$ | 10.79 ± 0.2$^{c}$ | 7.94 ± 0.12$^{a}$ | 8.69 ± 0.09$^{b}$ | 7.03 ± 0.09$^{a}$ |
| | -5 ~ -18 | 8.62 ± 0.06$^{a}$ | 8.48 ± 0.07$^{a}$ | 8.91 ± 0.11$^{ab}$ | 7.81 ± 0.09$^{a}$ | 10.59 ± 0.13$^{c}$ | 8.37 ± 0.06$^{c}$ | 10.16 ± 0.09$^{c}$ | 7.58 ± 0.02$^{a}$ |
| | 0 ~ 4 | 8.62 ± 0.36$^{a}$ | 8.84 ± 0.46$^{a}$ | 8.29 ± 0.44$^{a}$ | 7.50 ± 0.28$^{a}$ | 8.22 ± 0.23$^{a}$ | 9.18 ± 0.23$^{b}$ | 7.21 ± 0.26$^{a}$ | 10.39 ± 0.21$^{b}$ |

注:不同字母代表组间差异显著($p<0.05$)。

### 1.3.4.8 挥发性盐基氮

如图 1-18 所示,四者的挥发性盐基氮值均呈逐渐上升的趋势。挥发性盐基氮(TVB-N)是由于微生物繁殖,导致肌肉组织中蛋白质分解而形成的产物,是评价肉制品新鲜度的一项重要指标。按 TVB-N 含量可将鲜肉分为三个等级:一级鲜肉(<15 mg/100g)、次鲜肉(15~25 mg/100g)、腐败肉(>mg/100g)。贮藏 4 天的冷却肉与贮藏 4 周的浸渍式 -18℃肉样的 TVB-N 值差异显著($p<0.05$),且显著高于浸渍式 -18℃组。浸渍式冷冻组内,-5℃与 -18℃组的 TVB-N 在贮

藏第2周出现显著性差异($p<0.05$),与-5～-18℃组在贮藏第5周时出现显著性差异($p<0.05$)。

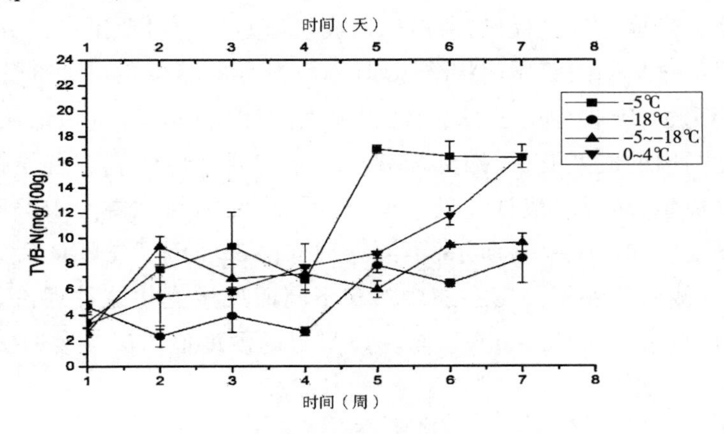


图1-18 TVB-N在贮藏期间的变化

### 1.3.4.9 菌落总数

肉品在成熟过程中的分解产物为细菌生长繁殖提供了良好条件,细菌的大量繁殖必将进一步消耗分解肉中的蛋白质、脂类和糖类等营养成分,这又进一步加速了肉品的腐败速度。储藏在一定条件下的肉品中的细菌数目几乎呈线性增长。因而,细菌数目的多少是评判肉品被污染程度及卫生质量的重要依据,而且也可以观察细菌在肉品中的繁殖动态,以便为被检验样品进行卫生学评价时提供依据。

如图1-19所示,不同处理肉品菌落总数都呈逐渐上升的趋势,其中,浸渍式冷冻-18℃(4～7周)与冷却肉(4～7天)的菌落总数出现显著性差异($p<0.05$),显著低于冷却肉(4～7天)组。表明-18℃贮藏可以有效抑制微生物的生长。

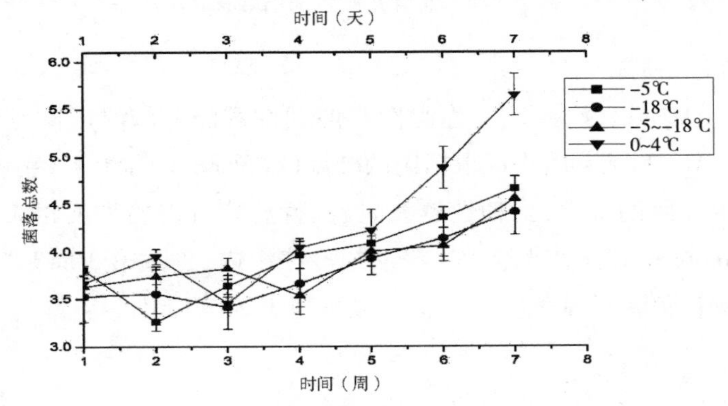


图1-19 菌落总数在贮藏期内的变化

#### 1.3.4.10 硬度

硬度的变化反映了肉的嫩度的变化,呈现先增大后减小的规律。冻藏过程中肉发生了自身成熟的过程,后期由于构成肌原纤维的肌动蛋白被分离,包围在每个肌原纤维周围的肌质网状结构崩溃,可溶性的肌浆蛋白大部分被分解,而且放出钙离子,吸收钾离子,从而使得肌肉嫩度增加。另有理论认为,肉的硬度的变化与肉的成熟有关,因为屠宰后的猪肉要经历僵直与解僵排酸两个时期来达到成熟,而且一般认为处于僵直期的肉品的硬度要大于解僵成熟后的肉品的硬度。如图 1-20 所示,不同处理样品都经历了先降低后升高的一个过程,就从侧面反映了硬度会随成熟期不同而发生变化这种理论。浸渍式冷冻组内,贮藏第 3 周时,-5℃组与 -18℃组的硬度值差异显著($p<0.05$),显著高于 -18℃组。

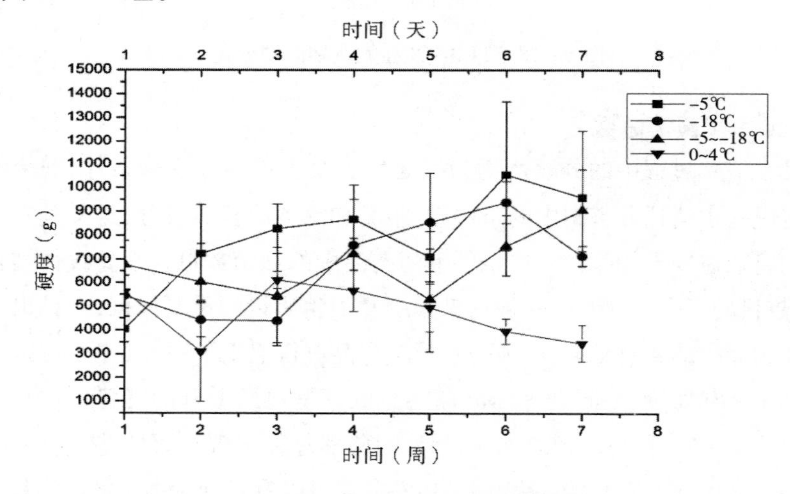


图 1-20 硬度在贮藏期内的变化

#### 1.3.4.11 韧性

如图 1-21 所示,浸渍式冷冻组肉样的韧性都随贮藏时间的延长而升高。肉的韧性是 TA. XT Plus 质构仪根据肉的硬度的峰面积计算出来,它从数据的角度来反映人的口腔的感觉,当韧性越大时,也就意味着肉的硬度越大,那么口腔肌肉所要施加的剪切力也就越大。浸渍式冷冻组内,贮藏第 3 周时,-5℃组与 -18℃组的韧性值差异显著($p<0.05$),显著高于 -18℃组。

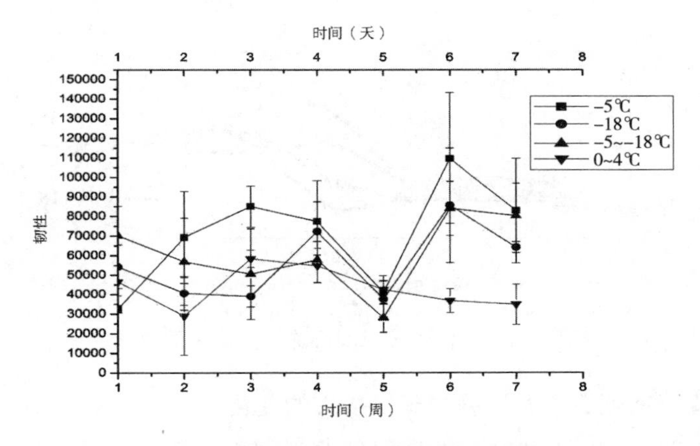


图1－21　韧性在贮藏期内的变化

## 1.3.5　直接冷冻肉与两阶段冷冻猪肉品质特性的对比

直接冷冻:将预冷后的猪肉置于－35℃的浸渍冷冻液或者风冷冷库中,待肉块的中心温度降到－18℃,迅速转移到－18℃的冰箱中贮藏,分别为直接冷冻浸渍组和直接冷冻风冷组。

两阶段冷冻:将预冷后的猪肉置于－35℃的浸渍冷冻液或者风冷冷库中,待肉块的中心温度降到－5℃时,迅速转移到－18℃的冰箱中,使在冻藏的过程中肉块的中心温度缓慢达到－18℃,分别为两阶段冷冻浸渍组和两阶段冷冻风冷组。

### 1.3.5.1　冻藏6个月过程中解冻汁液流失率的变化

由图1－22可知,随着贮藏时间的延长,四种冷冻肉的解冻汁液率都呈现缓慢升高的趋势。六个月贮藏期间,两阶段冻结浸渍组汁液流失率从2.96%升高到15.33%,直接冻结组从2.47%升高到10.05%,两阶段冻结风冷组汁液流失从3.63%升高到13.27%,直接冻结风冷组从3.27%升高到12.86%。对比四种冷冻组的初始解冻汁液流失率,两阶段冻结浸渍组与直接冻结浸渍组没有显著差异($p>0.05$),两阶段冻结风冷组与直接冻结风冷组没有显著差异($p>0.05$)。两阶段冻结风冷组与两阶段冻结浸渍组从贮藏3个月开始,解冻汁液流失率显著增加,直接冻结风冷组与直接冻结浸渍组从贮藏4个月开始,解冻汁液流失率显著增加,到贮藏6个月时,汁液流失率的大小为:两阶段冻结风冷组>两阶段冻结浸渍组>直接冻结风冷组>直接冻结浸渍组,差异显著($p<0.01$)。

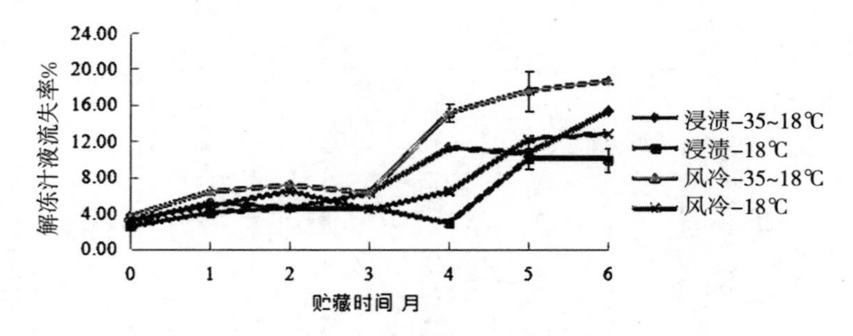


图 1-22　不同贮藏时间解冻汁液流失的变化

### 1.3.5.2　冻藏 6 个月过程中蒸煮损失的变化

由图 1-23 可知,四种冷冻处理组的蒸煮损失率随着贮藏时间的延长呈缓慢上升的趋势,到贮藏 6 个月时,蒸煮损失率均显著增加($p<0.05$),两阶段冻结浸渍组从 24.98% 升高到 31.93%,直接冻结浸渍组从 23.86% 升高到 32.13%,两阶段冻结风冷组从 25.64% 升高到 34.58%,直接冻结风冷组从 23.29% 升高到 33.93%。由此可见,不经贮藏直接解冻时,四种处理组的蒸煮损失率没有显著差异($p>0.05$),贮藏 6 个月时,风冷组的蒸煮损失率显著高于浸渍组的蒸煮损失率($p<0.01$),而两阶段冻结浸渍组与直接冻结浸渍组间差异不显著,两阶段冻结风冷组与直接冻结风冷组间亦没有显著差异($p>0.05$)。

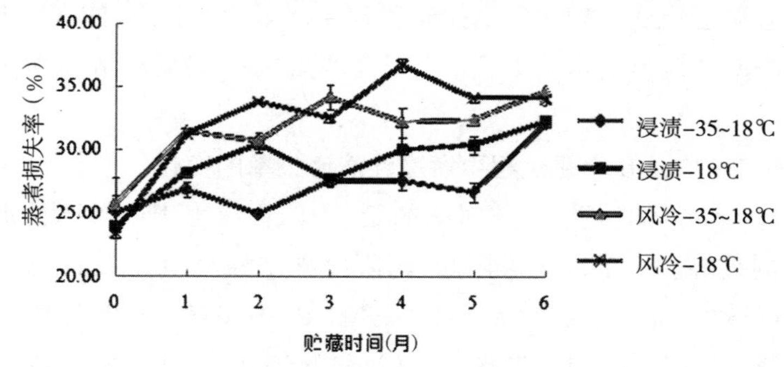


图 1-23　不同贮藏时间蒸煮损失率的变化

### 1.3.5.3　冻藏 6 个月过程中 pH 的变化

由图 1-24 可知,四种冷冻处理组冻藏六个月后,pH 值都有显著升高,两阶段冻结浸渍组从 5.38 升高到 5.73,浸渍冷冻组从 5.47 升高到 5.86,两阶段冻结风冷组从 5.34 升高到 5.75,风冷冷冻组从 5.37 升高到 5.83,终点 pH 值均在 6.0 以内,四组处理间无显著差异。pH 值升高的原因可能是由于肉中内源蛋白酶和微生物分泌的蛋白分解酶的作用,降解肌肉蛋白质为多肽和氨基酸,并释放出碱性基团,而使肉的 pH 值回升,这与肌肉宰后变化规律一致。

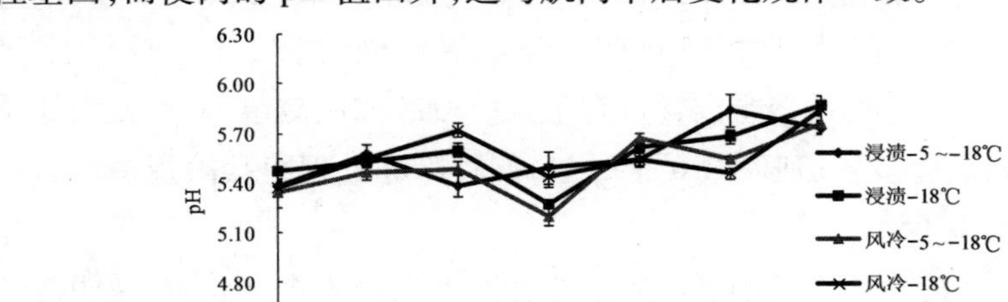


图 1-24 不同贮藏时间 pH 的变化

### 1.3.5.4 冻藏 6 个月过程中巯基化合物含量的变化

由图 1-25 可知,随着贮藏时间的延长,四种冷冻处理组的巯基含量总体均呈下降趋势($p<0.01$)。不经贮藏直接解冻时,直接冷冻组的巯基含量高于两阶段冷冻组,原因可能是相比 -5℃冷冻至 -18℃时,蛋白质的变性程度更大,蛋白质变质后更多的活性巯基基本暴露处理,活性巯基含量增加。两阶段冷冻风冷组在贮藏第一个月,其活性巯基量呈上升的趋势,两阶段冷冻浸渍组的巯基含量则在前两个月均呈上升趋势,原因可能是随着冷冻程度的加深,蛋白质的变性程度增加,活性巯基增多。随着贮藏时间的延长,巯基含量缓慢下降,可能是蛋白质发生一定程度的氧化反应,巯基氧化成二硫键,巯基数量减少。到贮藏 6 个月时,浸渍冻藏组的巯基含量高于风冷冻藏组,说明风冷冷冻组肌肉的氧化程度高于浸渍冷冻组。

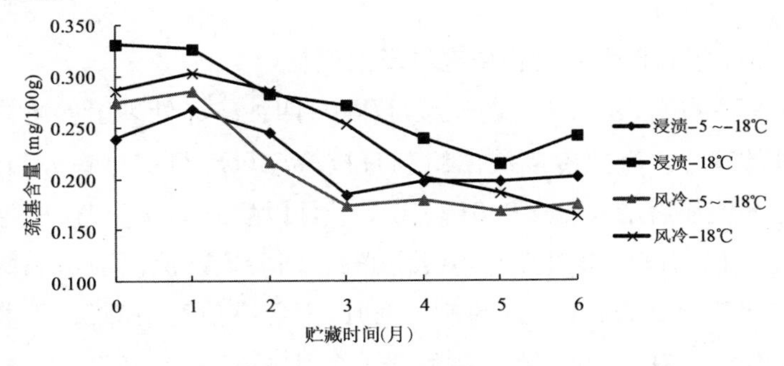


图 1-25 不同贮藏时间巯基化合物含量的变化

### 1.3.5.5 冻藏 6 个月过程中盐溶蛋白含量的变化

由图 1-26 可知,随着贮藏时间的延长,四种冷冻处理组的盐溶蛋白含量均呈下降的趋势。不经贮藏直接解冻时,浸渍冷冻组盐溶蛋白的含量显著高于风冷冷冻组($p < 0.01$);直接冷冻浸渍组和两阶段冷冻风冷组在同一贮藏时间,盐溶蛋白含量没有显著差异,有相同的变化趋势;在贮藏的前2个月,同一贮藏时间组,直接冷冻风冷组的盐溶蛋白含量高于两阶段冷冻风冷组,从贮藏第3个月开始,两者没有显著差异;到贮藏6个月时,四种冷冻处理组盐溶蛋白的含量没有显著差异($p > 0.05$)。

结果表明,风冷冷冻引起的蛋白质变性程度大于浸渍冷冻处理,说明冷冻速率对蛋白质的变性有显著的影响,冷冻速率越快,蛋白质变性程度越小;同一冷冻速率通过最大冰晶生成带后,再继续降低冻结温度且最终的贮藏温度相同时,冷冻速率对盐溶蛋白的含量影响不显著。随贮藏时间延长,盐溶蛋白含量逐渐下降,是蛋白质因冷冻而发生变性所致,由于肉中水分的冻结,肌肉细胞内溶质的浓度增大,蛋白质发生盐析作用而变性,同时也有可能是冰晶的生成对蛋白质的结构造成机械性的破坏所致(见图1-26)。

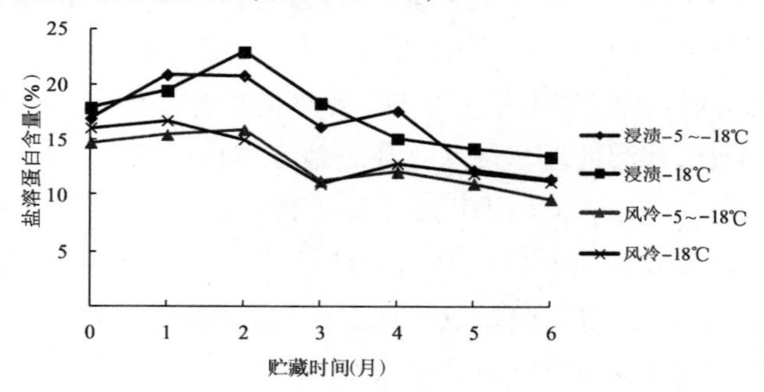


图1-26　不同贮藏时间盐溶蛋白含量的变化

### 1.3.5.6　冻藏6个月过程中电导率的变化

由图1-27可知,在六个月的贮藏过程中,四种冷冻处理组的电导率均呈先下降后上升的趋势。直接冷冻浸渍组和直接冷冻风冷组变化趋势相同,贮藏第一个月电导率值显著增大($p < 0.01$),第1个月以后到第4个月,电导率值呈下降趋势,4个月以后电导率值又开始缓慢升高;两阶段冷冻浸渍组和两阶段冷冻风冷组的变化趋势一致,在贮藏的前3个月,电导率值逐渐降低,贮藏3个月以后电导率值开始上升。同时,在贮藏的前3个月,两阶段冷冻组的电导率值低于直接冷冻组,贮藏4个月以后,两阶段冷冻组高于直接冷冻组,即当电导率呈下降趋势时,两阶段冷冻组电导率值比直接冷冻组低,当电导率呈上升趋势时,两阶段冷冻组相对高。

冻藏初期电导率值升高,可能是冷冻对细胞膜造成一定程度的伤害,使流出的电解质增多，而冷冻初期肌肉的失水率相对较小，因此汁液中离子浓度较大，随着贮藏时间的延长，电导率值呈下降的趋势，原因可能是汁液流失的上升速率大于电解质的，电解质的量虽然增大，但是反应在离子浓度上则减小，因此电导率降低，贮藏后期电导率增大，极有可能是因为后期肌肉细胞膜受到的破坏程度严重，导致离子浓度上升。

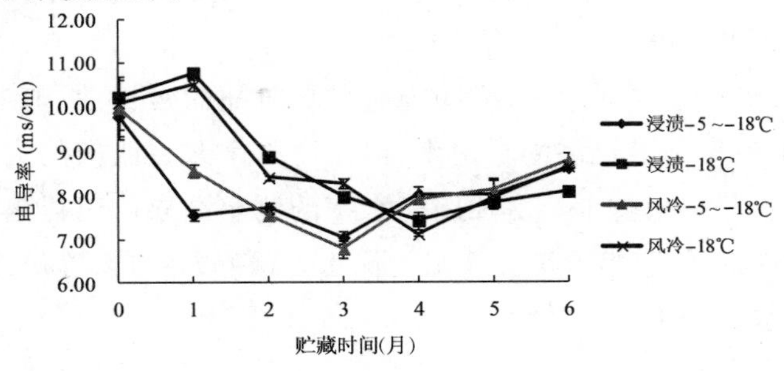


图 1－27 不同贮藏时间电导率的变化

### 1.3.5.7 冻藏 6 个月过程中挥发性盐基氮含量的变化

由图 1－28 可知，随着贮藏时间的延长，四种冷冻处理组的挥发性盐基氮含量均缓慢升高。经回归方程预测得，两阶段冻结浸渍组在贮藏至第 11 个月时 TVB－N 值达到 14.96 mg/100g，接近 GB 2707—2005 鲜(冻)畜肉卫生标准规定的允许最大值 15 mg/100g；直接冻结浸渍组贮藏至第 12 个月时 TVB－N 值达到 14.54 mg/100g，接近限量标准；两阶段冻结风冷组贮藏至第 6 个月时 TVB－N 值达到 15.06 mg/100g，超过标准限值，同样试验测得两阶段冻结风冷组在贮藏至第 6 个月时 TVB－N 值达到 15.59 mg/100g，预测值与实际值接近；直接冻结浸渍组贮藏至第 7 个月时 TVB－N 值达到 15.0 mg/100g。

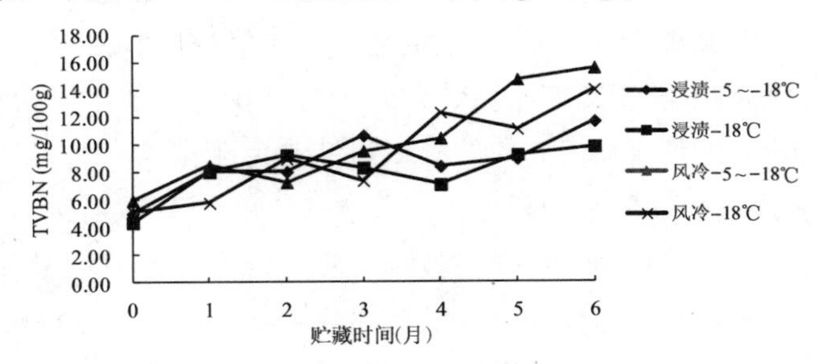


图 1－28 不同贮藏时间挥发性盐基氮含量的变化

### 1.3.5.8 冻藏 6 个月过程中加压失水率的变化

由图 1－29 可知，在六个月的贮藏过程中，四种处理组的加压失水率均呈先升高后降低的变化趋势。不经贮藏直接解冻时，直接冷冻和两阶段冷冻对冻后加压失水率的影响没有显著差异($p > 0.05$)；在贮藏第一个月期间，四种处理组的加压失水率都呈上升趋势，直接冷冻浸渍组最低，两阶段冷冻风冷组最高，且两阶段冷冻风冷组贮藏1个月以后，加压失水率急剧下降，且低于其他三组，两阶段冷冻浸渍组和直接冷冻风冷组贮藏2个月以后加压失水率开始下降，直接冷冻浸渍组则从贮藏第3个月开始下降。

贮藏后期，失水率逐渐减小，说明随着贮藏时间的延长，肌肉组织破坏的程度增加，解冻流失失去了较多的自由水，当用压力来测量肌肉的失水率时，肌肉组织能失去的水分越来越少。由加压失水率的测定结果可以得出，两阶段冷冻风冷组的保水性最差，直接冷冻浸渍组的保水性最好，直接冷冻风冷组和两阶段冷冻浸渍组保水性介于两者之间。

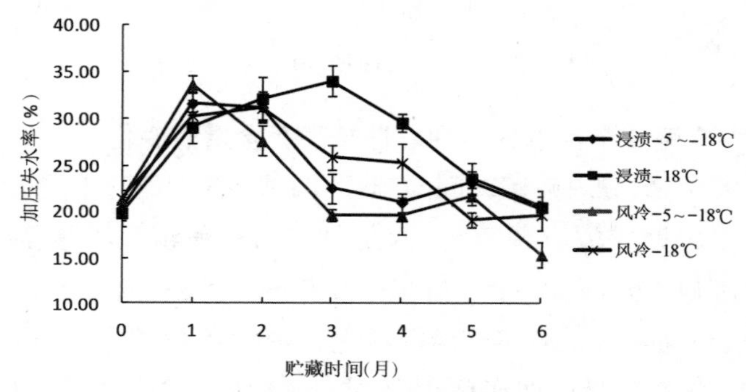


图1－29　不同贮藏时间加压失水率的变化

#### 1.3.5.9　冻藏6个月过程中色泽的变化

由图1－30可知，经过6个月的冷冻贮藏，四种处理组的亮度值均降低，其中降低最明显的为两阶段风冷冷冻组，直接冷冻组次之，浸渍冷冻两组亮度有相同程度的降低，且两阶段浸渍冷冻组从贮藏2个月开始亮度值下降，直接冷冻组从贮藏4个月开始亮度值下降。$L$值的降低可能是由于猪肉在解冻后失去了较多的水分，引起肌肉表面反射率的降低。

由图1－31可知，随着贮藏时间的延长，四种冷冻组$a$值均呈现先增加后减小的变化趋势。两阶段冷冻浸渍组在贮藏的前4个月$a$值缓慢升高，第4个月有最大值1.47，从第5个月开始缓慢下降，第6个月有最小值为0.17；直接冷冻浸渍组在贮藏的第4个月有最大值2.45，第1个月有最小值0.17；两阶段冷冻风冷组在储藏的前3个月$a$值逐渐增大，第3个月有最大值3.11，从第4个月开始急剧下降，第6个月有最小值－0.47，且从贮藏第5个月开始两阶段冷冻风冷组的

$a$ 值相比其他三组最小。

贮藏初期红色的增大可能是因为包装袋中少量的氧气使肌红蛋白氧化成为氧合肌红蛋白的结果,$a$ 值降低的原因则可能是由于长时间的冷冻贮藏使肌红蛋白发生冷冻变性引起,同时低温使高铁肌红蛋白还原酶的活力受到抑制。

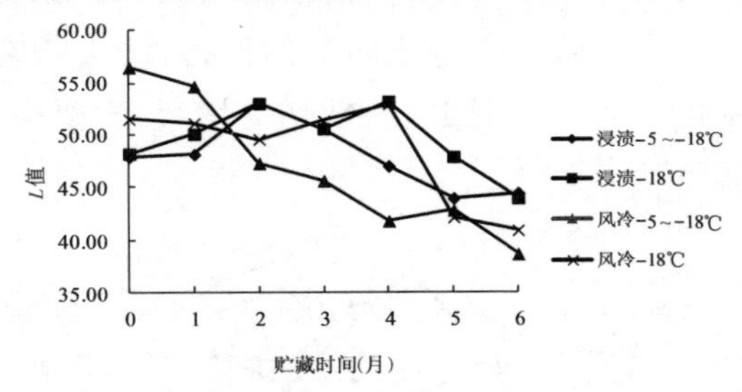


图 1－30　不同贮藏时间 $L$ 值的变化

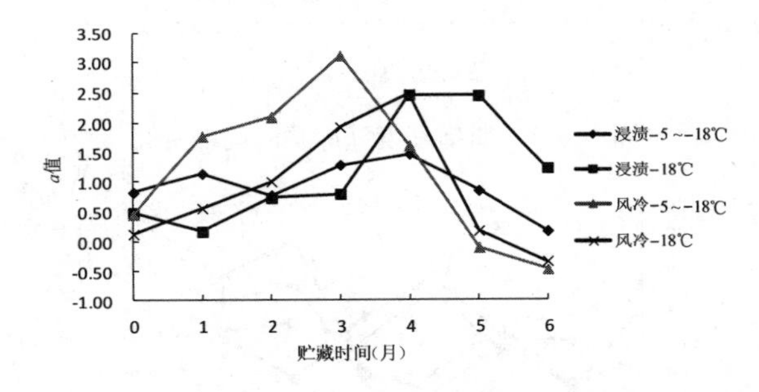


图 1－31　不同贮藏时间 $a$ 值的变化

由图 1－32 可知,经过 6 个月的冷冻贮藏,四种冷冻处理组的 $b$ 值均没有显著变化,且在同一贮藏时间,四组处理组之间没有显著差异($p>0.05$)。

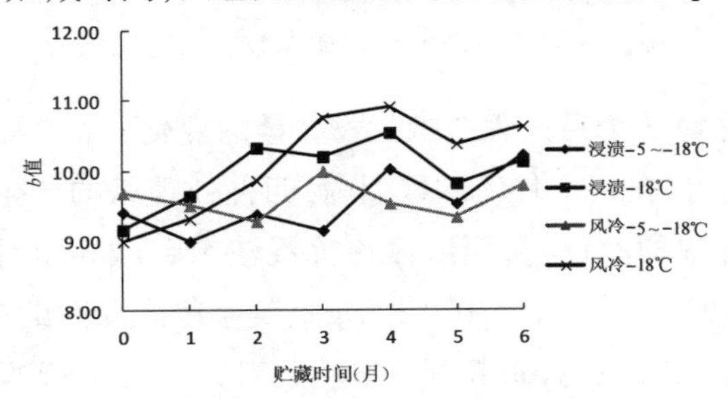


图 1－32　不同贮藏时间 $b$ 值的变化

#### 1.3.5.10　冻藏 6 个月过程中质构的变化

由图 1－33 和图 1－34 可知,硬度和剪切力正相关,浸渍冷冻肉的硬度和剪切力值呈现先增大后降低的趋势,原因可能是冻藏初期浸渍冷冻时没有对肌肉纤维造成较大的伤害,但肌肉发生一定程度的收缩,使硬度和剪切力增大,从贮藏第4个月开始下降,可能是长时间的冻藏对肌肉纤维结构造成一定的破坏,纤维发生断裂,使剪切力下降。风冷冷冻肉的剪切力和硬度呈现先下降后升高的趋势,可能因为风冷冷冻对肌纤维造成明显的伤害,纤维断裂逐渐增大,从而使剪切力逐渐升高,从贮藏第5个月开始,剪切力增大,主要由于储藏后期汁液流失较多,肌肉硬度增大。

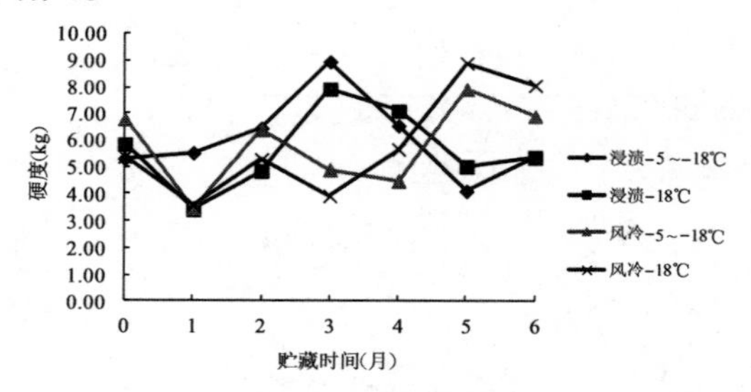


图1-33　肌肉硬度随冻藏时间的变化

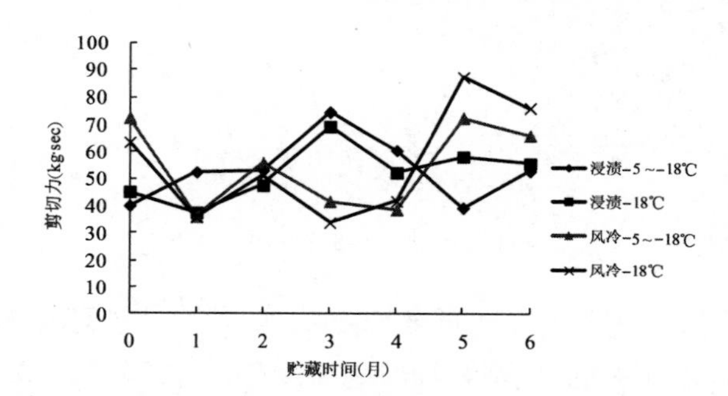


图1-34　肌肉剪切力随冻藏时间的变化

#### 1.3.5.11　冻藏6个月过程中微生物数量的变化

由图1-35可得,在6个月的贮藏期内,四种处理组的微生物数量总体呈上升趋势。经回归方程预测可得,两阶段冷冻浸渍组贮藏8个月时微生物数量达到 $10^{5.67}$ CFU/g,接近超标( $>1\times10^{6}$ CFU/g),直接冷冻浸渍组在贮藏9个月时微生物数量达到 $10^{5.67}$ CFU/g,接近超标,两阶段冷冻风冷组在贮藏9个月时微生物数量达到 $10^{5.97}$ CFU/g,接近超标,直接风冷冷冻组在贮藏9个月时微生物数量达到 $10^{5.98}$ CFU/g,接近超标。

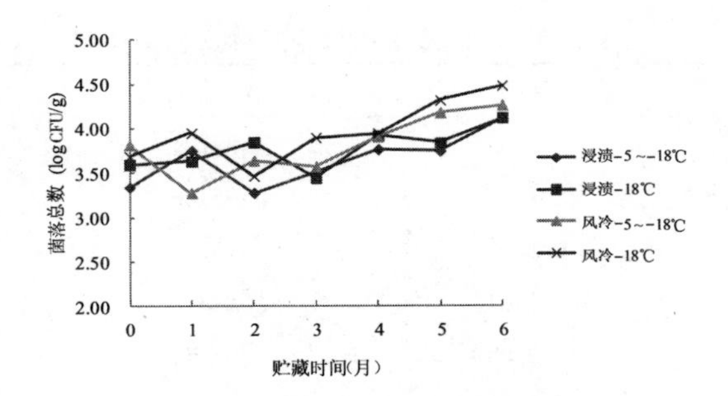


图 1－35　不同贮藏时间微生物数量的变化

### 1.3.5.12　冷冻解冻后肉样的 NMR 图谱分析

由图 1－36、图 1－37 可以得出，猪肉背最长肌 NMR $T_2$弛豫图上有 3 个峰，说明肌肉中有 3 种水存在，从左到右依次为结合水、不易流动水和自由流动水，这三种水分的百分含量可以由各自代表的峰面积除以总峰面积即峰比例，见表1－19。

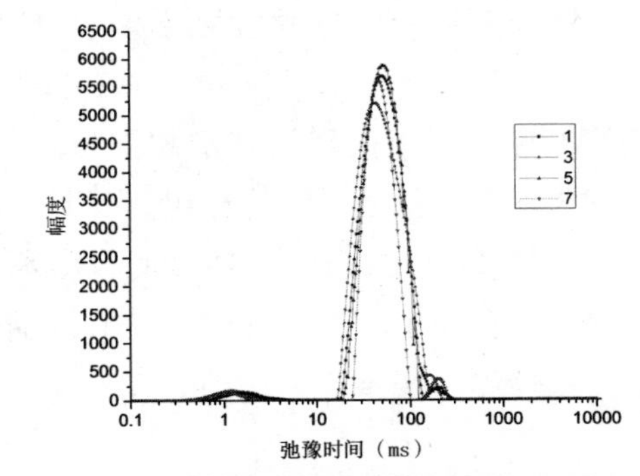


图 1－36　浸渍冷冻后肉样的 NMR 图谱

1：浸渍－5℃；3：浸渍－18℃；5：浸渍－5～－18℃；7：鲜肉

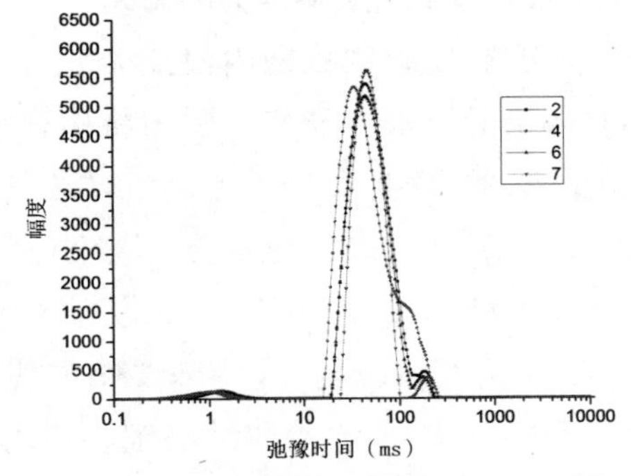


图 1－37　风冷冷冻后肉样的 NMR 图谱

2：风冷－5℃；4：风冷－18℃；6：风冷－5～－18℃；7：鲜肉

表1-19 不同冷冻肉样中三种水分的比例

| 处理组 | 结合水 | 不易流动水 | 自由流动水 |
|---|---|---|---|
| 浸渍-5℃ | 2.03 | 97.21 | 1.01 |
| 风冷-5℃ | 1.84 | 95.66 | 2.50 |
| 浸渍-18℃ | 2.25 | 96.32 | 1.48 |
| 风冷-18℃ | 1.84 | 88.72 | 9.43 |
| 浸渍-5~-18℃ | 2.08 | 96.75 | 1.17 |
| 风冷-5~-18℃ | 2.03 | 95.63 | 2.35 |
| 鲜肉 | 2.67 | 94.66 | 2.67 |

由表1-19可以看出,几种冷冻处理组的结合水的含量大小依次为:鲜肉>浸渍-18℃>浸渍-5~-18℃>浸渍-5℃>风冷-5~-18℃>风冷-18℃>~风冷-5℃;不易流动水的含量依次为:浸渍-5℃>浸渍-5~-18℃>浸渍-18℃>风冷-5℃>风冷-5~-18℃>鲜肉>风冷-18℃;自由流动水的含量依次为:风冷-18℃>鲜肉>风冷-5℃>风冷-5~-18℃>浸渍-18℃>浸渍-5~-18℃>浸渍-5℃。

由结果可知,经浸渍冷冻的三组肉样结合水和不易流动水的含量均高于风冷冷冻的肉样,自由流动水的含量低于风冷冷冻组,表面风冷冷冻后较多的结合水和不易流动水转变为自由水;其中,风冷-18℃的自由水含量最高,不易流动水含量最低,说明风冷冷冻使猪肉中心温度冻至-18℃,可能对肌肉细胞造成的伤害严重,使得肌肉的持水性能力变差。

## 1.3.6 冷冻与速冻对猪背最长肌的影响

### 1.3.6.1 冷冻与速冻对猪背长肌持水力的影响

由表1-7~表1-9可知,2周贮藏期内浸渍-5℃肉块的持水力最好,长期贮藏则以浸渍-18℃肉块的持水力最好。因为将肉样冷冻到中心温度为-5℃时,此时是超过肉的冰点的,而且在最大冰晶生成带的最低点温度,但因肉中的水分并未完全冻结,从而对肌肉细胞的损伤较小,但随着贮藏时间的延长,浸渍-5℃肉样易出现重结晶,冰晶不断增大,从而对肌肉细胞的损伤也增大,对比两种不同的冷冻方式可知,浸渍式冷冻要明显优于风冷冷冻,主要是因为浸渍式冷冻的冷冻速率较快,形成的冰结晶细小而均匀,对肌肉细胞的损伤较小。

#### 1.3.6.2 冷冻与速冻肉样持水力的变化

水分是肉中含量最高且极为重要的化学组分，其含量及分布状态和肉与肉制品的色泽、质构、风味等食用品质具有直接关系。目前，传统的测定肉与肉制品中水分的方法主要有解冻汁液流失率、加压失水率、蒸煮损失率、贮藏损失率、离心法、滴水损失率、Kaufmanu 滤纸法和拿破率法（Napole yield）等方法。这些传统的测定方法虽然操作简单，但对样品都有一定的破坏性，且不能反映肉与肉制品水分的空间分布信息。而 LF－NMR 利用对氢离子感受性较强的物理学原理，能够检测出肉与肉制品中水分的含量与分布状态的信息，操作便捷且无需破坏样品。

根据肉样在贮藏过程中水分弛豫时间分布与幅度图以及图 1－10～图 1－12 所显示的肉样弛豫时间变化图可知，通过核磁共振技术测定出的弛豫时间分布与幅度、$T_{21}$值、$T_{22}$值与两种不同冷冻处理的肉块的水分分布情况、蒸煮损失率、解冻汁液流失、加压失水率变化有相同的趋势。

#### 1.3.6.3 冷却与速冻对猪肉保水性的影响

浸渍式冷冻组的导电率变化较大，整体呈上升的趋势，而冷却肉组则呈平缓的变化趋势，主要是由于冷冻过程中形成的冰晶对肌肉细胞具有一定伤害作用，使得细胞内部的电解质流出。在滴水损失率、蒸煮损失率、加压失水率三个指标中，四者都呈先下降后上升的趋势，滴水损失率、蒸煮损失率、加压失水率的最大值出现在贮藏第 2 周～第 3 周，这主要与肉成熟变化中的 pH 值和三种水分之间发生的转移有关，表 1－20、表 1－21 的相关性分析中表明，在浸渍式冷冻－18℃肉样 7 周内的各项指标中，pH 几乎与其他各项指标都呈极显著的负相关（$p<0.01$），表明 pH 越低，其各项指标的值越高，这主要是因为 pH 越接近肌肉组织的等电点，其持水力越差，从而使得肉的蒸煮损失、电导率、硬度、韧性等相应变大。而冷却肉样在 7 天贮藏期内的 pH 与滴水损失率、硬度、韧性等呈显著的负相关（$p<0.01$），表明随着 pH 值的变化，其保水性与质构特性也会发生显著的变化，但值得关注的是冷却肉中 pH 与蒸煮损失率、加压失水率等指标呈现负相关的关系，这可能主要是因为冷却肉中的水分没有发生冻结，没有对细胞膜造成伤害，所以当 pH 值变化时，反映肉中那部分不易流动水的蒸煮损失率、加压失水率没有发生相应的负相关变化。冷却肉组在贮藏 4 天后与浸渍式冷冻组－18℃贮藏 4 周后呈现较接近的值，而且在浸渍式冷冻组中，－5～－18℃在 7 周的贮藏期内都比其他两组要高，说明冷却肉（4 天前）与浸渍式冷冻－18℃（4 周前）肉样具有相当的保水性。二段式冷冻（－5～－18℃）的保水性不如一段式（－5～－18℃）

好，这主要是因为 -5℃的肉块，其水分没有完全冻结，在后期的贮藏中出现重结晶，冰晶不断生长的现象，而 -5 ~ -18℃贮藏品质差可能是因为二段式冻藏就相当于一次温度波动，冰晶生长的速率更快。

**表 1-20 浸渍式冷冻 -18℃肉样 7 周贮藏期内 pH 与各指标间的相关性**

| | 蒸煮损失率 | 加压失水率 | 滴水损失率 | 电导率 | 硬度 | 韧性 | TVB-N | 菌落总数 |
|---|---|---|---|---|---|---|---|---|
| pH | -0.87** | 0.2** | 0.38* | -0.388** | -0.072** | -0.87** | -0.129 | -0.153** |
| 蒸煮损失率 | | 0.535** | 0.738** | 0.075** | 0.513** | 0.169** | 0.355** | 0.842** |
| 加压失水率 | | | 0.468** | -0.273* | 0.314** | -0.352** | 0.707** | 0.633** |
| 滴水损失率 | | | | 0.28** | 0.138** | 0.051** | 0.251 | 0.702 |
| 电导率 | | | | | -0.182** | -0.153** | -0.317** | -0.164** |
| 硬度 | | | | | | 0.646** | 0.707** | 0.694** |
| 韧性 | | | | | | | 0.244** | 0.375** |
| TVB-N | | | | | | | | 0.736** |

注：n=8，相关显著性 * $p<0.05$，** $p<0.01$。

由表 1-20 可知，在浸渍式冷冻 -18℃肉样 7 周内的各项指标中，pH 几乎与其他各项指标都呈极显著的负相关（$p<0.01$），表明 pH 越低，其各项指标的值越高，这主要是因为 pH 越接近肌肉组织的等电点，其持水力越差，从而使得肉的蒸煮损失、导电率、硬度、韧性等相应变大。另外，3 种与保水性相关的指标：滴水损失、蒸煮损失率和加压失水率之间均呈极显著的正相关（$p<0.01$），表明了这 3 种指标在表示冻结解冻肉的保水能力方面的一致性。电导率与蒸煮损失率、滴水损失都呈显著的正相关（$p<0.01$），表明电导率指标能有效反映肉中水分的变化。TVB-N、菌落总数与滴水损失、蒸煮损失率、加压失水率、硬度与韧性之间均呈极显著的正相关（$p<0.01$），说明随着贮藏时间的延长，微生物逐渐生长壮大，使得猪肉的品质不断下降。

**表 1-21 冷却肉 0 ~ 4℃肉样 7 天贮藏期内 pH 与各指标间的相关性**

| | 蒸煮损失率 | 加压失水率 | 滴水损失率 | 电导率 | 硬度 | 韧性 | TVB-N | 菌落总数 |
|---|---|---|---|---|---|---|---|---|
| pH | 0.065** | 0.666** | -0.41** | 0.015 | -0.538** | -0.408** | 0.323 | 0.427** |
| 蒸煮损失率 | | -0.52** | 0.101** | 0.585** | -0.511** | -0.425** | 0.131** | 0.133** |
| 加压失水率 | | | 0.567** | 0.430 | -0.426** | -0.222** | 0.807** | 0.843** |
| 滴水损失率 | | | | 0.729 | 0.119** | 0.345** | 0.634** | 0.626** |

续表

| | 蒸煮损失率 | 加压失水率 | 滴水损失率 | 电导率 | 硬度 | 韧性 | TVB－N | 菌落总数 |
|---|---|---|---|---|---|---|---|---|
| 电导率 | | | | | －0.334** | －0.137** | 0.456 | 0.53** |
| 硬度 | | | | | | 0.956** | －0.492** | －0.586** |
| 韧性 | | | | | | | －0.325** | －0.411** |
| TVB－N | | | | | | | | 0.965* |

注：n＝8，相关显著性 * $p<0.05$，** $p<0.01$.

如表1－21所示，冷却肉样在7天贮藏期内的pH与滴水损失、硬度、韧性等呈显著的负相关（$p<0.01$），表明随着pH值的变化，其保水性与质构特性也会发生显著的变化，但值得关注的是冷却肉中pH与蒸煮损失率、加压失水率等指标呈现负相关的关系，这可能主要是因为冷却肉中的水分没有发生冻结，没有对细胞膜造成伤害，所以当pH值变化时，反映肉中那部分不易流动水的蒸煮损失率、加压失水率没有发生相应的负相关变化。另外，电导率与蒸煮损失率、滴水损失都呈显著的正相关（$p<0.01$），表明电导率指标也能有效反映冷却肉中水分的变化。3种与保水性相关的指标：滴水损失、蒸煮损失率和加压失水率之间均呈极显著的正相关（$p<0.01$），表明肌肉中不同状态的水分之间发生了转移，这很有可能是由于水势差的作用。TVB－N、菌落总数与滴水损失、蒸煮损失率、加压失水率、之间呈极显著的正相关（$p<0.01$），但与硬度与韧性之间均呈极显著的负相关（$p<0.01$），这可能是由于冷却肉中水分未发生冻结，适宜细菌生长，细菌破坏肌肉细胞内部结构，使得保水性变差，硬度与韧性降低。

#### 1.3.6.4 冷却与速冻对猪肉色泽的影响

表1－18中，浸渍式冷冻组的 $b^*/a^*$ 值随着贮藏时间的延长先降低后升高，这与正铁血红素氧化成高铁肌红蛋白有关，而冷却肉的则呈现逐渐降低的趋势，这是由于随着贮藏时间的延长，高铁肌红蛋白还原力增强，氧合肌红蛋白不断积累。浸渍式冷冻各处理的 $\sqrt{a^{*2}+b^{*2}}$ 值都呈逐渐上升的趋势，可能主要由于肌肉内部水分渗出，蓄积于肉块表面，从而增强对光的反射能力，使色泽变浅，浸渍式肉样中，－5℃与－5～－18℃组、－18℃组相比呈现比较差的色泽，主要原因可能跟贮藏后期重结晶影响肉的保水性相关。

#### 1.3.6.5 冷却与速冻对猪肉安全性的影响

四种处理的肉样的pH值都呈先下降后上升的趋势，主要原因是屠宰后肌肉中肌糖原通过无氧酵解方式产生乳酸，ATP分解产生磷酸根离子，从而pH降低，但随着贮藏的延长，肉中微生物开始以氨基酸、乳酸、葡萄糖等为代谢底物，代谢产生胺类物质，使得贮藏后期的 pH 值上升。TVB－N 是评价鲜肉新鲜度的一个重要标准，按 TVB－N 含量可将鲜肉分为三个等级：一级鲜肉（<15 mg/100g）、次鲜肉（15~25 mg/100g）、腐败肉（>25 mg/100g），浸渍式冷冻－18℃在贮藏第 7 周时，其 TVB－N 值为 9.5 mg/100g。浸渍式冷冻－5℃组在贮藏第 5 周时，其 TVB－N 值为 16.98 mg/100g，冷却肉在贮藏第 7 天时，其 TVB－N 值为 17.08 mg/100g，大于 15 mg/100g，超过一级鲜肉的标准。鲜肉质量卫生指标菌落总数一般为：新鲜肉为 $10^4$ CFU/g 以下，次鲜肉为 $10^4$~$10^6$ CFU/g，变质肉为 $10^6$CFU/g 以上。－18℃贮藏可以有效抑制微生物的生长，且冷却肉（第 7 天）的菌落总数高达 $10^{5.65}$ CFU/g，接近超过变质肉的标准（>$10^6$ CFU/g）。

#### 1.3.6.6 冷却与速冻对猪肉质构特性的影响

浸渍式冷冻组肉样的硬度都随着贮藏时间的延长而逐渐升高，而冷却肉的硬度则出现先升高后降低的趋势。刚屠宰完的猪肉，其嫩度最好，之后由于肌肉僵直，嫩度变差，最后解僵、成熟，嫩度随之提高。冷却处理组肉的硬度及韧性主要受到肉成熟过程的影响，而浸渍式冷冻组除了肉成熟机制对它的影响之外，还受到肌肉细胞水分流失与肌肉纤维致冷收缩的影响，所以整体上，冷却肉组在贮藏后期要呈现出比浸渍式冷冻组更好的质构特性。

### 1.3.7 超声波辅助浸渍式速冻技术

#### 1.3.7.1 冻结机制

功率超声波目前被报道在食品冻结中的应用越来越多，其具有促进晶核生成、辅助二次结晶、促进冰晶的生长速率以及改善冻结食品品质的作用。然而，功率超声波影响液相结晶的作用机制尚不清楚。一般认为，超声波作用产生的机械效应、热效应、空化效应及次级效应与其参与的辅助冻结过程相关，其作用机制主要包括超声波辅助晶核的生成及二次结晶，超声波影响冰晶的生长速度、控制其形状及大小。

冷冻时分为两个阶段，包括晶核的形成和冰晶的生长，是一个相变的过程。成核被定义为新晶体的形成，它是优化冷冻过程和保证冷冻食品最佳质量的关键因素。成核的过程是自发和随机的，而且发生成核的温度不能准确预测。功率超声波能够在水溶液以及固体食物中引发成核现象，在此过程中，成核过程的确定性以及可重复性大大提高。研究证明，超声波辅助冻结技术可以促进晶核的一次生成，降低晶核形成所需要的过冷温度，这主要归功于超声波的空化效应。空化效应会产生空化气泡，气泡在不断的循环振荡过程中会产生微射流，超声波作用时产生的微射流以及空化气泡可以影响冰晶的形成过程，空化气泡可以作为晶核诱导冰晶晶核的形成，同时微射流作用以及超声波产生的压力梯度辅助了晶核的形成。

分析超声空化作用与成核概率之间的关系，发现相变的概率与超声波振动诱导的气泡核的数量密切相关；研究由功率超声诱导的蔗糖溶液中冰的主要和次要成核过程，发现当应用超声波时，在蔗糖溶液中冰的初级成核可以在更高的成核温度下实现，与对照组（无超声波作用）相比，成核温度可以以更高的精度再现。显微镜观察表明，冰晶晶体可以通过超声波分解成较小的碎片，使部分枝状大冰晶断裂成小冰晶，从而形成二次结晶，空化气泡在冰晶碎裂过程中发挥非常重要的作用。冷冻结晶的过程会不可避免地对植物源性和动物源性产品的细胞结构造成损伤，但细胞损伤的程度却与冰晶的生成速度、冰晶的大小以及冰晶的分布有关。对于一般的冷冻过程而言，冰晶越小，冻结速度越快，对食品品质的影响越小。相反，在冷冻干燥过程中，较大和垂直的冰晶是优选的，因为大晶体有利于快速升华，节约能源。冷冻速率是影响冷冻食品质量的重要参数，其决定了冰晶的大小、细胞脱水程度和对组织结构的损害程度。通常来说，与慢速冷冻相比，快速冷冻可以更好地保持冷冻食品的质量。

超声波产生的微射流可以产生较强的搅拌力，这种搅拌作用通过减小冰/液界面的传热和传质阻力，加速了冰与未结冰的水之间的传质传热过程，加快了冻结的速率。超声波可以影响水产品及肉类产品冻结过程中的冰晶分布。研究表明，在冻结过程中，当受到交变声波应力作用时，冰晶会发生断裂，从而形成较小的冰晶分布。

影响超声波辅助冻结效果的因素很多，包括冻结食品的种类及特性以及超声波的功率、超声波的处理时间等。不同食品的含水量、蛋白质及脂肪含量都不同，这直接导致冻结处理时间的不同。同时，超声波功率以及处理时间主要影响其空化效应、热效应的强度，各种效应的强弱是超声波不同功能的体现。在超声波冻结过程中，空化效应是影响冰晶形成速率、大小及分布的主要因素。研究表明，超声波功率越大，空化效应越强，其传热系数越高，冻结效果越好，冻结所需的时间越短。但是超声波功率的增加也是相对的，在处理过程中也要平衡其产生的热效应。

#### 1.3.7.2　特点

和其他冻结方法相比，超声辅助冻结技术具有以下优点：

①效率高,1 或 2 个超声波脉冲就能满足需求,能有效降低生产成本;

②可改变液体的最初成核温度,缩短冻结时间,提高冰晶的质量与数量,降低冷冻对食品的损伤;

③直接和食品接触,不会污染产品,更卫生、准确,可重复性高,冻结过程中也不需要加入任何添加剂,符合食品工业发展绿色食品的理念。

④此外,该技术还具有提高冷冻食品的持水力和蛋白质的稳定性,降低溶液黏度减弱分子之间的作用力,修饰食品质构等优点。

另外,超声辅助冻结技术并不是一种标准化的技术,尽管一些商业设备已经开始使用,但发展规模不大,现在更多的是运用于实验室研究,因此,与其相关的应用程序和工业设备亟待开发和推广;此外,超声辅助冻结技术的一些基础性研究也尚未完善,包括它与其他技术联合使用时的相互作用机理、对处于复杂溶液体系中的水在微尺度空间内的成核及冰晶生长方面的影响机制等都有待进一步地探讨;同时,超声波源、超声衰减等对其使用成本也是一个巨大的考验。

#### 1.3.7.3 研究进展

超声波辅助浸渍速冻技术是在食品冻结过程中加入适宜的低频高能超声波作用,以调控相变过程的方法。

目前国内外在超声波促进成核方面的研究相对较多,研究对象涉及固体、半固体和液体食品等三大类:

①固体食品。超声波辅助冻结可以提高马铃薯冻结速率,改善其微观结构;超声波能诱导苹果第一次成核,减少相变阶段时间达 8%;超声波辅助冻结能提高毛豆速冻速率,改善产品解冻后品质,提高货架期;经过超声波冻结的猪肉细胞空洞和裂解更少,解冻汁液流失率更低;超声波辅助冻结可提高面团速冻相变阶段和深冷阶段传热效率,缩短速冻时间达 11%,使面团最大伸缩力增大,降低对蛋白质空间结构的破坏和冷冻损伤。

②半固体食品。超声波辅助冻结能均质乳制品,维持晶体粒度分布;超声波辅助冻结冰激凌能提高其传热速率,防止结壳发硬;利用琼脂凝胶模拟食品速冻研究发现,超声波能诱发和控制固体食品成核,成核温度越低冰晶尺寸越小。

③液体食品。超声波能提高甘露醇溶液的过冷度,减少冰晶平均尺寸;利用去离子水、NaCl 溶液和蔗糖研究超声波传播特性,表明超声波传播速度的变化趋势和溶液温度存在一定的相关性,超声波在液体比固体更容易诱导成核,控制成核温度,促进冻结过程;超声波能降低谷氨酸溶液的液体表面张力和电导率,使结晶速率提高 70%。

相比传统普通浸渍速冻技术,声能能细化冰晶和提高传热传质,进而改善食品品质。随着超声波在速冻食品中的应用研究增多,对相变过程影响机制的研究也逐步深入。超声波声能在冷媒介质中引发空化效应,从而诱发晶核生成,超声波频率和振幅对声气泡尺寸具有一定影响。另外,声能还可以触发微气化,加强液体搅动作用进而促进传热和传质过程。

目前,超声波辅助冻结技术在水产品及肉类产品中的应用较少,研究多集中在超声波辅助冻结的机理及其在果蔬中的应用,这可能是由于水产品及肉类产品的肌肉结构较果蔬复杂。因此,超声波技术作为一项绿色环保的新型技术,研究其在水产品及肉类产品冷冻中的应用,包括探究不同功率和不同频率超声波处理对水产品及肉类产品冻结速率的影响、形成的冰晶大小对肌肉的损伤及对水产品及肉类产品感官品质的影响,对于推动食品工业的进步具有重要的意义。

超声波辅助浸渍速冻在食品冻结中表现出巨大的潜在作用,但是目前公布的研究成果主要以实验理论研究为主,一些商业设备已经开始使用,但发展规模不大,现在更多的是运用于实验室研究。因此,大型工业化设备的开发是急需解决的关键问题。另外,超声波辅助浸渍速冻受样品属性和工艺参数等因素影响,其商业化应用还需更多的理论积累。目前只在少数食品类型上有了初步应用研究外,还需结合其他类型食品做进一步的应用和机理性研究。同时,将超声波与其他技术联合协同辅助冻结过程,也值得深入研究。

### 1.3.8 结论与展望

预冷对风冷冷冻后猪肉的品质有显著影响,对浸渍冷冻后猪肉品质影响不显著,浸渍冷冻前猪肉可不用预冷而直接冷冻,简化了工艺流程。贮藏 42 d 时,浸渍亚冰温肉与浸渍冷冻肉均未发生明显的腐败变质。从贮藏 28 d 开始,前者的解冻汁液流失显著高于后者($p<0.05$),从贮藏 35 d 开始,前者的蒸煮损失率高于后者($p<0.05$),同时亮度值下降,同一贮藏时间,两者 pH 值、巯基化合物含量没有显著差异($p>0.05$),前者的盐溶蛋白含量低于后者。因此,浸渍亚冰温肉的最佳贮藏期为 28 d,贮藏 28 d 以后,与浸渍冷冻肉相比其品质较差。-5 ~ -18℃区间的冷冻速率对肉的品质影响显著。直接冷冻与两阶段冷冻相比,前者的解冻汁液流失率、蒸煮损失率低于后者,盐溶蛋白的含量高于后者,到贮藏后期肉的色泽优于后者,因此直接冷冻时,肉的冷冻速率快,保水性好,蛋白质变性程度低,其品质优于两阶段冷冻肉。但在 -18℃贮藏时,浸渍直接冷冻肉与浸渍两阶段冷冻肉 TVB-N 值超标的时间相近,分别为 11、12 个月,风冷直接冷冻与风冷两阶段冷冻组 TVB－N 值超标的时间相近，为 6～7 个月，四种冷冻处理组微生物数量超标的时间均在 8～9 个月之间。浸渍冷冻时猪肉中心温度通过最大冰晶生成带(0～5℃)所需时间是相同条件下风冷冷冻的 10 倍。在相同的冻藏条件下，与传统的风冷冻结后的样品相比，浸渍冻结后样品的解冻汁液流失率、蒸煮损失率、加压失水率低于前者，表现出较好的保水性，盐溶蛋白含量、巯基含量高于前者，贮藏期长于后者，浸渍冻结更有利于猪肉冻藏过程中质构特性的保持。

食品的速冻技术是目前国际公认的食品最佳保藏技术，采用高新技术如超声波、高压等辅助冻结食品更有助于保持食品加工和食用品质。此外，食品的低温玻璃化保存是近年发展起来的一门新学科。玻璃化保藏能够最大限度地保持肉类的品质，降低冷冻伤害，研究原料肉的玻璃化转变温度以及冷冻速率对肌肉冻结时玻璃化转变的影响，对生产实际有重要的意义。

# 2　肌原纤维蛋白凝胶

## 2.1　肌原纤维蛋白凝胶

盐溶蛋白质(Salt Soluble Protein,SSP)又称肌原纤维蛋白质,是肌肉蛋白中含量最多、最重要的蛋白质,由肌球蛋白和肌动蛋白组成,其中形成凝胶的必不可少的因素是肌球蛋白,其单独存在时在外界作用下便可形成凝胶,其他蛋白质(主要有肌动蛋白、调节蛋白和细胞骨架蛋白)依其含量的不同,对肌球蛋白凝胶有对抗或协同效应,形成凝胶品质的好坏显著影响着肉制品的组织结构及保水性、保油性,就凝胶类肉制品而言,其强度大以及保水性良好是我们所期望的。另外,肌肉蛋白质的凝胶性、保水性还决定肠类制品生产的成功与否,由于蛋白质凝胶高度有序的网状结构可吸附水分、脂肪、风味物质以及其他成分, 从而提供了肉制品保持水分和脂肪等成分的基质,午餐肉、香肠等碎肉制品良好的凝胶组织结构就是利用这一特性;同时凝胶制品原料多为肉糜,这样便可以利用廉价的碎肉原料以及其他蛋白质资源,使废弃料得到了有效利用,增加了企业的经济效益,同时可依据不同消费需求来改善肉制品的风味、质地及外观,从而改进现有肉制品种类,开发新产品。可见蛋白质的凝胶行为是影响肉制品独特的加工质构、风味和感官的重要因素。肉制品的凝胶特性成了这几年肉品加工的研究重点与热点。

### 2.1.1　凝胶形成机理

蛋白质凝胶的形成主要由于蛋白质分子的聚集,从分子作用力的观点来看,凝胶三维网络结构的形成由于蛋白质和蛋白质、蛋白质和溶剂(水)的相互作用以及邻近的肽链之间的吸引力和排斥力处于均衡,此结构比较有序而且能保持大量水分。对吸引力有贡献的主要包括氢键、疏水相互作用、静电相互作用和二硫键,蛋白质—水相互作用和静电排斥更多时候表现为排斥力;从溶解性的观点来看,蛋白质受 pH 值、热、离子强度等外部因素变化的影响,部分降低了它们的聚合物或官能团在溶剂中的溶解度,导致聚合物大分子(或凝聚物)之间相互作用增强而发生凝胶,它是一定程度变性的蛋白质分子聚集形成的高度有序的蛋白质网络结构，而其溶解度全部丧失则发生蛋白质的沉淀现象；从聚合物物理观点来看，凝胶的形成过程是溶液中分子从无序状态向比较有序的网络结构状态的转变过程。肌球蛋白经某一条件（如加热）作用时，能使其从天然状态而变性展开，发生凝聚过程，最后形成凝胶。

Ferry 最早提出蛋白质凝胶的形成过程，首先在外界处理条件下，天然构象蛋白质的多肽链变性展开，蛋白质分子双螺旋结构的伸展和解聚变性致使其内部反应基团暴露出来，特别是肌球蛋白的疏水基团暴露，增加蛋白质分子间的吸引力以及蛋白质与溶液的排斥力，更有利于蛋白质之间的相互作用，因此疏水氨基酸（如 Ala、Ile、Leu、Phe、Pro）含量高的蛋白质更容易形成稳定的凝胶网络结构。近年来，学者们对肌肉蛋白的凝胶机理进行了广泛研究，关于其凝胶机理另有如下几种说法：

①肌球蛋白分子受外间条件作用伸展，轻链 1 和轻链 3 从其分子的头部解离下来进而生成疏水片段，分子内及分子间的相互作用增强，促使蛋白质凝胶网络结构的形成。

②在稀溶液，肌球蛋白分子通过三种聚集形成凝胶，主要有头部和头部的凝集、头部和尾部的凝集以及尾部和尾部的凝集，巯基形成的二硫键对头部的聚集有贡献，非共价键作用如氢键、疏水相互作用则主要促使尾部的聚集。

③热诱导肌球蛋白形成凝胶包含以下两个过程，首先是肌球蛋白分子头部在40℃以下的相对低温环境的凝聚；随着温度的继续升高，达到50～63℃相对高温时，肌球蛋白尾部的二级结构开始变化，主要是其无规卷曲和螺旋之间的转换。有学者指出，形成高度有序网络结构的前提条件是肌球蛋白分子中不同功能单位（二级结构、结构域、三级结构）的解折叠顺序和蛋白质之间的相互作用。经典的球形蛋白质分子“两种状态”理论认为仅存在两种形态的蛋白质：未变性的蛋白质和变性的高度无序蛋白质，现在已经证明，此两种形态中存在一种动态的中间体，称为“熔融球蛋白状态”，它是三级结构展开而含有与未变性状态相似的二级结构的紧凑的球形蛋白分子。

④蛋白质形成随机聚集的网络和高度有序的“念珠串状”网络两种结构类型的凝胶，蛋白质凝胶的类型主要取决于蛋白质分子的形状，另外，蛋白分子的不同定向方式、蛋白质去折叠和解聚的速率和方式也影响凝胶网络的形成过程和凝胶类型。

以上是热诱导凝胶的一些形成机理，近几年一些学者对超高压凝胶的机理也进行了一些初步探索，认为超高压诱导凝胶形成可能由于以下两个原因，首先在超高压体系没有热交换的条件下，蛋白质体系在超高压作用下体积会缩小，从而影响蛋白质的结构，导致其形成凝胶；其次就是超高压作用可能会引起维持蛋白质分子间作用力的变化，从而诱导其凝胶形成，关于蛋白质体积和分子间作用力具体如何引起的改变，目前还不清楚。

### 2.1.2 肌原纤维蛋白凝胶形成的作用力

在 MP 热诱导凝胶形成过程中，化学作用力（氢键、静电相互作用、疏水相互作用和二硫键）是决定蛋白凝胶特性的关键因素。

通过高速剪切力对肌原纤维蛋白与低脂形成的混合凝胶研究发现，蛋白质热诱导凝胶形成过程中的主要作用力是氢键、静电相互作用和疏水相互作用，而二硫键不是；在研究鲑鱼肌原纤维蛋白热凝胶过程时，推测疏水相互作用和静电相互作用是肌原纤维蛋白交联形成具有三维网络结构的凝胶的主要作用力；通过添加尿素研究鸡肉肌原纤维蛋白热诱导凝胶形成过程，认为静电相互作用和疏水相互作用比氢键的作用更重要。因此，由于蛋白质原材料、处理手段等的不同，使得每种化学作用力在凝胶形成过程中的作用存在差异，但普遍认为在凝胶形成过程中，非共价键（氢键、静电相互作用和疏水相互作用）作用大于共价键（二硫键），后者只延长了蛋白质分子的链长，对形成或维持其凝胶网络结构没有作用。

化学作用力与蛋白质结构也是息息相关的。蛋白质一级结构主要依靠肽键和二硫键连接，氢键是稳定二级结构的主要作用力，尤其是 α－螺旋结构，而维持三级和四级结构的作用力主要是二硫键和疏水相互作用。而 MP 热诱导凝胶的形成正是因为加热使得原始肌原纤维蛋白分子内部结构遭到破坏而发生伸展，其埋藏在分子内部的巯基和疏水基团暴露，蛋白分子间的化学作用力达到平衡，从而形成有序而稳定的三维网络凝胶结构。

研究不同的作用力需要用不同的方法，但目前对这四种作用力的测定方法研究还不够完善。其中二硫键测定方法的研究是最多的，静电斥力和疏水相互作用次之，氢键最少，而且研究不够全面和深入。

#### 2.1.2.1 二硫键

二硫键属于共价化学键，国内外针对蛋白质凝胶中二硫键的研究最多，相应的测定方法也是最成熟的，其中利用总巯基和活性巯基含量变化来表征二硫键的变化是最常见的，也可以通过添加化学试剂影响二硫键的作用。最近研究发现 SDS－PAGE 技术以及拉曼光谱也可以用来研究蛋白质分子的二硫键。

许多学者通过巯基含量变化研究了肌原纤维蛋白与其主要成分肌球蛋白凝胶形成过程中二硫键的变化,总巯基含量指暴露在蛋白表面和埋藏在蛋白分子内的巯基,而活性巯基指暴露在蛋白分子表面的巯基。马鲛鱼肌动球蛋白在整个加热过程中(5 ~ 90℃),总巯基含量先保持不变(5 ~ 30℃),之后逐渐降低(40 ~ 90℃),而活性巯基含量先增加后降低,50℃达到最大值,可能是随加热温度的上升,蛋白分子逐渐展开,内部巯基逐渐暴露出来,使活性巯基含量达到最大并促进蛋白分子内部的巯基形成二硫键。

添加化学试剂也可以影响二硫键的变化,最常见的就是添加化学试剂二硫苏糖醇,这是因为其可用于阻止蛋白质中的半胱氨酸之间形成蛋白质分子内或分子间二硫键。通过添加二硫苏糖醇于鸡胸肉肌球蛋白中来研究其热诱导凝胶形成过程,发现二硫键存在与否,鸡胸肉肌球蛋白凝胶都可形成,但二硫键存在时,有助于凝胶网络结构的形成。

#### 2.1.2.2 疏水相互作用

疏水相互作用是指蛋白质在水溶液中由水结构诱导的非极性基团之间的相互作用。普遍认为疏水作用力是蛋白凝胶形成过程中最主要的作用力之一。研究发现在加热条件下蛋白质分子内部包埋的多肽链就会暴露到表面,是相邻多肽链间的疏水作用力增强的最主要原因。通过研究箭齿鲽肌球蛋白的热诱导形成凝胶过程,得出即使在高温条件下,疏水相互作用也是凝胶形成过程中的主要化学作用力。疏水性氨基酸的暴露为蛋白质提供了表面疏水性,能够反映蛋白质分子微观构象的变化,因此疏水作用力可以用其来衡量。荧光分光光度法通常可用来测定疏水作用力。8 – 苯氨基 – 1 – 萘磺酸铵盐作为一个疏水性荧光探针,被用于通过与蛋白质的疏水区域结合来监测蛋白质构象变化。

拉曼光谱也可以测定蛋白质的疏水相互作用,它既能反映蛋白质主链的骨架振动,也能反映其侧链周围微环境的变化。由于苯丙氨酸的强度不随蛋白质结构的变化而发生改变,因此可以根据其在拉曼光谱 1003 $cm^{-1}$ 处伸缩振动的强度作为内标进行归一化,其中以色氨酸疏水残基的 760 $cm^{-1}$ 处的归一化强度反映蛋白的疏水性。

#### 2.1.2.3 静电相互作用

静电相互作用是肌原纤维蛋白形成凝胶的重要作用力。由加热形成的肌原纤维蛋白凝胶网络结构是蛋白质分子中引力和斥力平衡的结果,蛋白质分子受热打开,内部的功能基团暴露出来形成引力,而蛋白质分子表面电荷形成斥力。一般在蛋白质聚集过程中,静电相互作用常表现为静电斥力。远离等电点时,蛋白质分子表面的正电荷负电荷数目不等，此时静电斥力作用最大，蛋白质表面的氢键结合位点增加，氢键作用增强，因此蛋白质多肽链结构中的非共价键平衡被打破，疏水相互作用减弱，导致蛋白质分子中引力和斥力不平衡，不利于形成均一稳定的肌原纤维蛋白凝胶网络结构。而在等电点附近时，刚好相反，排斥的静电相互作用和吸引的疏水相互作用、分子间的氢键作用以及二硫键能保持很好的平衡，有利于形成均一稳定的肌原纤维蛋白凝胶网络结构。

静电相互作用常用的测定方法是 Zeta 电位。因其能测定蛋白质表面电荷的电位，常用于解释蛋白质凝胶颗粒间的静电相互作用。研究发现经超高压处理后的肌原纤维蛋白再经热处理凝胶化后，Zeta 电位的绝对值持续升高，这是由于超高压能够破坏蛋白聚集体，并使蛋白质分子链逐渐展开，暴露更多的疏水基团、带电基团和羟基等极性基团，导致蛋白分子间静电斥力增强。

#### 2.1.2.4 氢键

通常情况下，大量的氢键用以维系蛋白质的各级结构，同时其在凝胶结构和黏弹性的形成方面也起重要作用。针对氢键在蛋白质凝胶形成中的作用，说法不一。

改变 pH 来研究羔羊背最长肌肌原纤维蛋白发现，pH 为 7.5 时，疏水相互作用是形成凝胶的主要的作用力，但 pH 对氢键具有较大影响；对大豆蛋白热诱导凝胶形成过程的研究发现，凝胶网络结构的形成中，起到最重要作用的是氢键，而不是其他化学作用力（二硫键等）。

在肌原纤维蛋白热诱导凝胶形成过程中，对各种化学作用力的研究，很少有针对氢键的研究报道。原因可能包括两个方面，第一是肌原纤维蛋白分子处在一个复杂的环境溶液中，因此氢键即能作用于蛋白分子内部也能作用于蛋白分子之间，同时在蛋白分子与其所在溶剂之间也能作用；第二是很难定量测定氢键作用。

### 2.1.3 肌原纤维蛋白凝胶形成的影响因素

蛋白质溶液的特点，例如动物品种、肌肉类型、蛋白质的类型与浓度、离子强度、pH 值、制备条件及其他化合物存在等会影响盐溶蛋白的凝胶品质，下面将主要的几种影响因素逐一介绍。

#### 2.1.3.1 动物品种和部位

不同品种的动物肌球蛋白凝胶能力不同，原因在于这些蛋白结构域解折叠所需温度以及肌球蛋白重链（MHC）的交联能力和它的解折叠结构域所表现的表面疏水性不同。同一品种不同部位凝胶性能不同，可能是肌球蛋白具有的不同异构体,凝胶能力不同,例如鸡腿肉和鸡胸肉,还有人认为其凝胶性能的不同在于蛋白质头部和尾部的凝胶能力的差异,肌肉类型影响肌原纤维蛋白质的凝胶特性,从白肉中提取的蛋白质有更高的凝胶形成能力。

#### 2.1.3.2 pH

近几年,学者们就 pH 对盐溶蛋白凝胶特性的影响进行了大量的研究,得出 pH 能影响凝胶产品的保水性、强度等特性。pH 能够改变氨基酸侧链电荷分布,改变肌球蛋白在溶液中的存在状态,从而降低或增加蛋白质和蛋白质的相互作用,进而影响肌球蛋白的凝胶特性。蛋白分子在等电点处所带静电荷为零,当环境 pH 偏离等电点越远,蛋白分子所带的静电荷越多,蛋白分子间的静电斥力就越大,因此 pH 的变化能够降低或增加蛋白质之间的相互作用,从而影响蛋白凝胶的形成。由于肌球蛋白杆状尾部具有许多带电的残基,蛋白质的功能性质因 pH 或离子强度的改变而变得很敏感。

体系的 pH 影响蛋白质所带的电荷,因此影响蛋白质分子间的排斥力大小,影响凝胶的形成。在等电点时,蛋白质分子的斥力最小,所以蛋白质分子很快聚集,容易形成凝块或沉淀,在蛋白质分子间斥力增大时,可以促进蛋白质凝胶的形成;在极端 pH 条件下,蛋白质分子间的斥力很大,蛋白质以分散状态存在,聚集反应难以发生,在适当的 pH 条件下,蛋白质分子间的排斥力和吸引力(如疏水相互作用)达到平衡,因而可以形成蛋白质的凝胶。

另有观点认为,pH 值会影响蛋白质的解链,主要的不同在于是头部区域还是铰链区域解链或者在某些特殊条件下根本就不解链,如果没有解链过程,就没有后续的凝胶聚集。

#### 2.1.3.3 盐溶液及离子强度

添加一定量的盐可以改善蛋白质的凝胶特性。盐浓度对凝胶特性的影响主要通过对其电荷的影响,增加其所带电荷使其分子间斥力增加,从而更易于打破肌原纤维之间连接力,使纤维间的空隙加大,所以添加一定量的盐类可以显著提高盐溶蛋白凝胶的持水性。离子强度影响肌球蛋白在溶液中的存在状态进而影响蛋白的凝胶特性。肌球蛋白在低离子强度的条件下($0.2\ mol \cdot L^{-1}KCl$),以细丝状形态存在,而在高离子强度条件下($0.6\ mol \cdot L^{-1}KCl$),肌球蛋白通常以单体形式存在,加热变性后形成比较均匀的网络结构。

任何对 pH 和盐浓度的改变都会影响最终凝胶性质,因为它们会改变凝胶过程中蛋白质溶解度、热稳定性和蛋白质的相互作用。在低离子强度下,当 pH 接近等电点时变性蛋白质会因为疏水相互作用而形成随机聚集物。当 pH 远离等电点时，静电斥力会阻止形成随机聚集，导致形成线性多聚体。在肉中加入盐(如 NaCl)会提高其保水性，这也是腌制和乳化产品(如香肠)的基础。因为氯离子结合到蛋白质上，在纤丝之间施加的斥力使其结构膨胀，可以解聚肌球蛋白纤丝，而且加入 NaCl 会使肌球蛋白和肌动蛋白结合变弱。这些都会使纤丝膨胀留出更多空间来容纳水。另外肌肉类型也会影响最终形成的凝胶性质，多数研究结果证实，红肌蛋白形成的凝胶要比白肌弱，主要的原因是蛋白质异构体或多晶型现象，快肌和慢肌肌球蛋白在氨基酸结构上也有稍微不同。从白肌纤维(快肌)提取的肌球蛋白包含独特的碱性氨基酸：3－甲基组氨酸，而红肌和心肌(慢肌)中却没有。

#### 2.1.3.4 温度

盐溶蛋白在加热条件下可形成具有良好弹性的网状结构凝胶体。加热过程中的温度水平、升温速率及加热时间等参数都会影响凝胶品质，一般随着加热温度的升高、升温速率的增加以及加热时间的延长，蛋白质的聚合程度增加，其空隙更小，相应的所形成的凝胶体保水性较差，进而凝胶体较硬。加热促使蛋白质分子的疏水基团暴露于分子的表面，增强了疏水性，同样会释放其分子内部的巯基，巯基之间相互作用形成二硫键。相比较于 70℃ 的恒温加热，从 50℃ 到 70℃ 的程序升温形成的凝胶强度更大，是因为恒温加热时，温度变化快，蛋白质没有充足的变性时间。

#### 2.1.3.5 其他因素

添加糖类物质会降低超高压诱导凝胶的保水性和硬度，凝胶网络结构会随其物质量的增加从原来的蜂窝状变化成束状结构，原因在于糖类影响了蛋白质分子之间的非共价键和二硫键，进而影响其结构。

酪蛋白可以显著提高凝胶特性，主要原因在于其可增加凝胶体系蛋白质的浓度。

在加工过程中加入“天然、营养、多功能”的食品胶能提高肉类蛋白质的功能特性及降低肉制品的加工成本，目前世界上允许使用的食品胶有 60 余种，我国允许使用的约有 40 种，我国肉类产品生产使用最广泛的食用胶主要有卡拉胶、黄原胶、瓜尔豆胶、琼脂、明胶、海藻酸钠、刺槐豆胶和魔芋胶等。食品胶往往具有双重功能性，一种功能性是指它在食品中应用时往往具有增稠、稳定、胶凝或乳化等与加工有关的特性，食品胶可提高食品的黏稠度或形成凝胶，从而改变食品的物理性状，赋予食品黏润、适宜的口感，并兼有乳化、稳定或使食品颗粒呈悬浮状态的作用，所以食品胶在食品中可以作增稠剂、稳定剂、胶凝剂、乳化剂或悬浮剂使用;另外一种功能性是指食品胶作为一类功能性基料成分(如做水溶性膳食纤维)对人体具有营养保健作用。

## 2.2 超高压诱导凝胶

目前,国内外学者就盐溶蛋白的凝胶品质做了大量的研究工作,但热诱导方式居多,热诱导凝胶制品的生产过程中既有物理变化也有化学变化,其主要缺点是熟制过程会破坏其中的维生素和风味物质等热敏性成分,造成食品营养物质的流失、失去天然的风味。

超高压技术的问世,无疑为盐溶蛋白凝胶化研究提供了一个可行的高新技术平台,超高压是物理过程,一般在低温下进行,降低了因高温引起的热敏性营养成分的损失以及色、香、味的劣变。在国内外研究中,采用热及超高压诱导手段形成凝胶已有报道,但主要是运用在植物蛋白方面,对肌肉盐溶蛋白的超高压诱导形成凝胶及采用谷氨酰胺转氨酶与超高压协同诱导的手段报道还较少,且已有的报道研究对象也多为白肉制品(鱼肉、虾肉、鸡肉等)。本节讨论超高压诱导、超高压与谷氨酰胺转氨酶协同诱导使猪肉盐溶蛋白形成凝胶的过程及特点。

超高压作用下蛋白质折叠结构的展开的模拟图如图 2-1 所示:

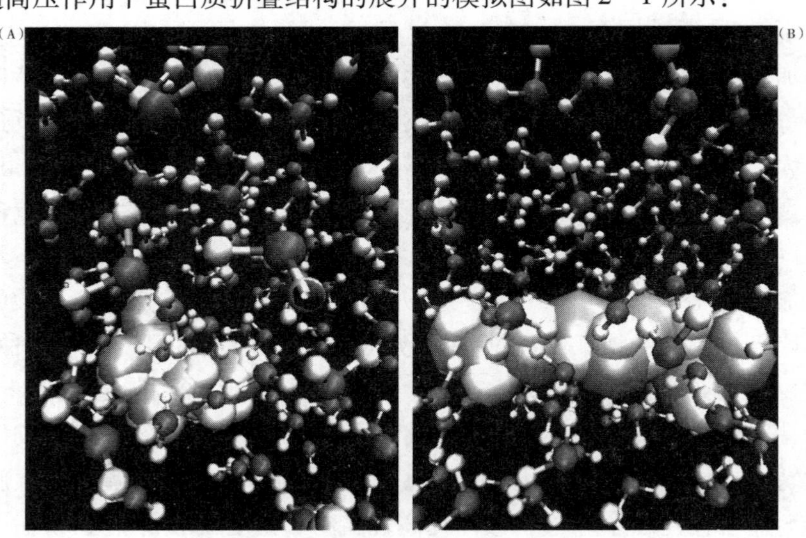


图 2-1 超高压条件下多肽链构象模拟图
(A):折叠构象;(B):伸展构象

### 2.2.1 超高压技术概述

食品超高压技术(High Hydrostatic Pressure,HHP)就是以水和其他液体作为压力传递介质,将真空包装后的食品原料至于超高压容器腔中,在静高压(一般的压力水平区间是100~1000 MPa)和一定的温度下加工一定的时间,从而引起食品结构中氢键、疏水键和离子键等非共价键的破坏或形成,使食品成分中生物高分子物质的理化性质改变,如蛋白质变性、酶失活、淀粉糊化,并杀死物料中的部分微生物,从而达到食品灭菌保藏、酶钝化和改善食品性质等目的的一种技术。

超高压是一项非热处理工艺手段,其具有最大限度保持食品风味和营养的优点,已被研究多年。超高压技术最早应用于钢铁、合金和陶瓷的生产,现已广泛应用于新型材料研究、粉体材料压制、化学合成、高压射流、食品加工及生物利用方面等各个领域。Hite早在1899年就已发现超高压可杀灭牛奶、果蔬以及一些其他饮料中的微生物,1914年美国物理学家Bridgman将超高压技术用于食品领域,得出500 MPa压力处理可使蛋白质凝固,压力水平高达700 MPa的处理能使蛋白质形成硬的凝胶的结论。直到1986年,日本京都大学林立九教授提出超高压技术是一种可行的商业加工手段从而使其逐渐受到食品科学家的青睐。1991年日本试售第一种高压食品—果酱。近年来,欧美对超高压处理技术也逐步予以重视,目前,日本对超高压食品技术的研究和应用处于国际领先水平,而我国超高压技术仍处于实验室研究阶段,由于商业化的高压设备等因素限制,在超高压食品工业化加工方面未能有效开展。

### 2.2.2 超高压技术在肉品加工中的应用

超高压在肉品加工中的应用主要有以下几个方面:

(1)超高压杀菌。

超高压会破坏细菌的细胞膜和细胞壁,引起微生物的生化反应、形态结构及基因机制发生多方面的变化,会通过抑制遗传物质的复制和酶的活性从而影响微生物原有的生理功能。普遍认为,超高压主要损伤微生物的细胞膜,使其通透性发生变化,如果细胞膜的通透性过大,细胞就死亡。同时,微生物由蛋白质组成,超高压对蛋白质的变性作用导致微生物内部组织被破坏而死亡。菌种的类型、食品组分、水分活度及加压环境的温度、压力水平、保压时间、盐浓度、pH值等均会影响食品超高压杀菌的效果。以乳酸菌、假单胞菌、肠杆菌、霉菌与酵母、葡萄球菌与微球菌为对象研究超高压对冷却肉抑菌效果的影响,结果表明,酵母、霉菌、葡萄球菌与微球菌对超高压敏感,相比较于常压处理,超高压处理大大延长了冷却肉中菌落总数到达警戒线的时间。研究指出,超高压处理可提高冷却肉的生物安全性,冷却肉样品中的菌落总数随处理压力的升高而减少,对照样的菌落总数达到警戒线($10^6$ CFU /g)的贮藏期为 7 d,超高压处理延长了冷却肉的贮藏期。

(2)超高压对肉类组织结构的影响。

普遍认为超过 100 MPa 的高压处理可使肉类组织结构发生明显变化,高压处理对肌肉具有一定嫩化作用。一些学者认为,超高压会引起肌原纤维小片化,主要由于加压处理中机械作用力会使肌肉的肌节结构受损。如高于 325 MPa 的压力处理后,僵直后的牛肉内部肌原纤维结构不同,可使微观结构改变;400 MPa 压力处理 10 min 时,绵羊肉的显微结构变化显著,肌节收缩,肌原纤维蛋白的 Z 线断裂,M 线降解,I 带变白。

(3)超高压对肉制品色泽的影响。

超高压处理可导致肉制品色泽发生变化,过高的压力会导致肉中的血红蛋白变性,主要表现为红色逐渐变淡,发灰色,最后呈类似煮肉的灰白色,主要原因在于超高压使肌浆中血红蛋白和肌红蛋白逐渐变性而失去红色。碎牛肉经 200、400、600 和 800 MPa 压力条件下分别处理 20 min,$L$ 值随着压力上升而增加,$a$ 值随压力上升而下降,压力处理显著降低了肌红蛋白含量,肌肉逐渐失去红色变为灰棕色。

(4)超高压对肌肉的凝胶化。

超高压处理使蛋白质结构发生变化,进而促使蛋白质结构的凝胶化。超高压会促使明胶蛋白形成凝胶,但超高压诱导的凝胶强度较低,最初胶原蛋白的含量会影响凝胶特性;超高压和加热处理罗非鱼肉蛋白后,热诱导凝胶更硬,主要是共价键维持凝胶结构,压力诱导凝胶结构较弱,热诱导前进行超高压预处理会加强凝胶结构,而超高压前进行加热预处理对凝胶特性没有影响;超高压处理鹰嘴豆分离蛋白会引起蛋白的表面疏水性和游离巯基含量的变化,经过 300 MPa 以上的超高压处理后,CPI 分子会发生聚集,形成流体动力学半径和分子量很大的可溶性聚集体,经 400 MPa 以上压力处理后,CPI 会解聚成蛋白质亚基等小分子。研究超高压对罗非鱼肌动球蛋白构象变化的影响时,透射电镜观察到 50 MPa 的压力条件下处理 10 min 不会影响肌动球蛋白的结构,其结构在高于 100 MPa 的压力作用下被打乱,随着压力水平的上升,蛋白质发生聚集,压力越大,网络结构越规则。200 MPa 的压力是肌动球蛋白形成规则网状凝胶结构的关键压力,肌动球蛋白经 200 MPa 压力处理后会形成分子量大于肌球蛋白重链的聚集体。

### 2.2.3 影响超高压凝胶改善效果的因素

超高压对蛋白质凝胶特性的影响受诸多因素的制约,其中蛋白质的种类、浓度、pH、处理压力、保压时间、保压温度及添加剂种类等因素均对其凝胶特性起到至关重要的作用。凝胶各指标性能测定方法如下:

(1)保水性。

保水性是指当食品受加热、冷冻、加压、切碎、解冻等外力作用时,保持其原有水分以及添加水分的潜力。

将制备好的盐溶蛋白凝胶取少许放入离心管中称重记录,随后以 4000 r/min 的速度离心 8 min,将上层离心出的水分小心倒出后再称重,计算保水性。凝胶保水性(Water Holding Capacity,WHC)的计算公式见式(2-2-1):

$$保水性=\frac{W_1-W}{W_2-W}\times 100\% \tag{2-2-1}$$

式中:$W$ 为离心管的重量;$W_1$ 为离心后的凝胶和离心管总重;$W_2$ 为未离心的凝胶和离心管的总重;单位均为 g。

(2)凝胶强度。

将制备好的置于冰箱中的凝胶样品取出,在室温下静置 30 min,用TAXT-PLUS 型质构分析仪测试凝胶的强度。试验结果利用质构仪自带软件进行分析,测试条件如下,探头型号:P/0.5;测前速度:2.0 mm/s;测试速度:2.0 mm/s;测后速度:2.0 mm/s;测试距离:15.00 mm;触发类型:自动;触发力:8 g;数据搜取速率:200.00 pps。

(3)凝胶弹性。

测试前处理同凝胶强度测试。测试条件如下,探头型号:P/50;测前速度:2.0 mm/s;测试速度:1.5 mm/s;测后速度:2.0 mm/s;压缩比 50%;触发类型:自动;触发力:5 g;数据搜取速率:400.00 pps。

TPA 具体参数定义如下:

脆性(Fracturability):TPA 曲线上第一个显著破裂的力。

硬度(Hardness):第一次压缩(第一次咀嚼)过程中的峰值力。

弹性(Springness):第二次压缩时间与第一次压缩时间的比值,它和第一次压缩结束到第二次压缩开始时样品的高度有关。

黏性(Adhesiveness):第一次压缩过程(第一次咀嚼)中负峰下的面积,代表将探头拔出样品时所做的功。

内聚性(Cohesiveness):第二次压缩的正峰面积与第一次压缩的正峰面积的比值。

胶凝性(Gumminess):将半固体食品咀嚼至可吞咽时所做的功,与硬度和内聚性有关,胶凝性=硬度×内聚性。

回复性(Resilience):第一次压缩返回点与X轴的围成的面积与第一次压缩时的面积比,是衡量一个样品当外力撤去后变形如何回复的指标。

#### 2.2.3.1 蛋白质种类

种类繁多的蛋白质是影响其凝胶特性的重要因素之一,合适的高压条件可诱导一些球状蛋白形成凝胶,然而并不是所有的蛋白质都可形成凝胶,且同种类蛋白质凝胶的质地、结构等也存在较大差异。如在800 MPa、蛋白浓度1%~24%时,α-乳清蛋白、溶菌酶和肌球蛋白均不能形成凝胶,但加入5%的β-乳球蛋白后,15%的α-乳清蛋白和溶菌酶可形成凝胶,肌球蛋白(不含半胱氨酸)仍不能形成凝胶,这是因为高压使β-乳球蛋白展开而游离巯基暴露,与含有二硫键的蛋白通过SH/SS交换反应使蛋白分子间发生相互作用后聚集成胶。另外,β-乳球蛋白/溶菌酶凝胶为白色不透明状,持水力达90%,而β-乳球蛋白/α-乳清蛋白凝胶透明且持水力达100%,这都表明凝胶的形成及质地与蛋白种类密不可分。

#### 2.2.3.2 蛋白质浓度

蛋白质的浓度对其能否形成凝胶具有至关重要的影响。在一定浓度范围内,蛋白质的浓度越高,其凝胶强度越大,但超过一定浓度后会对凝胶产生不利的影响。如高压制备凝胶时乳清分离蛋白最小浓度为10%(w/w),将1%~8%(w/w)乳清分离蛋白在1000 MPa、30℃、10 min条件下处理后,发现均不能形成凝胶,而将10%(w/w)乳清分离蛋白经600 MPa、30℃、10 min处理后可形成凝胶,随着乳清蛋白浓度从12%(w/w)增加至18%(w/w),其凝胶强度增加,但浓度超过20%(w/w)后,其凝胶强度降低。

#### 2.2.3.3 pH

pH的变化可改变分子的净电荷,因而可改变分子间的吸引力、排斥力以及分子和溶剂之间的相互作用,即水化性质。蛋白质所处的pH环境不同,形成的凝胶强度等也各不相同。

探究肌球蛋白的凝胶强度随 pH 的变化，发现肌球蛋白的凝胶强度随 pH 增加呈现先增大后下降的趋势，pH 6.0 时，强度最大。这是因为肌球蛋白在等电点附近的溶解性很差，因而不能形成较好的凝胶。当 pH 远离等电点时，蛋白质的溶解度逐渐增大，但其静电斥力也逐渐增大，当静电力增加到一定程度时，影响蛋白质分子间的聚集和胶凝，从而导致强度降低。

#### 2.2.3.4 压力

凝胶强度定义为凝胶破裂时所需的力，可以反映出凝胶结构的坚实度，是评价凝胶品质的一项重要指标。以肌原纤维蛋白凝胶为例，不同压力水平对凝胶强度的影响见图 2－2，在设定的压力水平范围内，凝胶强度与压力水平呈正相关关系，压力越大，凝胶强度越大，以 350 MPa 为界线，相比较于高压力水平范围内，低压力水平范围内凝胶强度变化幅度更大，可能原因为高压力水平范围，凝胶结构已基本形成，继续增大压力，对其结构影响不大。

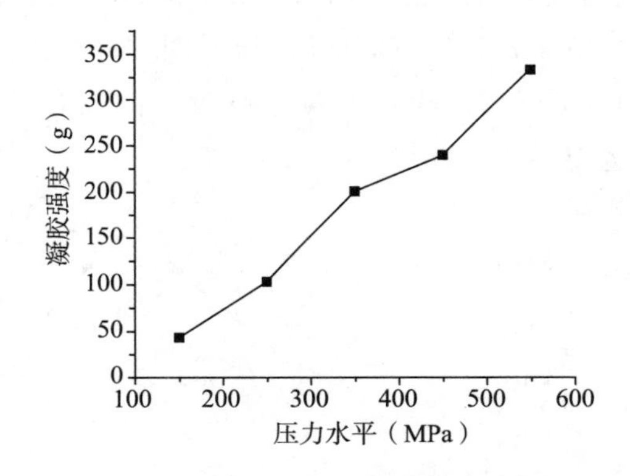


图 2－2 压力水平对凝胶强度的影响

凝胶弹性定义为当促使凝胶变形的力去除后，凝胶所能恢复到变形前的程度，弹性是反映固体力学性质的物理量，只有发生了弹性恢复，才说明此样品具有黏弹性，发生了胶凝行为，不然就是流动了，可见弹性是衡量凝胶特性的一项重要指标。各个压力水平的猪肌原纤维蛋白凝胶弹性都存在显著性差异（图 2－3），当压力从 250 到 450 MPa 变化时，凝胶弹性较好，继续增大压力水平，凝胶弹性下降，可能因为太高的压力使已形成的凝胶结构部分被破坏，失去部分固体弹性性质，更多表现液体性质。凝胶弹性较好的压力范围为 350～450 MPa。

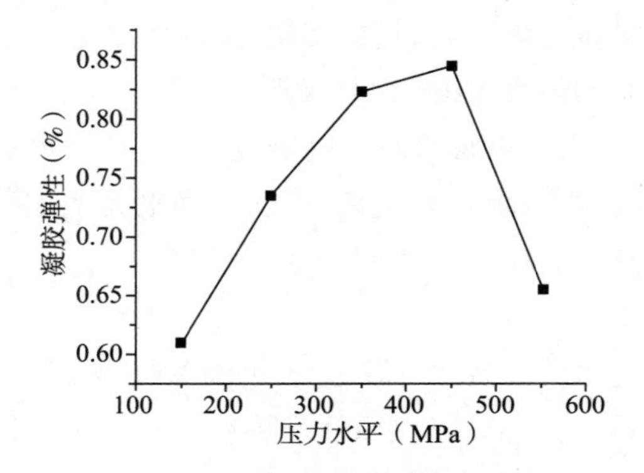


图 2－3　压力水平对凝胶弹性的影响

#### 2.2.3.5　保压时间

保压时间对蛋白质凝胶的质构具有十分重要的影响。从图 2－4 中可以看出，在实验参数范围内，随着保压时间的延长，肌原纤维蛋白凝胶强度有增大趋势，当保压时间达到 20 min 时，继续延长保压时间，凝胶强度值趋于平缓。可以看出，保压时间为 20 min 和 25 min 时，凝胶强度之间没有显著性差异。凝胶强度较好的保压时间为 10～25 min。

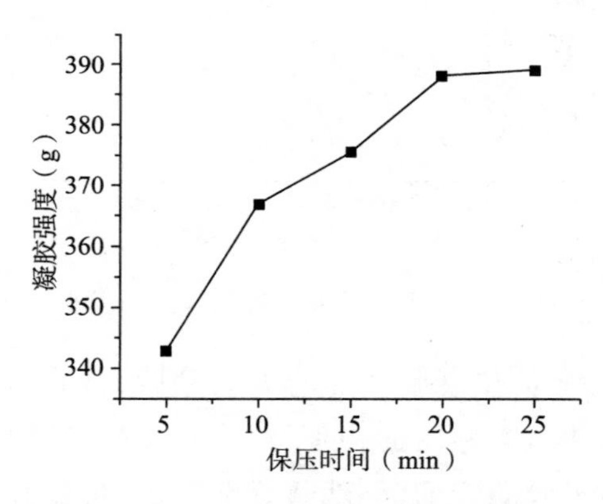


图 2－4　保压时间对凝胶强度的影响

保压时间对肌原纤维蛋白凝胶弹性影响见图 2－5，在 5～20 min 的保压时间内，凝胶弹性随着保压时间的延长呈上升趋势，继续延长保压时间，凝胶弹性变化不明显。邓肯多重比较可知，保压时间为 5、10、15 min 时凝胶弹性差异显著，20 min 和 25 min 的凝胶弹性差异不显著。当保压时间为 10～25 min 时，凝胶弹性较好。

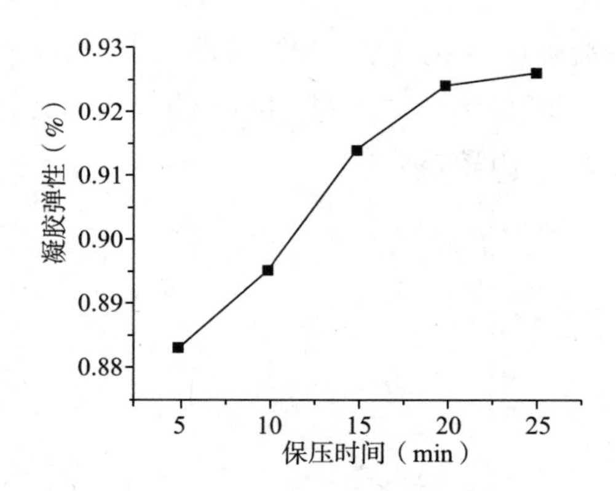


图 2－5　保压时间对凝胶弹性的影响

有研究指出，超高压会使蛋白质变性，蛋白质的双螺旋结构解离，解螺旋后的肌球蛋白按一定方式排列，并连接起来逐渐形成凝胶的三维网络结构，而凝胶的弹性主要与尾部螺旋解开的程度有关，解开程度越大，凝胶的弹性也越大，由此可见，在保压时间为 20 min 时，蛋白质分子尾部螺旋结构可能已基本解开，继续增大压力，对其影响不大。

#### 2.2.3.6　添加剂

添加剂的存在可明显影响凝胶的形成及特性，不同蛋白质具有不同的结构和构象，不同来源的添加剂也具有不同的分子大小、形状及电荷分布等，因此可根据研究目的选择适当的添加剂实现对蛋白质的改性，提高其性能。

谷氨酰胺转胺酶（Transglutaminase，简称 TGase）催化形成的 ε－（γ－谷氨酰基）赖氨酸共价键强度是氢键和疏水键的 20 倍，所以其显著提高了凝胶强度。图 2－6 为添加 TGase 对肌原纤维蛋白凝胶强度的影响，从图中可以看出，当 TGase 添加量为 16 g/kg 时，凝胶强度值可达到 920 g，高于任何条件下的压力诱导凝胶。可见，添加 TGase 可增加凝胶强度。TGase 添加量从 4 g/kg 增加到 16 g/kg时，凝胶强度呈现增强趋势，继续增加其添加量，凝胶强度有下降的趋势。TGase 添加量为 8～16 g/kg 时，凝胶强度较好。

从图 2－7 中可以看出，随着 TGase 添加量的增加，TGase 添加量对凝胶弹性的影响呈先上升后下降趋势。当 TGase 添加量为 12 g/kg 时，凝胶弹性最佳。邓肯多重比较可得，TGase 添加量分别为 4 g/kg，8 g/kg，16 g/kg 时，凝胶弹性值之间没有显著性差异。凝胶弹性较好的 TGase 添加量范围为 8～16 g/kg。有学者通过反相高效液相色谱和电喷雾飞行时间质谱法鉴定出 β－乳球蛋白在 400 MPa 时，蛋白质空间结构展开，致使 5、13、35 和 59 位谷氨酸残基暴露，使得

TGase 可以催化其胶凝反应;而在常压、40℃条件下用 TGase 处理 1 h,β-乳球蛋白无明显变化,可见,天然的蛋白质不是 TGase 的作用底物,酶作用位点的暴露对于 TGase 发挥其交联作用是必须的。

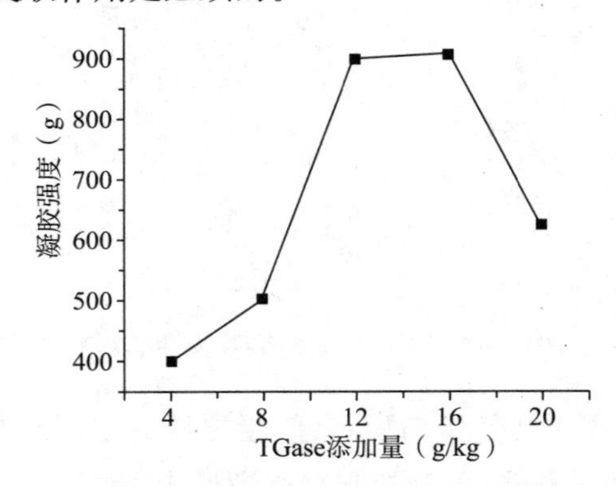


图 2-6　TGase 添加量对凝胶强度的影响

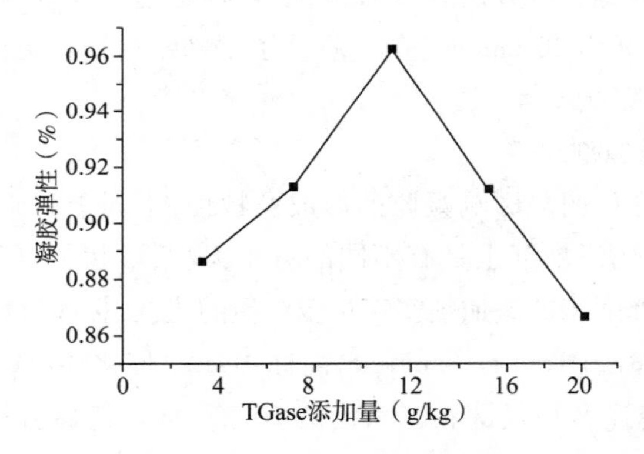


图 2-7　TGase 添加量对凝胶弹性的影响

除 TGase 外,盐类在改善肉制品的功能特性方面起到重要作用,例如氯化钠因溶解肌原纤维蛋白而使肉制品具有良好的持水、持油能力,并可为肉制品凝胶提供良好的弹性和韧性。

## 2.2.4　超高压处理对肌原纤维蛋白的影响

### 2.2.4.1　超高压对总巯基和活性巯基变化的影响

将未经过超高压处理的和经过超高压处理的盐溶蛋白溶液浓度调节为 4 mg/mL,取其中的 1 mL 加入 9 mL 50 mM 磷酸盐缓冲液(内含 10 mmol EDTA,0.6 mol KCl,8 mol 尿素,pH = 7),将上述混合后取 4 mL,加入 0.4 mL 0.1%

DTNB[5,5′-二硫代双(2-硝基苯甲酸)],40℃保温 25 min,用分光光度计在 412 nm 波长下测定吸光度值。

活性巯基同总巯基含量所加其他试剂的种类和数据都一样,唯一不同于活性巯基含量测定的是不需要加尿素,然后将反应混合液在 4℃反应 1 h,用分光光度计在 412 nm 波长下测定吸光度值。

吸光度值的大小与巯基含量的多少呈正相关。从图 2-8 可以看出,在一定范围内,随着压力的升高,总巯基和活性巯基都呈下降趋势,巯基含量减少可能由于超高压导致蛋白质折叠结构展开,掩埋在分子内部的巯基暴露出来,可能被脱氢氧化,形成新的二硫键,以及蛋白质分子间相互作用形成网络结构掩盖了原来的活性巯基,说明二硫键对凝胶结构的形成有重要贡献。

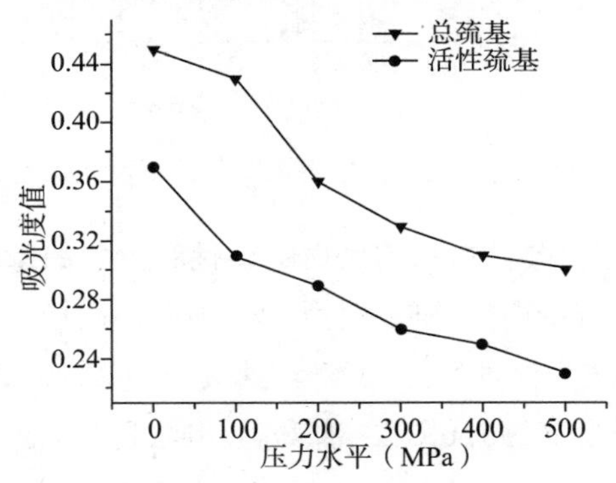


图 2-8　不同压力水平对巯基含量变化的影响

有研究指出,稳定压力诱导鱼肉凝胶的主要作用力是二硫键等共价键,低于 150 MPa,肌动蛋白的结构被打乱,形成分子内二硫键,高于 200 MPa,破碎的肌球蛋白通过分子间二硫键聚集;在研究超高压对鹰嘴豆分离蛋白的影响时指出,压力的升高导致其巯基含量下降;也有研究指出,随着压力水平和保压时间的增加,蛋白质的游离巯基含量增加,而总的巯基含量降低,研究结果不一致,有待进一步研究。

### 2.2.4.2　超高压对表面疏水性的影响

表面疏水性的测定采用荧光光谱法,将未处理和超高压处理的盐溶蛋白溶液使用 pH 7.0,内含 0.6 M KCl 的磷酸盐缓冲溶液分别稀释蛋白浓度至 0 ~ 1 mg/mL之间,取稀释样品 2 mL,加入 10 μL 8 mM ANS(8-苯胺-1-萘磺酸),混合均匀在暗处放置 10 min,采用荧光分光光度计,在激发波长 380 nm 和发射波长 490 nm 的条件下测定其荧光强度,扫描速度为 1200 nm/min。

8-苯胺-1-萘磺酸(ANS)荧光探针可以检测暴露于蛋白质表面的疏水基

团，表征蛋白质结构的变化。从图2－9中可以看出，在实验范围内，随着压力水平的升高，盐溶蛋白的荧光强度呈现上升趋势，说明其表面疏水性随着压力升高而增大。超高压处理使得蛋白质分子结构展开，内部疏水基团暴露出来。表面疏水性的增加会大大提高蛋白质的功能性质。

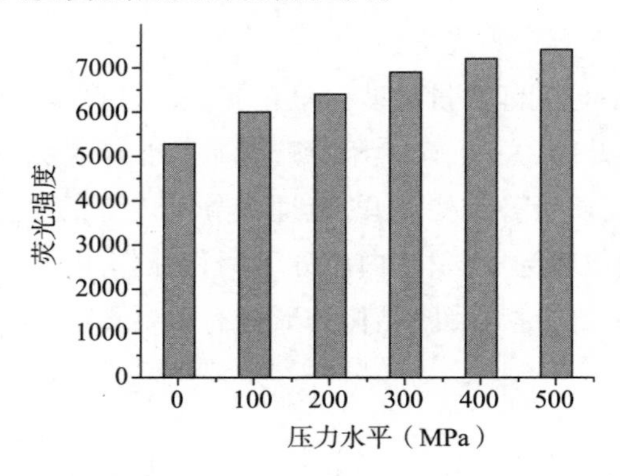


图2－9　盐溶蛋白在不同压力水平条件下荧光强度的变化

#### 2.2.4.3　不同压力条件对盐溶蛋白的变性和聚集的影响

采用DSC测定盐溶蛋白的伸展变性情况，称取待测样品约6 mg，小心置于铝的试样皿中，密封，氮气为保护气体，氮气流速为50 mL/min，测试参数：升温速率为5℃/min，升温范围为20～120℃，二次升温。通过仪器记录曲线，分析，得到凝胶的DSC曲线和数据。

蛋白质形成凝胶包括两个阶段，第一个阶段是天然球型结构展开即变性，变性包括分子内键的解离，因此是一个吸热过程；第二个阶段是分子间的聚集，聚集过程包括了蛋白质分子间键的形成，因此是一个放热曲线。变性增加了分子间的相互作用，说明有凝胶网络结构的形成。焓值的大小可表征蛋白质变性的程度，正负可表示聚集过程主要是哪种作用力有贡献。图2－10、图2－11、图2－12是不同压力条件下的DSC曲线。从图2－10可以看出，未经超高压处理的样品在74℃附近出现一个很大的吸热峰，说明DSC测定过程中，升温处理导致了蛋白质的变性。与对照样品相比，300 MPa和550 MPa压力处理后，凝胶均未出现吸热峰，说明DSC测定前超高压已经促使蛋白质变性，经DSC升温处理，没有出现盐溶蛋白质的变性。通过DSC自带软件计算图2－11的聚集放热峰，得到焓变为0.2416 J/g，说明凝胶聚集过程中疏水反应占优势。如图2－12所示，在45℃附近出现了放热峰，说明此过程有凝胶聚集反应发生，而且主要是肌球蛋白的聚集反应，验证了肌球蛋白是主要的凝胶成分。在图2－12上未发现放热峰,可以初步判断经 550 MPa 压力处理后,凝胶已聚集完全。

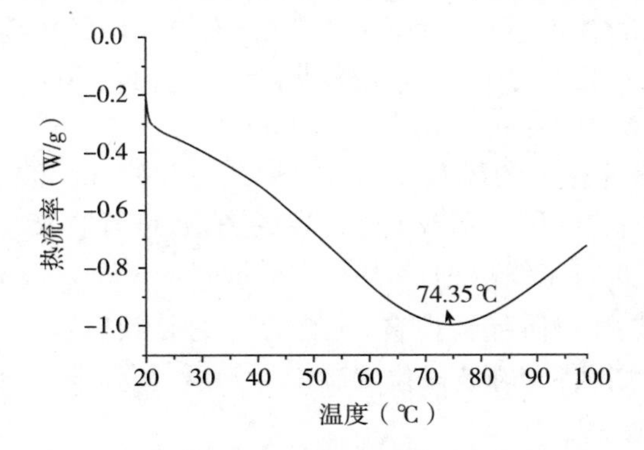


图 2－10 未经超高压处理样品的 DSC 测试图

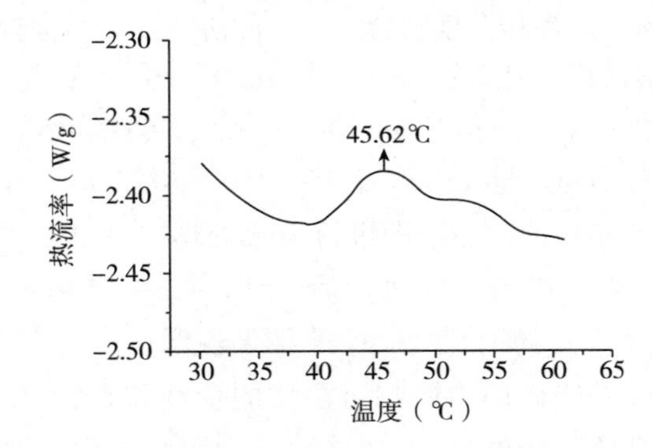


图 2－11 经 300 MPa 压力处理样品的 DSC 测试图

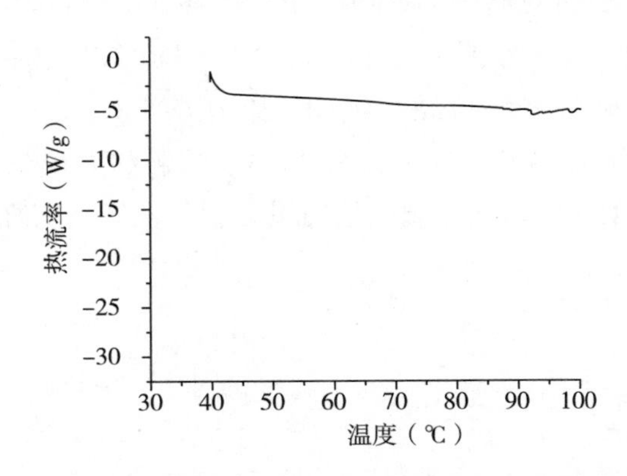


图 2－12 经 550 MPa 压力处理样品的 DSC 测试图

#### 2.2.4.4 不同压力条件对蛋白质二级结构的影响

利用傅里叶红外光谱研究不同压力条件对其二级结构的影响。将盐溶蛋白提取后分别经 150、250、350、450 和 550 MPa 压力处理 10 min，随后将制备好的凝胶首先在 -70℃进行预冻，再进行冷冻干燥（-60℃，真空状态），尽量除尽其中的水分。随后称取一定量，用红外光谱仪做全波段扫描（400 ~ 4000 $cm^{-1}$），扫描次数：128 次，分辨率：0.5 $cm^{-1}$，信噪比：32000∶1。

与二级结构分析有关的酰胺 I 带是 1600 ~ 1700 $cm^{-1}$波段的图谱，首先用 Nicolet Omnic 软件取 1600 ~ 1700 $cm^{-1}$波段的图谱，进行放大，用 Peak Fit V 4.12 软件进行分析。先进行基线校正，然后用 Deconvolve，Gaussin IRF 去卷积，分别用一阶导数、二阶导数和三阶导数拟合，选择合适的导数拟合，直至拟合相关系数 $R^2$不变为止，最后根据各子峰波段位置确定其归属，根据各子峰面积计算各部分二级结构的含量和比率。

蛋白质的二级结构是指多肽链中主链原子的局部空间排布即构象，主要包括 α-螺旋、β-转角、β-折叠和无规则卷曲。目前研究二级结构较多应用的是酰胺I带，对酰胺I带峰的指认已经比较成熟。其中 1600 ~ 1640 $cm^{-1}$为 β-折叠，1640 ~ 1650 $cm^{-1}$为无规则卷曲，1650 ~ 1658 $cm^{-1}$为 α-螺旋，1660 ~ 1695 $cm^{-1}$为 β-转角。

处理 1 到 5 号分别对应经 150、250、350、450、550 MPa 压力处理 10 min 后所得的凝胶样品。对各样品的原始谱图进行拟合处理，从图 2-13 中可以看出，盐溶蛋白经 150 MPa、250 MPa 超高压处理后，蛋白质二级结构变化不明显，随着压力的继续增加，盐溶蛋白出现变性现象，此结果说明：在超高压处理前期主要是疏水相互作用或其他一些作用力影响蛋白质的变性和聚集，使其二级结构展开或破坏主要是在超高压作用的后期，或者是压力释放阶段。猪肉盐溶蛋白中主要以 β-折叠为主，经过较高压力处理后，β-折叠会部分转变成 β-转角和无规则卷曲，β-转角和无规则卷曲含量增多，其中经 350 MPa 和 450 MPa 压力处理后，β-折叠下降比例约为 5%，经 550 MPa 压力处理后，β-折叠的下降比例约为 2%。说明，在相对较高压力水平条件下，β-转角和无规则卷曲的比例更大，由此可以初步判定 β-转角和无规则卷曲更有利于较好品质凝胶的形成。

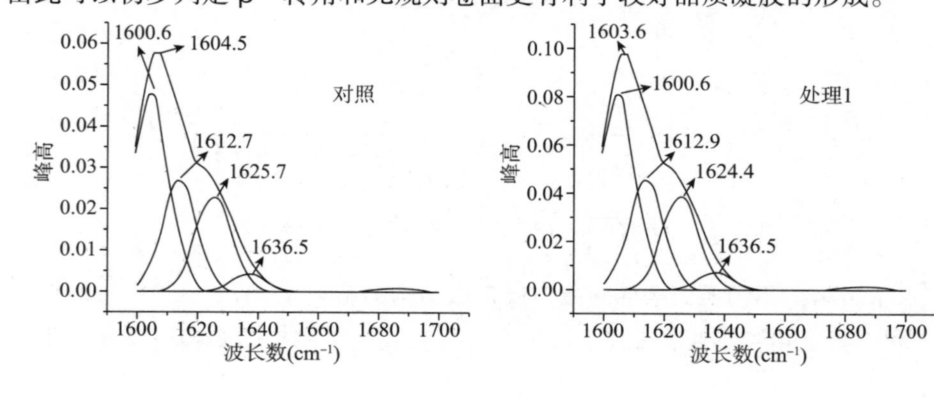

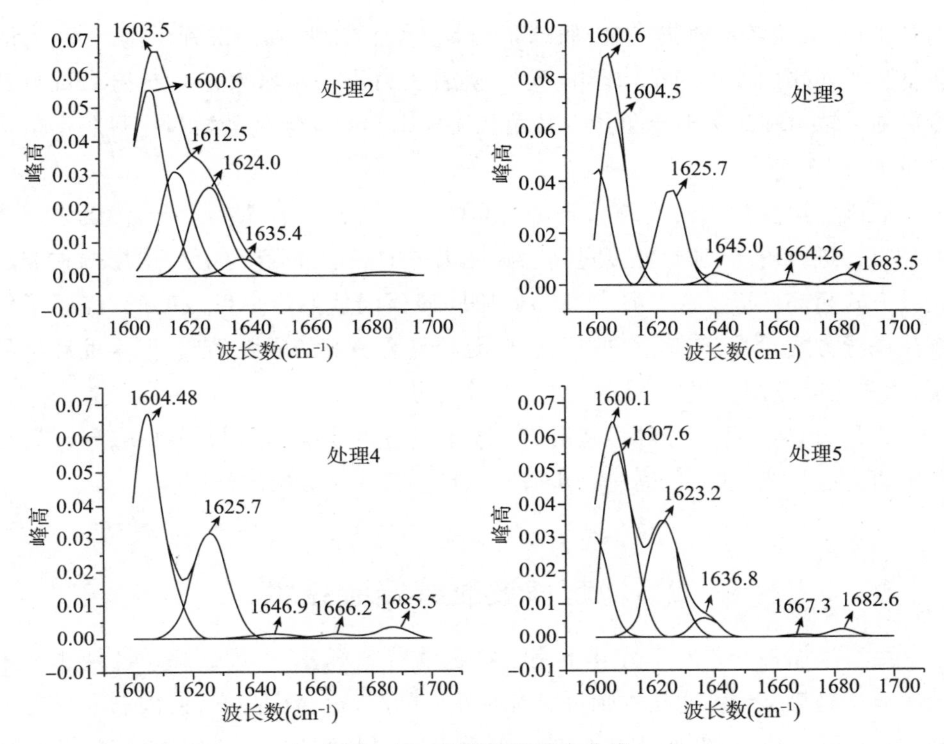


图 2－13　各样品的拟合曲线

目前也有学者指出利用酰胺Ⅲ带进行蛋白质二级结构的分析，酰胺Ⅲ带的波长范围为 1220～1330 $cm^{-1}$，其中 1220～1250 $cm^{-1}$ 为 β－折叠，1250～1270 $cm^{-1}$ 为无规则卷曲，1270～1295 $cm^{-1}$ 为 β－转角，1295～1330 $cm^{-1}$ 为 α－螺旋，但酰胺Ⅲ带指认技术的成熟还需一定的时间。

## 2.2.5　结论与展望

压力水平、保压时间和 TGase 添加量影响凝胶强度和弹性值，当压力水平为 350～450 MPa、保压时间为 10～25 min、TGase 添加量为 8～16 g/kg 时，凝胶强度和弹性值较大；超高压和 TGase 协同诱导形成凝胶的方式为加入 TGase 后直接进行超高压处理。超高压与 TGase 协同诱导猪肉盐溶蛋白质形成凝胶的最佳工艺参数为：TGase 添加量为 12 g/kg、压力水平为 400 MPa、保压时间为 10 min。表面疏水性随着压力水平的增加而增强；巯基含量随着压力水平的增加呈现下降趋势，维持凝胶网络结构的作用力主要有氢键、疏水相互作用和二硫键；聚集过程中疏水相互作用占优势，300 MPa 压力处理后，盐溶蛋白质已经变性，550 MPa 压力处理后，凝胶基本聚集完全，肌球蛋白是主要的凝胶成分得到了进一步验证；较低压力对蛋白质二级结构影响不大，随着压力进一步增大，β－折叠会部分转变成β－转角和无规则卷曲，β－转角和无规则卷曲对猪肉盐溶蛋白凝胶形成贡献较大。

肌肉盐溶蛋白质的凝胶品质对肉品的加工特性具有重要影响，传统采用热处理方式进行诱导，加热温度过高会破坏肉中的热敏性营养成分，采用两种非热诱导方式超高压以及超高压与TGase协同使猪肉盐溶蛋白形成凝胶，克服了传统热诱导方式对其营养成分的损失，使凝胶具有更好的凝胶品质、保水性和出品率，为蛋白凝胶制备提供了一种更为有效的方式。

但是，超高压作为一项极具潜力与发展前途的食品加工与保藏高新技术，在我国研究起步比较晚，仍需进一步研究以扩大其在实际中的作用。

## 2.3　超声波改善凝胶技术

由于添加各种非肉成分并不完全符合消费者喜爱，尽量少添加各种非肉成分形成了趋势。预乳化技术则可以有效降低脂肪，提高出品率，使肉制品具有更好的脂肪酸组成，降低胆固醇含量。但是，预乳化液仍存在乳化不稳定的问题，缺乏预乳化液改善凝胶质构以及保水性的肌肉蛋白质分子层次的研究。因此，如何应用合适的脂肪替代技术降低乳化凝胶肉制品中的脂肪含量，同时保持或者改善肉制品的出品率和品质仍是研究的热点。

针对以上问题，本节对应用超声波技术处理预乳化液，分析超声波预乳化处理与肌原纤维蛋白质的复合凝胶的质构、流变特性和微观结构，以及其对典型乳化型肉制品的品质影响进行探讨。

### 2.3.1　超声波改善凝胶品质技术特点

通过超声技术处理过的肌原纤维蛋白，其分子质量不会发生任何改变，但是在超声波的作用下，蛋白质的结构会发生一定的改变，蛋白质的结构是蛋白质体现功能性的基础，因此改变蛋白质结构可以提高其功能特性。如超声波处理可以提高鱼糜的凝胶强度、黏性、弹性和回复性等；超声波可以促进肌原纤维蛋白的释放，进而提高肉制品的持水性、嫩度、黏结性等理化性质。此外，利用超声技术对蛋白质进行改性属于用物理手段进行改性的一种方法，具有操作时间短、操作方法简单、操作易于控制并且能耗较低等优点。

## 2.3.2 超声波对凝胶作用力的影响

### 2.3.2.1 二硫键

总巯基含量指暴露在蛋白表面和埋藏在蛋白分子内的巯基，而活性巯基指暴露在蛋白分子表面的巯基。在超声波处理一定时间内，MP 总巯基的含量随着超声时间的增加而显著减少，活性巯基显著增加；超声时间超过一定限度后，二者变化趋势逐渐变缓；最后，随着处理时间延长二者含量没有显著变化。

总巯基含量减少代表二硫键的生成。由此可见，超声波处理破坏了蛋白的结构，随超声波处理时间延长，蛋白分子逐渐展开，内部巯基逐渐暴露，使活性巯基含量达到最大并促进 MP 分子内部的巯基形成二硫键。

与 MP 原料总巯基含量相比，MP 热诱导凝胶的总巯基含量随超声时间延长而显著降低，活性巯基含量随超声时间的增加先上升后下降，这说明加热成胶过程为二硫键的形成提供了充分能量，促使活性巯基生成了二硫键，并且超声波处理时间越长，在加热过程中活性巯基越容易转变成二硫键。这可能是因为长时间超声波处理为活性巯基提供了更多能量，使之处于高能状态，从而降低了活性巯基转变成二硫键的活化能。

### 2.3.2.2 疏水作用力

超声波刚开始处理后，MP 样品的表面疏水性急剧增加，表明在超声处理之前，很多疏水基团都包埋在蛋白分子内部，超声波的空穴效应以及微束流能够将这些基团暴露出来。与 MP 样品表面疏水性对比可知，MP 热诱导凝胶表面疏水性更大，一定时间内随超声波处理时间增加，MP 凝胶表面疏水性急剧增加。超过一定限度后开始急剧下降，最终趋于平缓。说明随着超声波处理时间延长，蛋白质展开程度增加，疏水基团逐渐暴露，但超过一定时间后，增加的蛋白表面疏水性并没有转化成热诱导凝胶的疏水作用力，而是又被包裹在凝胶网络中。

### 2.3.2.3 静电斥力

MP 的电位全是负值，说明蛋白表面负电荷要比正电荷多，净电荷为负电荷。超声波处理后 MP 的 Zeta 电位绝对值逐渐增大，蛋白质所带负电荷逐渐增加，蛋白质展开程度增加。经超声波热处理凝胶化后，MP 凝胶 Zeta 电位的绝对值先迅速增加后又急剧降低。因此，超声时间一定时，MP 分子的适度展开能提高凝胶的静电斥力，但过度展开导致其热诱导凝胶的静电斥力迅速降低。

#### 2.3.2.4 氢键

超声波处理后,蛋白分子上的酪氨酸酚羟基暴露增加,即在水环境中与水分子形成更多的氢键。N包埋也会有所增减,表明越来越多的酪氨酸酚羟基被包埋在蛋白质的疏水微环境中,与其他蛋白质分子形成的氢键更多。

### 2.3.3 超声波对凝胶品质的影响

#### 2.3.3.1 保水性

随着超声时间的增加,MP凝胶的保水性快速升高,而后快速降低,即短时间超声波处理可以显著增强凝胶的保水性,较长时间超声波处理会降低凝胶的保水性。这一变化趋势与凝胶的疏水作用力、静电力、氢键的变化趋势一致。

超声波热处理MP后使结合水显著下降,说明超声波处理后形成凝胶的这部分水结合得更加紧密,水分子的移动性降低。束缚水的变化不是很明显,而自由水显著增加,说明自由水的移动性更强。因此,短时间超声波处理会使更多的水分被束缚在凝胶网络中,凝胶保水性的改善主要因为这部分水,而超声处理时间较长时以后,自由水又逐渐增加,可能是由于长时间的超声波处理破坏了均匀的凝胶网络结构。

#### 2.3.3.2 微观结构

超声波处理后的MP凝胶空间结构与未处理的样品相比,结构变得更加致密均匀,网孔更小。经过短时间超声处理后,网络凝胶结构变化不是很多,但是与未处理的凝胶相比,网孔变小,初步有了较好的凝胶。一定时间处理后的凝胶网络细腻,孔径小且分布均匀,呈现蜂窝状胶束,蛋白分子间的相互作用达到较好的平衡。当超声时间较长时,均匀的凝胶结构遭到破坏,凝胶网孔变大,且不均匀,蛋白质凝胶网络结构变得粗糙。

### 2.3.4 结论与展望

对任意一个化学反应而言,影响化学反应速度的因素取决于3个因子,即扩散因子、碰撞频率因子和活化能,超声波作用提高了MP分子的扩散性和碰撞频率,但MP的活性巯基并没有转化成二硫键。因此,认为这种现象的发生是因为长时间超声波处理为活性巯基提供了更多能量,使其处于高能状态,而降低了活性巯基转变成二硫键的活化能。同时,在热诱导凝胶形成的过程中,蛋白质分子链相互靠近,高能态的活性巯基在热的作用下转变成蛋白质链间的二硫键,因此,长时间强超声波处理与加热共同作用促使MP分子间二硫键的形成。疏水作用力、静电作用力和氢键为凝胶中的非共价键作用力。目前几乎没有关于超声波处理对 MP 凝胶非共价键作用力影响的报道。疏水作用力可以用其表面疏水性来衡量,后者能反映蛋白质分子微观构象的变化,并可以用荧光分光光度法进行测定。Zeta 电位是带电颗粒表面剪切层的电位,可用于描述蛋白颗粒之间的静电斥力。Zeta 电位高的胶粒之间是静电稳定的,容易形成稳定的分散体系。拉曼光谱可用于检测蛋白质凝胶中的氢键,因为酪氨酸残基上含有羟基,是形成氢键的重要基团,酪氨酸残基在 850 $cm^{-1}$和 830 $cm^{-1}$附近的两个谱峰,是对取代苯环呼吸振动和面外呼吸振动之间的费米共振产生的,其变化情况可以反映 MP 凝胶中氢键变化。

由于超声波处理能够破坏蛋白聚集体,并使蛋白质分子链逐渐展开,暴露更多的疏水基团、带电基团和羟基等极性基团,因此,MP 原料的这些指标随处理时间增强而增加,短时间超声波处理的 MP 热诱导凝胶的疏水作用力、静电斥力和氢键也因此逐渐增加。长时间处理的 MP 在加热形成凝胶的过程中,有大量的链间二硫键形成,限制了蛋白质分子链的伸展和有序排列,导致其各种功能基团被包埋在蛋白质颗粒和凝胶网络内部,因此,随处理时间延长,凝胶的各种非共价键作用力均逐渐减弱。

保水性是凝胶性质中的一种重要性质。离心法是测定凝胶保水性的常用方法,然而高速离心会破坏凝胶的网络结构,所测得的保水值不能很好地反映出凝胶在完好状态下的保水性。而低场核磁共振是一种无损的、非侵入式的测量高含水量样品水分分布状态和移动性的工具,所以能够在不破坏凝胶结构的情况下测定凝胶中各种水的可移动性及各水分的比例,能够较好地反映凝胶保水性。凝胶中结合水面积均小于总峰面积的 1%,其所占比例随超声时间延长而增加是因为 MP 表面的电荷增加及其分子中极性基团增多。凝胶网络中束缚水的比例最多,占总水分的 80%以上,束缚水比例随超声时间增大的改变趋势与离心法测定的保水性变化趋势一致,表明凝胶中所保留的水分大多是束缚水。束缚水的提高意味着 MP 外部水的增加,肉的保水性增加。

凝胶保水性的大小受其作用力影响。蛋白质凝胶中水分的保持,主要依靠水和蛋白质之间的电荷相互作用、氢键以及毛细管作用。而在热诱导凝胶形成过程中,疏水作用力能形成更好的蛋白—蛋白聚集物,从而能够促进形成均一、致密结构的凝胶,最终凝胶的保水性得到提高。在高静电斥力条件下,蛋白质结构变得松散、均匀,并且净电荷增加意味着能结合水分子的氢键结合位点增加,从而使更多的水保留在凝胶中。MP 凝胶的疏水作用力、静电斥力以及氢键都与保水性极显著相关。保水性增加原因之一是,随着超声时间增加,蛋白质展开,形成这些作用力的疏水基团、带电基团和极性基团等均逐渐暴露,这些基团分别通过疏水水合、偶极离子、偶极—偶极3种形式与水分子发生作用,使凝胶中结合水含量增加,其中水与蛋白质中 $COO^-$ 等带电基团的作用强度最大,水与—OH等极性基团的作用次之,非极性基团通过疏水水合作用固定的水分子最弱。另外的一个重要原因是,短时间的超声处理使维持MP凝胶网状结构的静电斥力与疏水作用力和氢键等引力在更高的水平上达到平衡,凝胶的网状结构更加均匀、致密、牢固,使更多的水分束缚在凝胶的网络中,导致凝胶中的束缚水急剧增加。保水性降低是因为当蛋白分子表面相同净电荷较少时,蛋白分子间的静电斥力降低,分子间相互接近并发生絮凝,形成的凝胶网络结构中网孔变大,无法容纳更多的水分。同时,由于蛋白质分子所带的负电荷减少,蛋白质与水分子间通过偶极—离子作用结合的水分子显著减少。

超声波处理通过改变MP凝胶中分子间二硫键的含量影响凝胶的保水性,超声时间延长,凝胶中分子间二硫键增加(即活性巯基减少)导致凝胶的保水性下降。短时间超声波处理促进肌原纤维蛋白分子适度展开,显著提高凝胶的疏水作用力和静电斥力,并使凝胶中肌原纤维蛋白与水分子形成的氢键增多,凝胶的保水性逐渐增加。肌原纤维蛋白凝胶的疏水作用力、静电斥力以及氢键都与保水性极显著相关,最佳超声波处理时间下,凝胶的疏水作用力、氢键和静电斥力均达到最大,凝胶中的引力和斥力在最高的水平上达到平衡,致使凝胶网络结构均匀致密,能最大限度地保留水分。肌原纤维蛋白凝胶的保水性与活性巯基显著相关,说明超声波处理通过改变肌原纤维蛋白凝胶中分子间二硫键的含量影响凝胶的保水性,但其影响力比疏水相互作用、静电相互作用和氢键要小。

# 3 基于植物提取物的肌原纤维蛋白凝胶改善技术

## 3.1 鹰嘴豆蛋白

### 3.1.1 鹰嘴豆简介

鹰嘴豆(chickpea),拉丁文为 *Cicer arietinum* L,因其形状独特,尖如鹰嘴,故称为鹰嘴豆。鹰嘴豆在中医上有止泻、解毒等功效,其粮食颗粒具有预防皮肤、治疗失眠等功能,在中国甘肃、新疆和云南等地被引进并进行大面积种植。鹰嘴豆的形状、大小和颜色因品种而异。根据种子的颜色和地理分布,鹰嘴豆分为两种类型:德西(印度起源)和卡布里(地中海和中东起源)。

鹰嘴豆营养含量丰富均匀,富含氨基酸、维生素、粗纤维及钙、镁、铁等有效成分,具有很高的食用价值和医用价值,可以用作人们日常生活的食物以及控制血糖、体重,延缓衰老等食疗作用的功能特性食品。

#### 3.1.1.1 碳水化合物

鹰嘴豆淀粉含量为40% ~55%,低于玉米(70%)和燕麦(65%)中的淀粉含量。鹰嘴豆淀粉呈有板栗风味,可用于减肥保健品。德西品种鹰嘴豆皮黑、果实为黄色,其中粗纤维素含量大约为8%;卡布里品种鹰嘴豆表皮和果实均为黄色,其中粗纤维含量为5%左右。鹰嘴豆具有较高含量的纤维素,高于燕麦(1%)和苦荞(1.62%)、甜荞(1.01%),能够降低人体血糖、减少胆固醇含量,而且还能预防便秘并降低患直肠癌的风险。

#### 3.1.1.2 蛋白质

鹰嘴豆中的蛋白质含量约占鹰嘴豆种子总量的22%,与大豆的蛋白质的含量相似,高于豌豆、绿豆、燕麦以及核桃中的蛋白质含量。蛋白质是人类营养需求的重要来源,它们的氨基酸含量与组成和生物利用率等决定着蛋白质的营养价值。鹰嘴豆中含有人体所需 18 种氨基酸及 8 种必需氨基酸,氨基酸含量高。每 100 g 鹰嘴豆蛋白质含有 80 ~88 g 氨基酸,必需氨基酸为 33 ~42 g,其中赖氨酸含量较高,约为 7 g,分别高出玉米(1.2 g/100 g)5 倍、白面(2.3 g/100 g)4 倍、大米(3.4 g/100 g)2.5 倍。鹰嘴豆蛋白可以达到人体每日所需的蛋白质和必需氨基酸的要求,具有很好的营养价值与应用前景。

#### 3.1.1.3 脂肪

鹰嘴豆的脂肪含量较低,为5% ~6%。大多是对人体十分有利的不饱和脂肪酸。检测鹰嘴豆、大豆、豌豆、绿豆、蚕豆、小扁豆六种豆类的主要脂肪酸组成,结果发现,鹰嘴豆的油酸含量最高,绿豆最低,分别为42%和4.7%,其他豆类的油酸含量在22% ~29%不等;蚕豆中的亚油酸含量最高,为54%,鹰嘴豆为43.6%,与其他豆类的亚油酸含量相当。这六种豆类中鹰嘴豆的不饱和脂肪酸含量最高,达87.4%。

#### 3.1.1.4 矿物质

矿物元素及微量元素是一种重要的日常食品营养素,但对孩童生长发育阶段的孩子来说,普通膳食中的钙、铁含量严重不足,因此,从其他途径加以补充显得尤为重要。豆类中含有的主要矿物元素有:钙、铜、铁、钾、镁、磷及锌等,鹰嘴豆中的这些主要矿物元素的含量比燕麦、荞麦等高出很多倍,可作为矿物元素或微量元素营养强化剂。鹰嘴豆中每100 g干物质含钙213 ~272 mg、镁165 ~195 mg、铜0.93 ~1.08 mg、锌3.86 ~4.42 mg、磷202 ~256 mg、钾1132 ~1264 mg、铁4.96 ~8.09 mg,含量因基因型的不同而有很大的变化。这些元素大部分都存在于种皮中,去皮后,钙、锌的含量分别降低70% ~80%、28% ~45%。

#### 3.1.1.5 异黄酮

异黄酮属于黄酮类化合物,是一种异黄酮类植物雌激素,普遍存在于大豆、鹰嘴豆和豌豆等豆类植物中。1986年,美国科学家发现大豆中存在能抑制癌症细胞的异黄酮。异黄酮具有非常突出的抗癌能力,对癌细胞的生长扩散具有很好的抑制作用,并且只对癌细胞有特异性影响,不会影响其他正常细胞。异黄酮同时也是一种良好高效的抗氧化剂,它可以阻碍致癌因子——氧自由基的生成。大豆异黄酮还有助于预防心血管疾病,能够预防骨质疏松症,减少冠心病的发病率并且能够减少妇女更年期中的不适。

### 3.1.2 鹰嘴豆分离蛋白功能特性

#### 3.1.2.1 溶解性

蛋白质在不同pH下的溶解度可以作为蛋白质分离系统在食品系统中的性能指标,也可以作为热处理或化学处理的蛋白质变性程度。大多数植物蛋白质的等电pH为4.0 ~5.0。在等电点时蛋白质所携带的净电荷为0,因此不存在互斥作用,蛋白质—蛋白质之间的相互作用不利于溶解性。研究印度不同鹰嘴豆品种分离蛋白时，发现德西和卡布里鹰嘴豆分离蛋白的溶解度曲线分布差异不显著($p \leq 0.05$)，在 pH 4.0 ~ 5.0 范围内，蛋白溶解度最小，本质上是等电 pH 范围。且溶解度最大的两个区域是 pH 2.5 和 7.0。在低 pH 时，产生较大的净电荷，增加排斥力，导致蛋白质结构展开。其他对于鹰嘴豆、小扁豆、大豆蛋白和乌木籽等的研究发现，在 pH 6.5 以上时，所有蛋白质的溶解度均大于 70%。

#### 3.1.2.2 吸水性和保水性

分离蛋白的功能特性主要决定了它们在食品中的用途。从不同品种的鹰嘴豆中分离出的蛋白质与它们的豆粉相比，具有比较高的吸水率(WAC)。这可能是因为分离物具有很强的膨胀、解离和展开的能力，暴露了更多的结合位点，而碳水化合物和豆粉中的其他成分可能会削弱结合作用。研究 γ 辐射对于鹰嘴豆粉功能性质的影响时发现，天然和辐照鹰嘴豆粉的吸水率随着辐照剂量的增加而增加(1.56 ~ 2.63 g/g 豆粉)。这样的结果可归因于单糖的形成，如葡萄糖等单糖，它们对水有更高的亲和力。也可以解释为存储过程中鹰嘴豆淀粉脱水收缩作用的减少。

保水性主要是针对肉制品的一项功能特性，拥有较高的保水能力可以提升肉制品的感官品质，增加肉的多汁性，而对于碎肉乳化制品如香肠、火腿等产品，增加保水能力可以提高乳化能力，提高品质并且增加经济效益。研究发现豌豆、鹰嘴豆、扁豆这些豆类浓缩蛋白的持水能力在 0.6 ~ 2.7 g/g 间，并且使用等电点法提取的蛋白质的持水能力高于使用超滤法提取的蛋白质的持水能力(红扁豆蛋白浓缩物除外)。

#### 3.1.2.3 乳化性

食品蛋白质的乳化特性可以用乳化活性和乳化稳定性指标来描述。乳化活性是一种衡量蛋白质在一定时间内帮助乳剂形成和稳定的能力，而乳化稳定性则提供了一种衡量蛋白质在一定时期内赋予乳液强度以抵抗其结构变化(如聚结、乳状、絮凝或沉淀)的能力。乳化活性是指物质乳化油脂的能力，不同鹰嘴豆品种的豆粉乳化脂肪的能力存在显著差异。研究发现，卡布里品种的鹰嘴豆粉的乳化能力(58.2%)明显低于德西品种的鹰嘴豆粉(59.6% ~ 68.8%)。总蛋白质组成(可溶性和不溶性)的差异，以及蛋白质以外成分(可能是碳水化合物)的差异，会对豆类等蛋白质产品的乳化性能有很大的影响。此外，影响乳化的因素与蛋白质的理化性质有关——表面的疏水性和电荷、空间效应、弹性、溶液的黏度，以及大分子在界面吸收后重新排列，形成高机械强度连续膜的能力。

#### 3.1.2.4 凝胶性

蛋白质凝胶由三维矩阵或相互缠绕的网络组成,部分被结合的多肽被去离子水包裹。蛋白质能够形成凝胶,并形成一种保持水分、香料、糖和食品成分的结构,在新产品开发中,为蛋白质功能提供了一个额外的维度。这种特性在粉碎香肠产品中很重要,同时也是许多东方质感食品的基础,例如豆腐。蛋白质胶凝特性是蛋白质作为食品添加剂或材料的一种重要的功能性质,与其黏弹性和质构直接相关。植物蛋白可用于肉制品中以改变所形成的凝胶的类型。在植物蛋白中,球蛋白是生产凝胶的主要蛋白质。为了优化非肉蛋白在肉制品中的应用以获得理想的功能特性,有必要了解加工过程中肉类蛋白质与添加蛋白质之间可能发生的相互作用。这些因素可以被用来提高产量,改善肉制品的结构特性,降低各种肉制品的成本。非肉蛋白可以分散在肌肉的凝胶基质中结合水,从而与肌肉蛋白相互作用并形成复合凝胶。研究鹰嘴豆分离蛋白的凝胶特性,结果表明,增加蛋白分散体系的离子强度可以增强 CPI 在酸性条件下的凝胶性能,但是降低了 CPI 在 pH 为 7.0 时的弹性性能,并且在 pH 为 3.0 时,钙离子促进了蛋白—蛋白的静电相互作用,有利于凝胶网络的形成。

### 3.1.3 鹰嘴豆在肉制品加工中的应用

鹰嘴豆中碳水化合物和蛋白质的含量很高,约占干种子总质量的 80%。与其他豆类相比,鹰嘴豆胆固醇含量极低,是蛋白质、膳食纤维和矿物质的优质来源。目前,鹰嘴豆等豆类蛋白质作为新型脂肪替代物被广泛应用在肉制品中,在肉制品中发挥三种基本功能:一是促进脂肪乳化并且能代替部分脂肪进行乳化;二是提升肉品保水能力;三是促进肉制品中蛋白质的凝胶网络三维结构的形成,对于提升产品品质,提升营养健康功能等起到了很大的作用。

#### 3.1.3.1 提升感官特性

质构特性是通过感觉对食品的物理性质进行感知得来的,是反映食品品质特性一个非常重要的指标,同时也是对食品进行科学数字性评价的依据。人们选择肉类及其制品时主要由主观感觉决定,主要取决于食用品质中的感官性状(主要为外观、持水力、嫩度、多汁性、质地和风味等)。

将 130℃和 150℃下微粉化的绿扁豆和鹰嘴豆加入牛肉汉堡中,发现 150℃微粉化的鹰嘴豆粉汉堡的感官品质与可接受性呈正相关关系,微粉化的豆粉不会影响汉堡的剪切力和蒸煮损失。并且以扁豆和鹰嘴豆为原料制作的含 6% 微粉无麸质黏结剂的低脂牛肉汉堡具有良好的理化特性和可接受性;研究含有鹰嘴豆粉的英式香肠时发现,使用鹰嘴豆粉替代香肠中40%羊肉的样品在可接受性方面与没有替代羊肉的空白对照组之间无显著差异。然而用鹰嘴豆粉替代30%的猪肉和牛肉制成的香肠时,香肠的可接受性显著降低,随着鹰嘴豆粉的加入,香肠的汁液流失显著增加,硬度值下降;研制添加鹰嘴豆的牛肉肠,发现在鹰嘴豆添加量为2%的情况下,添加一定量复配添加剂的(卡拉胶、变性淀粉和明胶)鹰嘴豆牛肉肠的黏着性、硬度值均为最佳,且此时牛肉肠中的总黄酮含量为0.0328 mg/g,表明鹰嘴豆可显著提高牛肉肠的食用品质并增加其营养价值;研究鹰嘴豆粉混合牛肉干发酵香肠的配比、工艺、理化微生物和感官指标,发现将鹰嘴豆粉以30%的比例与肉混合,发酵24 h,干燥7 d制成干发酵香肠,获得较高的产量;然而,采用20%鹰嘴豆粉与肉混合发酵48 h,干燥12 d的干发酵香肠,其近似理化组成、微生物以及感官特性均较好;研究不同比例黄扁豆粉和鹰嘴豆粉对包衣鸡肉丸品质的影响,发现扁豆粉和鹰嘴豆粉提高了肉丸的保水性但是降低了肉丸的氧化稳定性,但添加扁豆粉和鹰嘴豆粉对新鲜油炸的肉丸的感官特性无明显影响。扁豆和鹰嘴豆粉按1∶1混合时作为肉制品表面可食用涂层材料的效果最好;研究鹰嘴豆粉对油炸鸡块品质的影响时发现,鹰嘴豆粉作为涂层材料提高了鸡块的黏合性、保水性以及感官品质,并显著降低了产品的油炸损耗和脂肪吸收。由此可见,鹰嘴豆中含有丰富的蛋白质等营养成分,能极大地提升肉制品的保水能力,进而起到提升感官特性的作用,具有良好的应用潜力。

#### 3.1.3.2 强化营养功能

鹰嘴豆中含有较高的膳食纤维以及总黄酮含量,其脂肪含量(5.50%)在豆类中最低,且鹰嘴豆脂肪酸大都是有益于人体的不饱和脂肪酸,占到脂肪酸含量的85%以上,能对糖尿病及其并发症起到有效的防治作用,具有较高的食用价值和保健功能。

将牛肉丸中分别加入10%的黑眼豆粉、鹰嘴豆粉和扁豆粉,结果发现,第0 d肉丸样品的硫代巴比妥酸(TBA)值无差异。在其他时间,添加黑眼豆粉和鹰嘴豆粉的肉丸具有相似的TBA值,且显著低于($p<0.05$)其他组肉丸的TBA值;研究添加不同种类的去皮豆粉对水牛肉汉堡的影响,发现样品中游离脂肪酸值和脂质氧化值较低。在-16℃下存放4个月后,各处理组汉堡的感官品质是可接受的。与其他豆类相比,水牛肉饼中加入烘烤过的鹰嘴豆粉在油炸时能够吸收较少的油脂,并且煎炸过后的汉堡肉中游离脂肪酸值降低了25%以及具有较低的TBA值,说明使用鹰嘴豆粉作为汉堡黏合剂能够生产具有较低游离脂肪酸及过氧化值的绿色健康汉堡肉;在研制低盐、低脂、高纤维炸鸡块过程中,观察了与

标准低脂鸡块(空白对照)中部分(40%)普通盐替代和鹰嘴豆壳粉在3种不同水平(5%、7.5%和10%)的添加效果。随着鹰嘴豆壳粉的加入,总胆固醇和糖脂类含量极显著下降($p<0.01$)。且在低脂并替代40%实验的处理组中添加5%的鹰嘴豆粉,除外观和风味外,鸡块其他感官指标均未受盐替代的影响,说明可以通过盐替代结合添加5%的鹰嘴豆壳粉来生产更加绿色健康的低盐、低脂肪和高纤维的鸡块;研究两种不同蛋白质来源的比萨饼的品质,发现鹰嘴豆粉显著提高了比萨的蛋白质含量和铁、锌微量元素的质量,同时提高了蛋白质的消化率($p<0.05$)。添加了不同蛋白质的比萨饼的硬度和胶着性均显著提高($p<0.05$),但添加10%鹰嘴豆粉的比萨饼黏聚性有所降低。两种蛋白质来源的比萨咀嚼度差异并不显著,添加高含量(10%)的干鱼粉和低(5%)、中(7.5%)含量的鹰嘴豆粉均降低了比萨的弹性($p<0.05$)。且两种蛋白质来源的比萨的水分活度均显著降低($p<0.05$),表明使用鹰嘴豆粉替代小麦粉制作比萨可以提升比萨饼感官特性,同时提高其中铁、锌的含量以及蛋白质的消化率,且随着水分活度的降低,延长了比萨饼的货架期。

### 3.1.4 鹰嘴豆分离蛋白对猪肉肌原纤维蛋白凝胶特性的影响

鹰嘴豆分离蛋白作为一种新型非肉蛋白组分,具有较高的溶解性、水分吸收能力、脂肪吸收能力以及乳化凝胶等功能特性,在肉制品生产加工中具有很好的应用前景。本节主要探讨鹰嘴豆分离蛋白对肌原纤维蛋白凝胶特性的影响。

(1)鹰嘴豆分离蛋白的提取。

鹰嘴豆在50℃条件下烘干至重量恒定,使用研磨机磨碎并通过80目筛。将过筛的鹰嘴豆粉与正己烷按照10∶1(g∶mL)加入容器中,室温下连续搅拌脱脂30 min,替换回收正己烷两次,通风橱干燥过夜得到脱脂鹰嘴豆粉。将脱脂鹰嘴豆粉按照1∶12(g∶mL)与去离子水混合,调节pH至10.0并在40℃水浴条件下连续搅拌2 h,使鹰嘴豆蛋白充分溶解,6000 r/min条件下离心15 min,沉淀重复提取两次并收集上清液,调节pH至等电点4.9时鹰嘴豆蛋白完全沉淀,6000 r/min条件下离心15 min,收集蛋白沉淀物并加少量水复溶,调节溶液pH值为中性,真空冷冻干燥收集得到鹰嘴豆分离蛋白。

(2)鹰嘴豆分离蛋白化学成分和理化性质的测定。

鹰嘴豆分离蛋白和一种市售大豆分离蛋白的化学成分测定:水分、脂肪、蛋白质、灰分等成分均按照国标中规定的检测方法进行测定。

鹰嘴豆分离蛋白和大豆分离蛋白的持水力、持油力、吸水性、凝胶强度、乳化活性指数、乳化稳定性指数、起泡性、泡沫稳定性的测定参照已有报道中的方法进行测定。

(3)猪肉肌原纤维蛋白的提取。

将猪里脊肉在4℃冰箱中解冻过夜，放入组织匀浆机中，倒入四倍体积的冰的肌原纤维蛋白提取液(0.1 mol/L NaCl，10 mmol/L 磷酸盐缓冲溶液，10 mmol/L $MgCl_2$和 1 mmol/L EGTA，pH 7.0)，使用高速匀浆机在 10000 r/min 转速下混匀，每次 30 s，匀浆三次。然后用冷冻离心机在 2000 × g 转速下离心 20 min，倒掉上清液，并再重复上述步骤两次。然后再加入四倍体积冰温的 0.1 mol/L NaCl 溶液洗涤蛋白，以相同的条件离心，弃去上清液，重复三次，在最后一次离心前通过三层纱布，最后得到纯净的猪肉肌原纤维蛋白，将蛋白放在冰浴中于4℃下储存，存放时间最长为两天。猪肉肌原纤维蛋白浓度测定方法采用双缩脲法，以牛血清蛋白(BSA)作为标准蛋白绘制标准曲线。

(4)鹰嘴豆分离蛋白—猪肉肌原纤维蛋白混合凝胶的制备。

使用生理盐水缓冲液(0.6 mol/L NaCl，50 mmol/L 磷酸盐缓冲溶液，pH 7.0)将猪肉肌原纤维蛋白的浓度调整为 30 mg/mL。分别加入质量浓度 0.3%、0.6%、0.9%、1.2%和1.5%的鹰嘴豆分离蛋白，使用高速匀浆机在 10000 r/min 下搅拌 60 s 混匀，然后在 500 × g 的速度下离心 5 min 以赶出蛋白中的气泡。

将混合蛋白在恒温水浴锅中从 20℃加热至 80℃，并在 80℃下保持 30 min，得到的凝胶冷却至室温后放入4℃冰箱储存过夜，并在 48 h 内使用完毕。

#### 3.1.4.1 鹰嘴豆分离蛋白对猪肉肌原纤维蛋白凝胶强度的影响

凝胶强度是肌原纤维蛋白热诱导凝胶的重要功能特性之一，而蛋白质的凝胶化也是肉制品形成质构特征的最重要的功能特性。

采用质构仪的凝胶强度测定程序，使用 $P_{0.5}$ 探头进行测定。测试前速度 2 mm/s，测试速度 1 mm/s，测试后速度 1 mm/s，下压距离 10 mm，触发力 5 g。测定后得到一条凝胶受力曲线，第一个峰顶点为样品破裂点，称为样品的凝胶强度(g)。每个样品平行测定 3 次。

图 3 - 1 显示了不同鹰嘴豆分离蛋白添加量对猪肉肌原纤维蛋白凝胶强度的影响。如图所示，单一肌原纤维蛋白形成的凝胶体系强度较弱，为 28.17g，随着鹰嘴豆分离蛋白添加量的逐渐增加，猪肉肌原纤维蛋白的凝胶强度逐渐增加，并在鹰嘴豆分离蛋白添加量为 1.5%时达到最大值，为 34.66 g，并且显著高于空白对照组($p < 0.05$)，因此，鹰嘴豆分离蛋白的加入促进蛋白质间的相互作用，相应地增加了凝胶强度。

此外，在红豆分离蛋白促进了蛋白—蛋白相互作用，增强了凝胶结构，以及绿豆分离蛋白在肌原纤维蛋白凝胶过程中充当了微生物转谷氨酰胺酶与肉的黏合剂和基质等研究中，均得到类似结果，说明非肉类蛋白的加入有助于改善肌原纤维蛋白的凝胶结构。

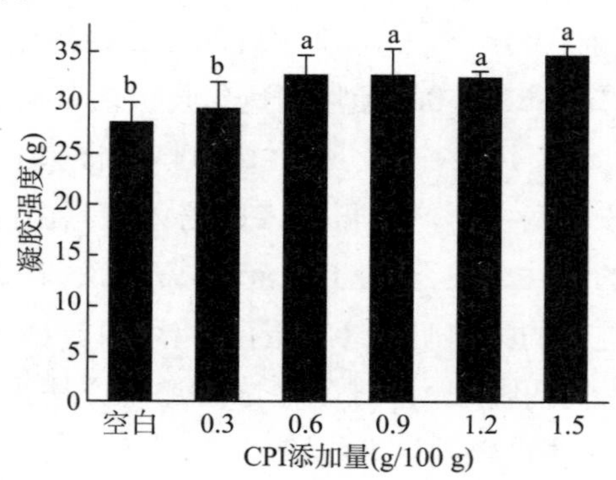


图 3－1　鹰嘴豆分离蛋白添加量对猪肉肌原纤维蛋白凝胶强度的影响

#### 3.1.4.2　鹰嘴豆分离蛋白对猪肉肌原纤维蛋白凝胶保水性的影响

肌原纤维蛋白凝胶过程需要肌球蛋白链的结合。经过加热和冷却，肌原纤维蛋白形成了一个连续的三维网络，将水截留在其中。保水性直接反映了蛋白质与水的结合能力。蛋白质凝胶基质可以稳定水分子和乳化脂肪颗粒，能够有效提高成品肉制品的产量和品质。

精确称取 6 g 蛋白凝胶于 10 mL 离心管中，在 2000 ×g 速度下离心 5 min，用吸水纸吸掉分离出的水分，称量离心前后离心管和样品的质量。按公式(3－1－1)计算添加鹰嘴豆蛋白的猪肌原纤维蛋白凝胶的持水力：

$$保水性\% = \frac{m_2 - m_0}{m_1 - m_0} \times 100\% \qquad (3-1-1)$$

式中：$m_0$为离心管的质量(g)；$m_1$为离心前样品和离心管总质量(g)；$m_2$为离心后样品和离心管的总质量(g)。

从图 3－2 可以看出，随着鹰嘴豆分离蛋白添加量从 0 增加至 1.5%，复合蛋白凝胶的保水性从 75.85% 显著增加至 86.30% ($p < 0.05$)。结果与其他研究结果一致，即通过添加非肉类蛋白，能够显著增加肉类产品的保水性。复合蛋白凝胶保水性的增加可能是由于蛋白凝胶中氢键的增加，并且肌原纤维蛋白和鹰嘴豆分离蛋白被充分均匀扩散，促进了蛋白质之间的相互作用，说明复合蛋白体系的凝胶具有较好的保水能力。

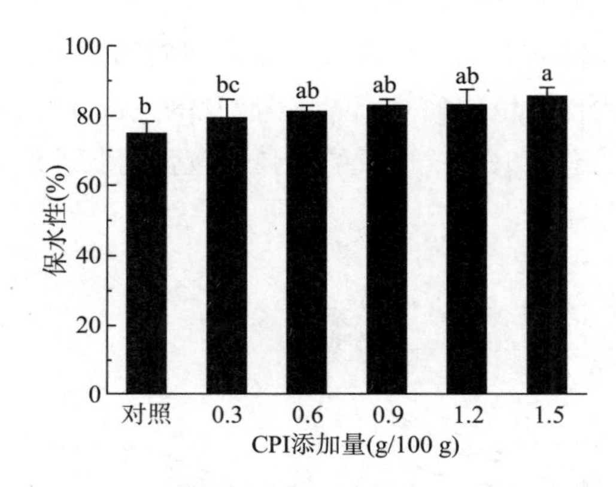


图 3－2 鹰嘴豆分离蛋白添加量对猪肉肌原纤维蛋白凝胶保水性的影响

#### 3.1.4.3 鹰嘴豆分离蛋白对猪肉肌原纤维蛋白凝胶流变学特性的影响

使用生理盐水缓冲液(0.6 mol/L NaCl,50 mmol/L 磷酸盐缓冲溶液,pH 7.0)将猪肉肌原纤维蛋白的浓度调整为 10 mg/mL。分别加入 0.3%、0.6%、0.9%和 1.2%的鹰嘴豆分离蛋白,使用高速匀浆机在 10000 r/min 下搅拌 60s 混匀,然后在 500×g 的速度下离心 5 min 以赶出蛋白中的气泡。分别取 20 mL 混合蛋白溶液于一玻璃容器内,加入总溶液体积 20%的大豆油,使用高速匀浆机在 10000 r/min 速度下匀浆制成乳液,时间为 1 min。将乳液充分覆盖在 40 mm 平板底座的测试平台上,切边后使用硅油密封以阻碍水分挥发。夹缝间距0.5 mm,频率 0.1 Hz,应变 1%,初始温度为 25℃,在 25℃下保温 5 min 后,以 1 ℃/min 的升温方式加热至 90℃。测试指标为流变储能模量 $G'$。

加热过程中各个样品的凝胶化曲线的变化趋势相同。这些峰可能与猪肉肌原纤维蛋白的热变性和三维凝胶网络的形成有关。

如图 3－3 所示,在加热过程中储能模量($G'$)出现了两个峰值。第一个峰值的出现范围在 51～53℃,$G'$降低,然后逐渐增加,直到在温度范围为 52～86℃内达到峰值。在 42～50℃之间,$G'$显著升高,说明疏松的凝胶网络结构的初步形成。这说明肌球蛋白分子的构象发生了变化,大部分肌球蛋白分子可能已经聚集。

“凝胶弱化”表现为猪肉肌原纤维蛋白的 $G'$在温度范围为 52～58℃时暂时下降,这可能是由于肌球蛋白尾部发生变性,蛋白分子重新结合,是蛋白之前所形成的网络结构崩溃,或者是由于肌原纤维蛋白中碱性蛋白酶的活性和热变性的增加导致蛋白网络的重新排列,使得在该温度范围内凝胶的弱化。最后,$G'$在 60～90℃间逐渐增加并趋于稳定,这与展开的蛋白质的变性有关,活性基团重新激活,然后蛋白质之间汇集并交联,形成了更强的三维网络。

加热凝胶过程中随着鹰嘴豆分离蛋白添加量的增加，肌原纤维蛋白的 $G'$ 逐渐升高。加热结束时保持恒定的 $G'$，说明凝胶化的完成，凝胶弹性良好。这些结果表明，蛋白质相互交联和聚集，形成了黏弹性较强的肌原纤维蛋白—鹰嘴豆分离蛋白复合凝胶网络结构。

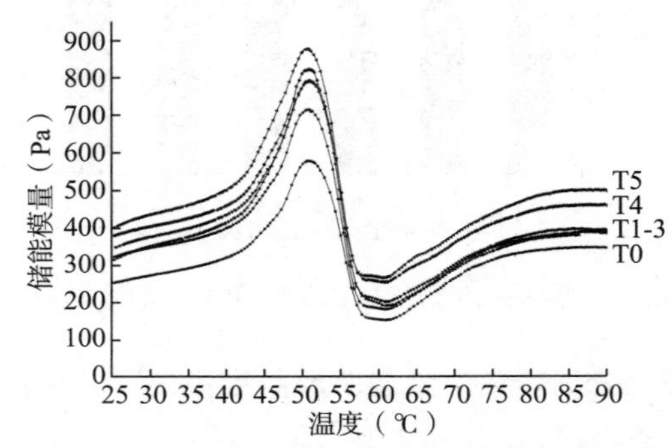


图 3－3　鹰嘴豆分离蛋白添加量对猪肉肌原纤维蛋白储能模量（$G'$）的影响

#### 3.1.4.4　鹰嘴豆分离蛋白对猪肉肌原纤维蛋白凝胶水分分布的影响

水分在肌肉和肉中的分布和流动性对肉的硬度、弹性和外观等基本品质有着显著影响。低场脉冲核磁共振技术作为一种新型的、温和的检测技术，可以在不损伤样品的前提下，测量样品中的水分分布、弛豫时间，直接反映了蛋白质凝胶中水与可交换质子之间的交互反应并提供信息。

使用 NM120 低场核磁共振成像分析仪测量猪肉糜凝胶的弛豫时间（$T_2$）。称取大约 2 g 的蛋白凝胶样品放入直径为 15 mm 的圆形玻璃管内进行测量。参数设置为：使用 CPMG 序列，测量温度 32.00 ±0.01℃；质子共振频率 18 MHz；扫描次数 32 次；回声数 12000；重复时间间隔 110 ms；半回波时间 τ－值（90 °脉冲和 180 °脉冲之间的时间）250 μs；得到指数衰减图形。

在以往的大多数磁场核磁共振研究中，对弛豫数据进行了多指数拟合分析。CONTIN 分析检测到水的种类与弛豫时间有关。图 3－4 显示了鹰嘴豆分离蛋白添加量对猪肉肌原纤维蛋白凝胶的峰面积比例和弛豫时间的影响。$T_{21}$ 和 $T_{22}$ 为弛豫时间分量，$P_{21}$ 和 $P_{22}$ 为对应的区域比例。四个不同水种群分别为 $T_{2a}$ 和 $T_{2b}$（0.1～10 ms），$T_{21}$（100～1000 ms）为不易流动水的弛豫时间，$T_{22}$（1500～6000 ms）为自由水的弛豫时间。

不同 CPI 添加量的 MP 凝胶的弛豫时间 $T_{21}$ 和 $T_{22}$ 以及弛豫面积分数 $P_{21}$ 和 $P_{22}$ 显示在表 3－1 中，与较短的弛豫时间相比，较长的弛豫时间表明水与大分子的结合更加松散。当鹰嘴豆分离蛋白添加量为 1.2% 时，$T_{21}$ 的弛豫时间从 175.8891 ms

减少到 114.9758 ms，$T_{22}$的弛豫时间从 1240.8627 ms 减少到 811.1308 ms，同时，$P_{21}$从 68.75% 增加到 83.42%，$P_{22}$从 24.86% 减少到 8.11%。水在混合凝胶中弛豫时间和比例的变化表明，凝胶网络的水迁移率受到限制，此时在 CPI – MP 复合凝胶网络中仍保留有较多的水分。这些结果与 WHC 的趋势相同，原因可能是过多的鹰嘴豆分离蛋白的添加量会导致其在蛋白溶液中并未被充分溶解和分散，导致 1.5% CPI 添加量下的凝胶保水性减弱，其中的结合水比例反而下降。

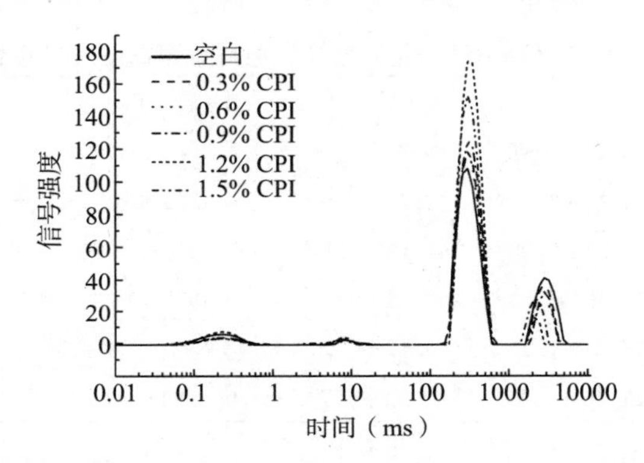


图 3 – 4　鹰嘴豆分离蛋白添加量对猪肉肌原纤维蛋白凝胶水分分布的影响

**表 3 – 1　鹰嘴豆分离蛋白添加量对猪肉肌原纤维蛋白凝胶的水分弛豫时间和峰比例的影响**

| CPI | $T_{21}$（ms） | $T_{22}$（ms） | $P_{21}$（%） | $P_{22}$（%） |
|---|---|---|---|---|
| 0 | $175.89 \pm 24.49^{a}$ | $1240.86 \pm 172.74^{a}$ | $68.75 \pm 0.68^{d}$ | $24.86 \pm 2.32^{a}$ |
| 0.3% | $159.58 \pm 13.14^{ab}$ | $1232.85 \pm 120.45^{a}$ | $75.42 \pm 1.13^{c}$ | $17.63 \pm 1.37^{b}$ |
| 0.6% | $151.99 \pm 12.42^{b}$ | $1125.79 \pm 92.71^{a}$ | $76.89 \pm 2.70^{bc}$ | $14.46 \pm 2.41^{bc}$ |
| 0.9% | $138.79 \pm 11.42^{b}$ | $1025.71 \pm 80.64^{ab}$ | $78.14 \pm 1.86^{bc}$ | $13.77 \pm 1.90^{b}$ |
| 1.2% | $114.98 \pm 11.85^{a}$ | $811.13 \pm 115.45^{b}$ | $83.42 \pm 0.97^{a}$ | $8.11 \pm 1.37^{d}$ |
| 1.5% | $151.99 \pm 12.52^{b}$ | $1072.27 \pm 244.10^{ab}$ | $79.76 \pm 2.77^{b}$ | $12.64 \pm 1.73^{b}$ |

注：同一列不同字母（a ~ d）表示纵列存在显著差异（$p < 0.05$）。

### 3.1.4.5　鹰嘴豆分离蛋白对猪肉肌原纤维蛋白凝胶二级结构的影响

制备好的猪肉肌原纤维蛋白凝胶样品使用冷冻干燥至恒重，粉碎过 80 目筛。向玛瑙研钵中加入 1 mg 样品，再加入 100 mg 干燥的光谱纯 KBr，充分研磨之后装入压片模具中抽气加压，去压所得样品放在傅立叶红外光谱分析仪上扫描作图，分析蛋白质二级结构的变化（1600 ~ 1700 $cm^{-1}$）。

α – 螺旋、β – 折叠、β – 转角和无规则卷曲如表 3 – 2 所示。α – 螺旋含量随着鹰嘴豆分离蛋白添加量的增加逐渐降低，α – 螺旋主要由分子中羟基氧（C =

O)和氨基氢(NH-)之间形成的氢键来稳定。此外,β-折叠和β-转角的含量分别从41.41%和13.14%显著($p<0.05$)增加到47.13%和17.69%。α-螺旋向β-折叠的转化和β-折叠的形成有益于肌原纤维蛋白凝胶的形成。结果表明,鹰嘴豆分离蛋白可能填充凝胶的结构,并且破坏α-螺旋的氢键,促进α-螺旋向β-折叠结构的转变。鹰嘴豆分离蛋白的添加可以有效地改变肌原纤维蛋白的二级结构,提高复合蛋白凝胶的凝胶强度和保水能力。

**表3-2 鹰嘴豆分离蛋白添加量对猪肉肌原纤维蛋白凝胶二级结构的影响**

| CPI添加量(%) | α-螺旋(%) | β-折叠(%) | β-转角(%) | 无规则卷曲(%) |
|---|---|---|---|---|
| 空白 | $27.21\pm2.90^{a}$ | $41.41\pm1.09^{d}$ | $13.14\pm1.72^{c}$ | $15.06\pm0.39^{a}$ |
| 0.3 | $25.34\pm0.74^{ab}$ | $42.77\pm0.63^{cd}$ | $14.08\pm1.72^{bc}$ | $15.39\pm3.42^{a}$ |
| 0.6 | $25.29\pm0.22^{ab}$ | $44.19\pm1.15^{bc}$ | $15.09\pm1.15^{abc}$ | $14.14\pm0.30^{a}$ |
| 0.9 | $24.93\pm0.47^{ab}$ | $44.25\pm0.62^{bc}$ | $15.19\pm0.18^{abc}$ | $14.49\pm0.14^{a}$ |
| 1.2 | $23.27\pm1.23^{bc}$ | $45.41\pm0.90^{ab}$ | $15.89\pm1.28^{ab}$ | $14.32\pm0.58^{a}$ |
| 1.5 | $21.46\pm1.83^{c}$ | $47.13\pm1.77^{a}$ | $17.69\pm0.27^{a}$ | $15.63\pm3.23^{a}$ |

注:同一列不同字母(a~e)表示纵列存在显著差异($p<0.05$)。

#### 3.1.4.6 复合蛋白凝胶的微观结构

采用JSM-6490LV扫描电子显微镜对复合蛋白凝胶的微观结构进行测定。圆柱形凝胶样品(厚约2 mm),浸泡在浓度为2.5%的戊二醛溶液中并于冰箱保鲜层固定过夜,使用磷酸盐缓冲液(0.1 mol/L、pH 7.0)洗涤三次,每次15 min。接着使用浓度为50%、60%、70%、80%、90%的乙醇溶液分别脱水15 min,最后用100%乙醇脱水三次,每次10 min。冷冻干燥后喷10 nm厚的金镀膜,在2000倍扫描电镜下观察并拍照。加速电压为20 kV。

鹰嘴豆分离蛋白—肌原纤维蛋白复合凝胶的扫描电子显微镜如图3-5所示。不添加鹰嘴豆蛋白的处理组肌原纤维蛋白凝胶显示了更多的微孔,其结构不均匀、粗糙、孔洞较大。添加鹰嘴豆分离蛋白后的复合凝胶更加致密、光滑、均匀。鹰嘴豆分离蛋白的加入也降低了凝胶结构的空隙,可能的原因是鹰嘴豆分离蛋白和肌原纤维蛋白具有良好的凝胶性,每个蛋白在混合后可以形成自己的结构,最终缠绕在一起形成一个坚固的结构。鹰嘴豆分离蛋白有助于改善肌原纤维蛋白凝胶在加热过程中的水结合能力。CPI的添加量从0.3%增加到1.5%,微观结构更加致密,这可以通过蛋白残基间的交联作用和共价键的增强来解释。结构的紧密性可以通过CPI和MP蛋白的交联以及蛋白热变性引起的亲水性相互作用的增强来解释,1.2% CPI的加入形成了更强更均匀细密的微观结构。

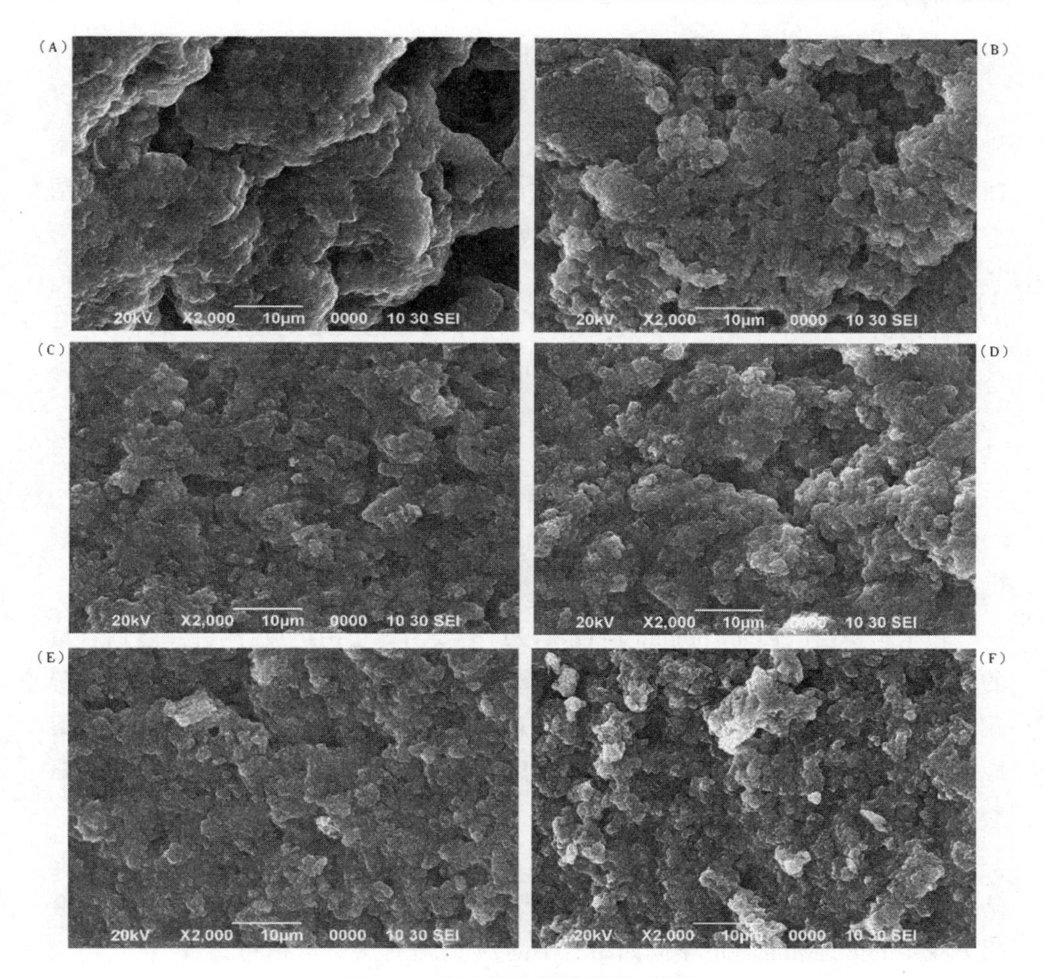


图 3-5 复合蛋白凝胶的微观结构

### 3.1.5 结论与展望

鹰嘴豆分离蛋白的添加可以显著($p<0.05$)提高猪肉肌原纤维蛋白乳液体系的 EAI 和 ESI、乳液储能模量和乳液的稳定性能。添加 1.2% 的鹰嘴豆分离蛋白时,乳液体系具有最高的乳化活性和乳化稳定性,稳定指数最高,乳析指数最小,并且显著高于空白对照组。

鹰嘴豆分离蛋白的添加可以有效提高猪肉肌原纤维蛋白凝胶的保水性、凝胶强度和流变特性,促进凝胶体系中水分分布更紧密,并形成均匀致密的微观结构。添加 1.2% 蛋白凝胶具有最高的凝胶强度、保水性和储能模量,不易流动水比例最高,自由水比例最低,且凝胶具有均匀细密的凝胶网络结构。

食盐浓度的减低会导致猪肉糜凝胶品质的下降,添加鹰嘴豆分离蛋白可以显著降低猪肉糜凝胶的汁液流失,提高其保水性、储能模量以及乳化稳定性。添加1.2%鹰嘴豆分离蛋白时,猪肉糜凝胶的保水性最好,汁液流失率最低,水分结合紧密,且1.4%食盐和2%食盐浓度的处理组之间并无显著差异。

鹰嘴豆分离蛋白具有良好的凝胶能力以及乳化特性,尤其在低离子强度下。在后续的研究中可以进一步探究更加广泛的离子强度对其功能特性的影响,及其应用在低盐低脂肉品时对肉品品质和风味的影响。

## 3.2 改性花生蛋白

### 3.2.1 花生蛋白简介

花生粗蛋白(Peanut protein isolate,PPI)主要由球蛋白组成,约占总蛋白含量的96%。球蛋白主要由花生球蛋白(arachin)和伴花生球蛋白(conarachin)组成。花生球蛋白和伴花生球蛋白含量分别占总蛋白含量的63%和33%,一般为盐溶性蛋白。氨基酸成分分析表明,花生蛋白含有大量的色氨酸、酪氨酸和苯丙氨酸,具有优越的氨基酸结构。

天然花生球蛋白具有的三个酸性亚基一般为40、41和38 kDa,一个基本亚基为27 kDa,伴花生球蛋白只有一个主要亚基为66 kDa。这些亚基的分子量会因为花生的产地和品种的不同而略有不同,但亚基种类基本相同。

### 3.2.2 花生蛋白的功能特性

花生蛋白营养价值较高,不仅含有大量的人体必需氨基酸,而且还含有较少的抗营养因子容易被消化吸收。与动物蛋白相比,其营养价值相当且不含胆固醇,是一种优质的具有高营养价值的蛋白资源。

花生蛋白的功能特性主要包含凝胶性、起泡性、乳化性、溶解度和持水、持油性等,这些功能性质影响着花生蛋白在食品工业中的应用。但天然花生蛋白受自身因素(球状结构)和提取过程中分离方法、离子强度等的影响,功能特性一般较差。在食品工业中花生蛋白有不同的用处,在实际生产中对其功能性质的要求也不尽相同,因此通常需要对其进行改性以满足实际生产的需要。

常见的花生蛋白改性方法有物理方法(超声波处理、高压均质处理、热处理等)、化学方法(糖基化、酰化和酸碱等)、生物酶方法(TGase 等)及复合改性等。采用热处理花生分离蛋白,研究发现热处理促进了花生分离蛋白在油水界面的吸附,表现出更好的乳化性能;高压均质处理可使花生蛋白的微观结构发生改变,影响其功能特性。在 40 MPa、pH 4 ~8 的条件下,高压均质处理使花生蛋白的溶解性、持水性和起泡性显著增加;超声波处理可使花生分离蛋白三级结构发生改变从而显著改善花生分离蛋白的乳化特性;50 ~200 MPa 高压处理 5 min, 花生蛋白的持水能力和持油性逐渐上升,在 100 MPa 高压处理后,花生蛋白热诱导凝胶硬度增加了 50%,但随着压力的进一步加大,凝胶硬度逐渐降低;采用琥珀酰化改性花生蛋白,研究发现酰化后的花生蛋白具有更高的溶解度;花生蛋白糖基化改性使花生蛋白的溶解性、起泡性和乳化性皆有显著改善;使用木糖对花生分离蛋白进行糖基化改性后制成花生蛋白膜,糖基化花生蛋白膜水解性从 96.64% 显著降低至 35.94%;转谷氨酰胺酶改性花生分离蛋白可使花生分离蛋白亚基发生改变,形成高聚物。37℃改性 90 min,可使花生分离蛋白所形成的乳状液稳定性显著升高;采用碱性蛋白酶对花生分离蛋白进行酶解改性,结果表明酶解后的花生分离蛋白中 -SH 减少、-S-S 显著增加,明显改善了花生分离蛋白的凝胶性和溶解性;采用超高压微射流—胰蛋白酶复合改性花生蛋白,研究发现,经过胰蛋白酶酶解后的花生蛋白在 100 MPa 下微射流均质一次得到的改性蛋白乳化特性最优。

### 3.2.3　pH 偏移结合热处理对蛋白质的影响

#### 3.2.3.1　蛋白质改性技术

蛋白质作为食品中的重要营养成分之一,其功能性质如溶解度、乳化性、凝胶性等会对食品品质起到重要的作用。由于许多蛋白质如大豆蛋白、豌豆蛋白、花生蛋白等通过共价键(二硫键)和非共价键(氢键、范德华力、疏水作用、静电相互作用)彼此紧密结合,形成致密的球状结构,导致此类蛋白质通常难溶于水,溶解性较差,无法满足食品加工的需求。因此蛋白质需要进行适当改性,改善其功能性质,拓展其在食品工业中的应用。

蛋白质的功能和营养性质受蛋白质空间结构和功能基团的影响,因此蛋白质改性的目的是对蛋白质的基团或肽链进行修饰以达到预期的功能和营养性质。从分子水平上来说,蛋白质改性是对蛋白质分子的基团进行修饰或改变蛋白质主链,导致蛋白质的多肽链或空间结构发生某种变化,从而使功能和营养性质得到改善,以达到食品工业的要求。

目前通常所用的蛋白质改性方法有化学法、物理法和生物酶法三大类,研究表明超声波、高静水压、脉冲电场、糖基化、酶解等单一技术和多种技术相结合处理蛋白质都可改善蛋白质的功能特性。本节主要讨论化学方法（pH 偏移法）和物理方法（温和热处理法）。

#### 3.2.3.2　pH 偏移技术原理

pH 偏移技术是一种简单有效的方法，通过将蛋白质溶液的 pH 值调整到极端碱性或酸性条件下，使蛋白质结构展开，然后将 pH 值回调至中性，使蛋白质结构重新折叠。这种展开—再折叠的过程可显著改善蛋白质的功能性质。pH 偏移处理可诱导蛋白质结构改变，从而改善蛋白质的功能特性。如图 3－6 所示，在极端 pH 值条件下，蛋白质分子内部可离解的基团如羧基、氨基等的离解，使蛋白质具有同种电荷，产生激烈的分子内静电相互作用，从而使蛋白质分子链发生伸展、部分展开。将 pH 值回调至中性后，分子内静电相互作用大大减少，蛋白质分子链部分重折叠，产生“熔融球”结构，使蛋白质结构更灵活疏松。

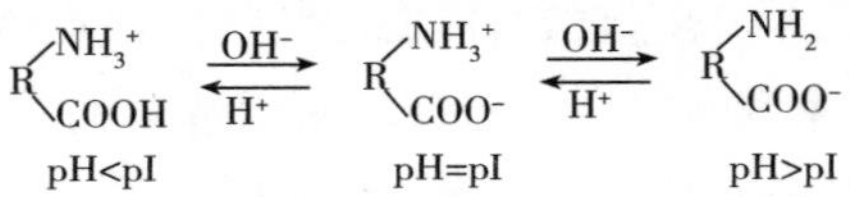

$$\underset{pH<pI}{R\begin{cases}NH_3^+\\COOH\end{cases}} \underset{H^+}{\overset{OH^-}{\rightleftharpoons}} \underset{pH=pI}{R\begin{cases}NH_3^+\\COO^-\end{cases}} \underset{H^+}{\overset{OH^-}{\rightleftharpoons}} \underset{pH>pI}{R\begin{cases}NH_2\\COO^-\end{cases}}$$

图 3－6　pH 偏移技术原理

研究表明，在极端 pH 条件下，球蛋白的一级结构变化不明显，二级、三级结构发生变化，埋藏在分子内部的巯基、疏水基团暴露，蛋白质侧链之间的相互作用减弱，导致蛋白质疏水性和分子侧链柔性增加。因此可通过二级结构和三级结构（内源性荧光、表面疏水性和巯基二硫键）来反映 pH 偏移技术处理对蛋白质结构的影响。

蛋白质的二级结构包括 β－折叠、β－转角、α－螺旋和无规则卷曲。研究表明，pH 偏移对蛋白质的二级结构具有显著的影响。此外，蛋白质二级结构 α－螺旋含量的下降，β－折叠含量的升高有利于蛋白质功能特性的改善如凝胶性、乳化性等。

研究发现 pH 12 偏移处理能改变乳清蛋白的二级结构，导致 α－螺旋、β－折叠含量分别下降了 12.18% 和 3.24%，β－转角和无规则卷曲含量上升，蛋白分子由有序向无序状态转变，柔性增加；pH 2 偏移处理也使蓝圆鲹肌球蛋白的二级结构发生变化，α－螺旋含量从 47% 下降至 22%，β 结构含量从 27% 升高至 41%，无规则卷曲从 26% 升高至 33%，然而 pH 11 偏移处理对蓝圆鲹的二级结构则无显著变化；pH 1.5 偏移结合 50、60℃处理能改变大豆分离蛋白的二级结构，导致α－螺旋结构的出峰值从 209 nm 分别下降至 207 nm、206 nm，这代表 α－螺旋结构的断裂、含量的下降。不同 pH 偏移对蛋白质二级结构影响的研究有所差别，多数研究认为 pH 偏移会使蛋白质结构展开，破坏蛋白质的有序结构，但由于蛋白质种类不同,pH 偏移选择 pH 值的差异,导致最终的结果不尽相同。

内源性荧光主要来自蛋白质中的色氨酸酪氨酸残基,由于色氨酸和酪氨酸残基对微环境的敏感性,蛋白质内源性荧光测量被广泛用于追踪蛋白质的三级构象的变化。同时,蛋白质表面疏水性是影响蛋白质功能特性的重要性质之一,在蛋白质构象、结构以及蛋白质分子间相互作用等方面也有重要作用。表面疏水性反映了蛋白质分子表面疏水基团的数目,是维持三级结构稳定的主要作用力,也在稳定四级结构中起到重要作用。同样,表面疏水性也可用来评估蛋白质的变性程度,表面疏水性越高说明蛋白质的变性程度越大。

多数研究表明,pH 偏移技术能够有效地改变蛋白质的三级结构,如内源性荧光、表面疏水性和巯基二硫键等。采用 pH 偏移(pH 1.5 ~ 3.5 和 pH 10.0 ~ 12.0)处理大豆蛋白 0、0.5、1、2 和 4 h,结果表明,pH 值和偏移时间都对大豆蛋白三级结构有影响。表面疏水性随着酸性 pH 的降低和碱性 pH 的升高而增加,pH 1.5 ~ 3.5 和 pH 10.0 ~ 12.0 偏移处理的大豆蛋白其表面疏水性都随着时间的增加而增加,但 pH 3.5 偏移处理 4 h 时表面疏水性有所降低。表面疏水性、巯基二硫键以及内源性荧光的变化都表明 pH 1.5 ~ 3.5 和 pH 10.0 ~ 12.0 偏移处理改变了大豆蛋白的三级结构。以上结果表明,pH 偏移技术对蛋白质三级结构的改变与 pH 值、偏移时间以及蛋白质种类有关。

表 3 - 3 为 pH 偏移技术对蛋白质结构影响的汇总。

**表 3 - 3　pH 偏移技术对蛋白质结构的影响**

| 研究对象 | pH 偏移技术 | 实验结果 |
| --- | --- | --- |
| 鳕鱼肌球蛋白 | pH 2.5 或 11—pH 7.5 | 在 pH 2.5 解折叠时,肌球蛋白可能由于螺旋线圈内部的静电斥力而完全解离。在 pH 2.5 和 pH 11 偏移处理下,肌球蛋白重链头部的构象显著改变、轻链则大部分丢失。在 pH 回调至 pH 7.5 时,重链呈现出类似于自然状态的结构形式,在 pH 2.5 解离的卷曲螺旋结构重新折叠,肌球蛋白头部更疏水,结构更不稳定。但是由于肌球蛋白头部区域的不可逆变化导致轻链无法重新组装,导致 ATPase 下降,活性巯基增多。因此,pH 偏移处理导致肌球蛋白构象发生显著变化,具体不同分子变化取决于不同的酸碱 pH 偏移处理。 |
| 乳清蛋白 | pH 12—pH 7 | 荧光强度增加及最大发射波长红移表明蛋白质分子内部酪氨酸残基的暴露,三级结构发生变化。pH 偏移处理导致乳清蛋白表面疏水性、二硫键含量、溶解度、乳化活性以及乳状液稳定性均显著升高。 |
| 蓝圆鲹肌球蛋白 | pH 2—pH 7 | 流变特性以及构象变化表明,pH 2 偏移处理导致肌球蛋白发生不可逆的构象变化,从而在热致凝胶的加热初期引起肌球蛋白的剧烈变性聚集,凝胶形成能力完全丧失。 |

续表

| 研究对象 | pH 偏移技术 | 实验结果 |
| --- | --- | --- |
| 大豆 7S 和 11S | pH 1.5 ~ 3.5 和 pH 10 ~ 12—pH 7 | pH 偏移处理使 7S、11S 表面疏水性显著升高。11S 乳化性显著增加，7S 略有增加，11S 乳状液滴更加均匀。 |

#### 3.2.3.3 pH 偏移处理对蛋白质功能性质的影响

(1)溶解度。

溶解度是蛋白质最重要的功能特性之一，是蛋白质水合作用的重要体现。研究表明蛋白质溶解度的改变直接影响蛋白质的发泡性、乳化性、凝胶性等功能性质和蛋白质在食品加工业中的应用。

pH 偏移处理改善蛋白质溶解性主要是因为在静电斥力作用下，蛋白质结构发生伸展，肽链的柔性增强，同时埋藏在内部的肽键和极性基团暴露，蛋白质与水的结合能力增强。如采用 pH 偏移处理(pH 2、4、10、12)处理豌豆蛋白 1 h，诱导豌豆蛋白球状结构展开后回调至中性，从分子水平上对溶解度进行研究。结果表明，与对照相比，pH 2、4、10 偏移处理后，豌豆蛋白的溶解度变化不显著，pH 12 偏移处理后豌豆蛋白溶解度显著升高了 6.7 倍；大豆蛋白在酸性(pH 1.5)和碱性(pH 12)溶液中处理 1 h 诱导大豆蛋白(SPI)结构展开，随后回调至中性，对大豆蛋白的溶解度进行了研究。结果发现 pH 12 偏移处理大豆蛋白后溶解度显著升高 2.5 倍，低盐状态下改善效果更为显著。pH 1.5 偏移处理后大豆蛋白溶解度显著升高，但与 pH 12 偏移处理相比，溶解度改善程度较小。

在碱性 pH 偏移处理过程中产生可溶性蛋白聚集体，它们对 O/W 乳液的稳定性起着重要的作用。这些可溶性聚集体也有利于蛋白质网络的形成，并可提高热诱导 SPI 凝胶的凝胶强度。

(2)乳化特性。

乳化特性是食品蛋白质的重要功能特性之一，日常的许多食品都是经蛋白质稳定的乳状液，如肉馅、牛乳、冰淇淋等。蛋白质在稳定这些体系时起重要作用，可溶性蛋白质有向油—水界面扩散并在界面吸附的特性。一般认为蛋白质的疏水性越大，界面上吸附的蛋白质浓度越大，界面张力越小，乳液体系越稳定。

蛋白质具有稳定的结构和较大的表面亲水性，pH 偏移处理技术可使蛋白质构象疏松，内部疏水基团暴露，导致蛋白质溶解度、表面疏水性增加从而提高其乳化特性。有研究报道在室温下温和酸性处理会使大豆球蛋白的表面疏水性升高并诱导蛋白质聚集，改性后的大豆球蛋白乳化特性显著改善；极端 pH 偏移处理会导致球蛋白处于“熔融球”状态，使球蛋白的构象发生变化从而改善其乳化特性；采用 pH 1.5 ~ 3.5 和 pH 10 ~ 12 处理大豆分离蛋白 0、0.5、1、2、4 h 后，回调至 pH 7 使蛋白质重折叠 1 h，测定大豆蛋白的结构和乳化特性。结果表明，除 pH 3.5 偏移处理外，二三级结构的变化以及二硫键交联聚集使 SPI 的乳化活性和乳化稳定性得到显著提高，且乳化活性随处理时间的增加而增加。与未处理大豆蛋白相比，pH 偏移处理的大豆蛋白更容易形成界面膜，乳化特性得到增强；pH 12 偏移处理后乳清蛋白的表面疏水性、二硫键含量、溶解度显著提高，乳化活性和乳化稳定性分别提高 1.7% 和 11.0%。以上研究结果表明，pH 偏移技术可以改善蛋白质乳化特性。

(3)凝胶特性。

蛋白质凝胶主要是通过蛋白质—蛋白质之间的相互作用（疏水相互作用）、共价键（二硫键）以及非共价键（氢键、离子键等）连接的分子或颗粒所形成的三维网状结构。凝胶网状结构是一些蛋白质食品如豆腐品质形成的基础。

如豌豆分离蛋白经酸（pH 1.5）、碱（pH 12）两种极端 pH 值偏移处理后，最小胶凝蛋白质浓度得到一定程度的降低（16 g/100mL 降低到 14 g/100mL）。然而，在同一蛋白质浓度下，酸碱 pH 处理豌豆分离蛋白所形成凝胶的凝胶强度具有十分显著的区别。pH 12 偏移处理的 PPI 在低浓度 NaCl(0.1 mol/L) 或适宜浓度的 $CaCl_2$（10 mmol/L）存在的情况下，所形成凝胶的凝胶强度（分别为 195.5、386.2 g）得到极显著的改善。此外，溶胶体系经 NaCl 或 $CaCl_2$ 和 TGase 复合作用后，pH 偏移处理豌豆蛋白所形成凝胶的凝胶强度较同等条件下未处理豌豆蛋白凝胶分别提高了 1.7 倍和 1.3 倍。

#### 3.2.3.4　热处理对蛋白质的影响

热处理是比较常见的食品处理的一种方式，其主要对蛋白质二级结构有影响，可明显改变蛋白质的结构以达到对其改性的目的。

采用热与电场复合处理花生过敏蛋白，研究表明热处理可显著改变蛋白质的结构；采用室温 ~ 100℃ 处理蛋白质，研究发现随着温度的增加，蛋白质结构崩塌，且过敏原蛋白的免疫活性降低；用 70、80 和 90℃ 处理花生分离蛋白发现热处理能使花生分离蛋白 α - 螺旋和无规则卷曲结构含量增高，表面疏水性显著增加，其中 80℃ 处理 30 min 效果最好；70 ~ 110℃ 处理花生蛋白 5 min 发现 α - 螺旋和 β - 折叠结构比例下降，无规则卷曲结构比例增加。

乳化性是指蛋白质溶液与油相混合均匀所形成乳液的性质，一般包含乳化活性（EAI）及乳化稳定性（ESI 或 TSI）。温度、离子强度等都会影响乳液的乳化性。热处理温度和时间的不同对蛋白质所形成乳液乳化性的影响不同。研究表明,用70、80和90℃处理花生分离蛋白发现热处理显著影响花生分离蛋白乳液的界面吸附行为和乳化性能,热处理后的花生分离蛋白具有更高的表面压力和膨胀模量且所形成乳状液的具有更高的乳化稳定性。也有研究发现100℃处理花生蛋白5 min时所形成的乳液的乳化稳定性最大,乳化性得到改善。

#### 3.2.3.5 pH偏移结合温热处理复合改性蛋白质

复合改性是基于食品加工的需求,单一改性方式满足不了加工要求时,将生物、物理、化学三大类改性方法进行组合改性蛋白质。复合改性的改性效果一般优于单一改性,因此,复合改性方式在实际加工生产中得到越来越广泛的应用。

如pH 1.5偏移结合温热处理(50、60℃)对大豆蛋白结构变化的影响,观察到蛋白质分子在三级结构上均出现不可逆的改变;研究pH偏移(pH 1.5)结合温热处理(25、37、55℃)0、1.5、3.5、5.5 h对蚕豆分离蛋白结构的影响,结果发现随着处理时间的延长,巯基含量在37、55℃时先增加后降低,25℃时无显著性变化。三级结构显示,表面疏水性发生变化,色氨酸残基部分暴露于溶剂中,表明pH偏移结合热处理在一定程度上可改变蚕豆分离蛋白的结构;pH 12偏移结合超声波处理豌豆蛋白使其表面疏水性显著升高,更多蛋白亚基产生。pH 12偏移结合超声波处理大豆蛋白使其表面疏水性、自由巯基、二硫键显著升高。

### 3.2.4 pH偏移结合热处理对花生蛋白结构及凝胶特性的影响

(1)花生分离蛋白(PPI)的制备。

以脱脂花生粕为原料,经真空粉碎后得到干燥的脱脂花生粕粉。脱脂花生粕粉与去离子水按料液比为1:10(w/v)混合,用NaOH溶液将pH值调节至9.0,并将混合物在室温下以恒定速度磁力搅拌2 h。然后用4000 r/min转速离心15 min。再用1 mol/L HCl溶液将收集的蛋白质上清液pH值调节至4.5。以4000 r/min转速离心15 min,得到沉淀。用去离子水洗涤沉淀两次后将沉淀分散在去离子水中,调节pH值至7.0。透析除去盐离子,冷冻干燥后备用。通过凯氏定氮法测定沉淀中PPI含量为98.4 g/100g,N为6.25。

(2)pH偏移处理PPI。

冷冻干燥后的PPI粉末溶解于去离子水中(15%,w/w),磁力搅拌30 min,充分混匀。用1 mol/L HCl或NaOH溶液调节PPI溶液pH值至2.0、4.0、10.0和12.0。保持1 h后,将PPI溶液pH值调节至7.0,样品分别记为PPI2、PPI4、PPI10和PPI12。透析除去盐离子,冷冻干燥备用。

#### 3.2.4.1　pH 偏移处理对花生分离蛋白溶解度的影响

将 PPI 溶液搅拌均匀。利用双缩脲法用牛血清蛋白绘制标准曲线，根据标准曲线的公式计算蛋白质浓度。蛋白质溶解度可表示为可溶性蛋白质浓度与总蛋白浓度之比。

图 3－7、表 3－4 为 pH 偏移对花生蛋白溶解度的影响。在 pH 2 和 pH 12 处理后，花生分离蛋白（PPI）发生变性，使蛋白质分子间相互作用发生改变，从而导致蛋白质聚集，溶解性降低；pH 4 和 pH 10 偏移处理后，可能致使 PPI 球状结构展开，失去一些蛋白质侧链上的相互作用，使蛋白质链段柔韧性增强，与水之间的相互作用增强，导致溶解度上升。

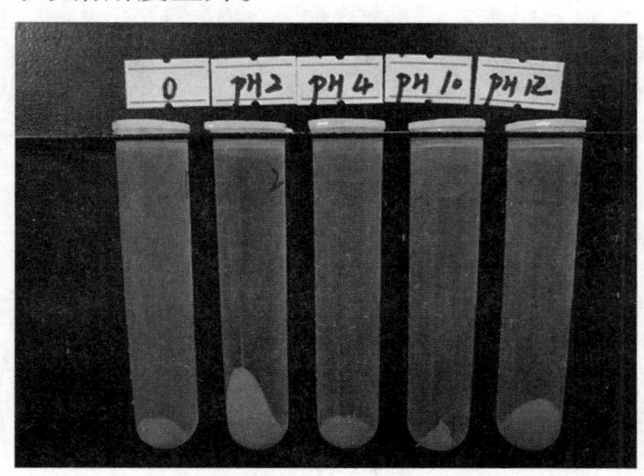


图 3－7　pH 偏移对花生蛋白溶解度的影响

此外，蛋白质溶解度的降低直接影响蛋白质的凝胶性和乳化性，三者密切相关。自由基氧化引起乳清蛋白溶解性的下降，其凝胶性和乳化性也下降，表明蛋白质的溶解性直接影响其凝胶性和乳化性。

**表 3－4　pH 偏移对花生蛋白溶解度的影响**

| 样品 | 浓度（mg/mL） | 溶解性（%） |
|---|---|---|
| 空白 PPI | $7.94 \pm 0.06^{c}$ | $79.39 \pm 0.58^{c}$ |
| PPI2 | $3.29 \pm 0.08^{e}$ | $32.88 \pm 0.79^{e}$ |
| PPI4 | $8.16 \pm 0.06^{b}$ | $81.65 \pm 0.55^{b}$ |
| PPI10 | $8.99 \pm 0.08^{a}$ | $89.87 \pm 0.76^{a}$ |
| PPI12 | $6.14 \pm 0.07^{d}$ | $61.41 \pm 0.70^{d}$ |

注：同一列不同字母（a～e）表示纵列存在显著差异（$p<0.05$）。

#### 3.2.4.2 pH 偏移处理对花生分离蛋白粒径及粒径分布

样品冷冻干燥后 PPI 粉末分散在去离子水中(1 mg/mL),匀浆后测量 PPI 的粒径,所有测量均在 25℃下进行三次。

如图 3－8 所示,经 pH 2、pH 4 和 pH 12 偏移处理后,PPI 的平均粒径显著增大($p<0.05$)。经 pH 10 偏移处理后,PPI 的平均粒径显著减小($p<0.05$)。PPI 的粒径分布均出现两个峰,且与对照相比,PPI10 粒径分布明显地向小范围粒径移动,PPI2 和 PPI12 粒径分布明显地向大范围粒径移动,PPI4 粒径分布移动不明显,但第二个峰明显高于对照组。粒径分布图与平均粒径结果一致。这一结果表明,pH 偏移处理改变了蛋白质分子之间的相互作用和蛋白质的聚集状态。PPI2 和 PPI12 粒径增大有可能是因为蛋白质变性聚集造成,PPI10 粒径减小,蛋白质与水分子之间接触面积增大,水合作用更强,其溶解度得到改善。这与其溶解度结果一致。此外,有研究指出蛋白质粒径减小有助于改善其凝胶特性。

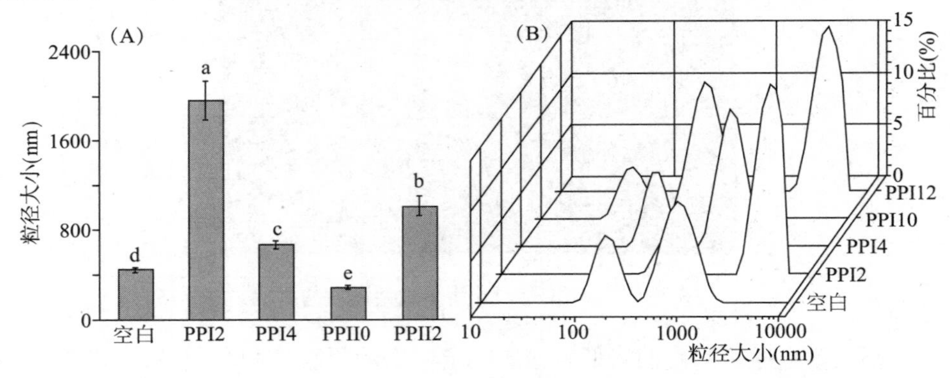


图 3－8 pH 偏移对花生蛋白平均粒径及粒径分布的影响

#### 3.2.4.3 pH 偏移处理对花生分离蛋白凝胶特性的影响

(1)凝胶强度。

采用质构分析仪凝胶强度程序进行测定,使用 $P_{0.5}$ 探头,测前、测中、测后速度分别为 1.0、1.0、2.0 mm/s。应变为 40%,触发力为 5 g。测定后通过质构仪自带软件分析后得到一条曲线,样品破裂点为第一个峰的顶点,将其定义为 PPI 的凝胶强度(g)。测定均在 25℃进行,每个样品测定六次。

凝胶是一种分散系统,其中分子在特定条件下相互连接以形成网络结构。蛋白质主要负责胶凝作用,因此在食品工业中起着重要作用。

图 3－9(A)显示了不同偏移处理的 PPI 凝胶的凝胶强度(GS)。PPI2 和 PPI12 加热冷却后,呈现可流动的黏稠液体,未检出凝胶强度、保水性等指标。

PPI4 的凝胶强度无显著性变化,PPI10 的凝胶强度显著上升($p<0.05$)。结果表明,PPI2 和 PPI12 在 pH 偏移过程中,蛋白质发生不可逆的构象变化,导致其强烈的变性和聚集,又因其溶解度低,粒径较大从而失去了形成凝胶的能力。PPI10 凝胶强度增加可能是因为在 pH 10 偏移过程中,PPI 球状结构展开暴露出更多的活性基团,如疏水基团、巯基等,这将通过疏水缔合和二硫键连接促进蛋白质—蛋白质的相互作用,又因其溶解度较高,粒径减小,在热诱导凝胶过程中导致更强的蛋白质—蛋白质相互作用,有助于蛋白质的胶凝作用。

(2)保水性。

将制备的 PPI 凝胶以 10000 r/min 离心 10 min,然后在滤纸上倒置 20 min 除去多余的水分,记录重量。所有测量进行三次。WHC 计算按式(3-2-1):

$$WHC(\%)=\frac{W_2-W_0}{W_1-W_0}\times100\% \quad (3-2-1)$$

式中:$W_2$ 为离心后 PPI 凝胶和离心管的总重量(g);$W_1$ 为离心前 PPI 凝胶和离心管的总重量(g);$W_0$ 为离心管的重量(g)。

保水性(WHC)是凝胶与水结合能力的直接指标,是衡量凝胶质量的重要参数,具有较大 WHC 的凝胶通常是食品相关应用所需要的。图 3-9(B)显示了不同 pH 偏移处理 PPI 凝胶的保水性。不同 pH 偏移处理 PPI10 凝胶保水性显著升高表明 PPI10 与水的结合力更强,有助于增强其凝胶保水性。PPI4 凝胶保水性显著下降($p<0.05$),这可能是因为 PPI4 的平均粒径大小显著高于对照组,而且 PPI4 的自由巯基和表面疏水性等与对照相比,差异不显著,因此可能形成了相对粗糙的凝胶结构,截留水的能力稍下降,导致保水性下降。

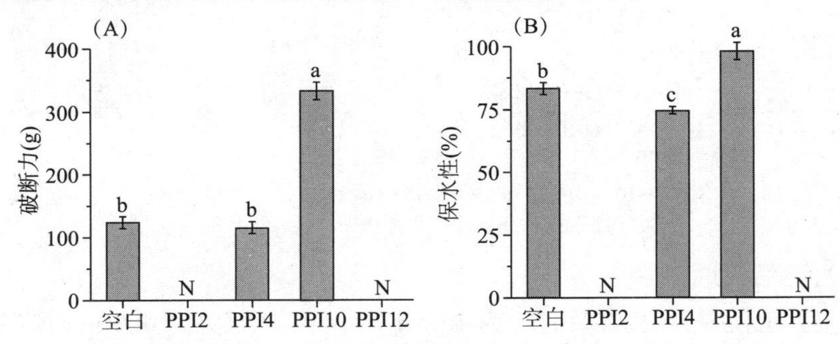


图 3-9 pH 偏移对花生蛋白凝胶强度(A)和保水性(B)的影响

注:N 代表未检出。

(3)水分分布。

1.5 g 左右的 PPI 凝胶置于直径为 0.15 cm 的核磁管中,在分析仪中利用

CPMG 脉冲序列测量 PPI 凝胶的自旋—自旋弛豫时间 $T_2$。质子共振频率为 18 MHz，温度为 32℃，等待时间 2000 ms，采样频率为 100 kHz，扫描 10000 个回波，得到一个指数衰减图形，经仪器自带软件进行反演得到各弛豫峰的具体数据。每个处理测定三次。

如图 3－10 所示，PPI 凝胶主要存在三个特征峰。弛豫时间在 0.1～1 ms 范围内的特征峰表示与蛋白质大分子紧密结合的那部分水，称为结合水，用 $T_{2b}$ 表示。弛豫时间 1～10 ms 范围内的特征峰表示与大分子结合较弱的部分水，称为弱结合水，用 $T_{21}$ 表示。弛豫时间 40～300 ms 范围内的特征峰表示截留在凝胶内部结构中的水称为不易流动水，用 $T_{22}$ 表示。弛豫时间 >300 ms 的特征峰表示可自由流动的水，称为自由水，用 $T_{23}$ 表示。

与未处理组相比，PPI10 凝胶的 $T_{2b}$ 显著降低（$p<0.05$），这可能是由于蛋白质的极性基团在 pH 10 下被电离，然后这些 PPI10 的电离基团与水之间无法形成氢键，从而导致 PPI10 凝胶的结合水降低。PPI10 凝胶的 $T_{22}$ 显著增加，这可能是由于 PPI10 的粒径减小导致 PPI10 与水之间的接触面积增大，因此不易流动水与 PPI10 之间的相互作用增强。此外，在 pH 偏移过程中，PPI10 的自由巯基含量增加，表面疏水性增大，从而通过疏水相互作用、氢键和二硫键交联形成更紧密的凝胶网络结构，将水束缚在网络结构中。

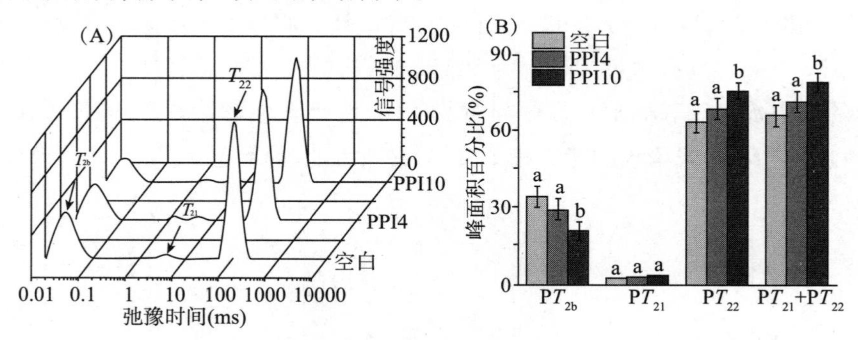


图 3－10　pH 偏移对花生蛋白凝胶水分分布的影响

注：同组数据中不同小写字母代表有显著性差异。

（4）流变特性。

采用振荡模式，平板夹具直径为 40 mm，上下夹具间隙为 0.6 mm，应变值为 1.05%，固定频率为 1 Hz。样品放置后，为了防止水分蒸发可用甲基硅油进行密封。具体测定方法为：25℃保温 10 min，之后以 2 ℃/min 升温速率升温至 90℃。以储能模量 $G'$，损耗模量 $G''$ 测定 PPI 的流变特性。

在流变温度扫描过程中，随着温度的升高，蛋白质逐渐展开，导致疏水性基团暴露，在较高温度下形成凝胶。因此，为了进一步评价 pH 偏移处理对 PPI 热凝胶形成的影响，观察了温度扫描过程中弹性模量 $G'$ 和黏性模量 $G''$ 的变化。如图 3－11（A）所示，PPI 加热过程中不同 pH 偏移处理的 PPI 的 $G'$ 都有类似升温曲线。20～70℃区间，所有处理组弹性模量 $G'$ 无明显增加。70℃后处理组 $G'$ 出现明显增加，且 $G'$ 顺序为 PPI10 > PPI4 > 空白 > PPI2 > PPI12。这与凝胶强度结果一致。

同时，$G'$ 和 $G''$ 的交点，称为凝胶温度。如图 3－11（B）所示，除 PPI2 外，凝胶温度无显著差异。PPI2 凝胶温度的降低可能是因为在 pH 2 偏移处理过程中 PPI2 强烈聚集和变性。

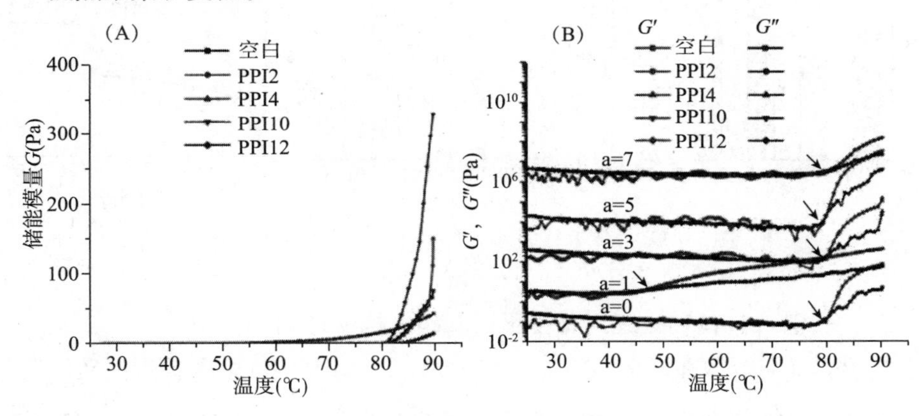


图 3－11　pH 偏移处理对花生蛋白流变特性的影响

#### 3.2.4.4　pH 偏移处理对花生分离蛋白乳化特性的影响

乳化性能是蛋白质对油水界面吸附的表征，可用蛋白质的乳化活性指数（EAI）和乳化稳定性（ESI）来评价。EAI 是每单位质量蛋白质的稳定界面面积，ESI 测量乳液在一段时间内的稳定性。

30 mL PPI 溶液（0.1%，w/v）加入 7.5 mL 大豆油，用高速匀浆机 10000 r/min 下匀浆 1 min。0 min 和 10 min 后，取 50 μL 样品与 5 mL SDS 溶液（0.1%）混合均匀。然后在 500 nm 处测定混合物的吸光值。以 SDS 溶液为空白。按式（3－2－2）、式（3－2－3）计算 EAI 和 ESI 值。

$$EAI\ (\mathrm{m^2/g}) = \frac{2 \times 2.303 \times A_0 \times DF}{C \times \varphi \times L \times 10^4} \qquad (3-2-2)$$

$$ESI\ (\mathrm{min}) = \frac{A_0}{A_0 - A_{10}} \times 10 \qquad (3-2-3)$$

式中：$DF$ 为稀释倍数；$C$ 为 PPI 浓度（g/mL）；$\varphi$ 为乳化液中油相体积分数；$L$ 为光

程;$A_0$、$A_{10}$分别为在 0 min、10 min 时的吸光值。

此外,还使用 Turbiscan lab expert 测量了乳液的稳定性。大约 25 mL 2% 的乳化液被放入测量瓶中,每 25 s 扫描一次,持续 10 min。使用 Turbiscan 稳定性指数(TSI)来评价悬浮液的稳定性,该指数是对样品所有扫描的总和。

如图 3-12 所示,经 pH 2、pH 12 偏移处理后,PPI2 和 PPI12 的 *EAI* 分别显著下降;经 pH 4、pH 10 偏移处理后,PPI4 和 PPI10 的 *EAI* 分别上升。PPI 的乳化稳定性(ESI)与乳化活性指数(EAI)表现出相同的趋势。

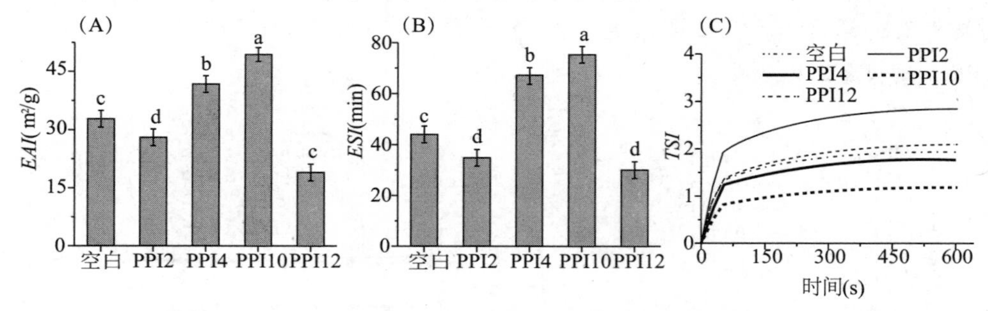


图 3-12 pH 偏移处理对花生蛋白乳化特性的影响
(A):乳化活性;(B)、(C):乳化稳定性

### 3.2.4.5 pH 偏移处理对花生蛋白二级结构的影响

将 PPI 样品分散在磷酸盐缓冲液(10 mmol/L,pH 7.0)中调整蛋白质浓度为 0.1 mg/mL。在25℃条件下,利用圆二色光谱仪在 190~260 nm 进行远紫外光谱扫描。以磷酸盐缓冲液为空白,扫描速率、光路、带宽分别为 100 nm/min、0.1 cm、1 nm。通过 CDNN 软件分析其二级结构。所有样品均测量三次。

pH 偏移处理引起 PPI 二级结构以及 PPI 分子之间相互作用的改变。如表 3-5所示,PPI10 表现出最高的凝胶强度和最高的 β-折叠含量。然而,PPI12 中的 β-折叠含量明显高于对照 PPI($p<0.05$),却未形成凝胶状结构。这可能是因为与对照 PPI 相比,其溶解度显著降低($p<0.05$),而粒径显著($p<0.05$)增大。

**表 3-5 pH 偏移对花生蛋白二级结构的影响**

| 样品 | α-螺旋(%) | β-折叠(%) | β-转角(%) | 无规则卷曲(%) |
|---|---|---|---|---|
| 空白 | $15.77 \pm 0.66^{b}$ | $26.45 \pm 0.47^{c}$ | $17.73 \pm 0.07^{b}$ | $40.00 \pm 0.37^{b}$ |
| PPI2 | $19.54 \pm 0.45^{a}$ | $24.19 \pm 0.31^{d}$ | $17.95 \pm 0.03^{a}$ | $39.28 \pm 0.18^{c}$ |
| PPI4 | $14.96 \pm 0.33^{bc}$ | $26.88 \pm 0.22^{bc}$ | $17.71 \pm 0.01^{bc}$ | $40.44 \pm 0.11^{ab}$ |
| PPI10 | $13.90 \pm 0.18^{d}$ | $27.61 \pm 0.15^{a}$ | $17.62 \pm 0.04^{c}$ | $40.84 \pm 0.11^{a}$ |
| PPI12 | $14.60 \pm 0.83^{cd}$ | $27.19 \pm 0.51^{ab}$ | $17.73 \pm 0.09^{b}$ | $40.47 \pm 0.41^{ab}$ |

注:同一列不同字母(a~d)表示纵列存在显著差异($p<0.05$)。

### 3.2.4.6　pH 偏移处理对花生蛋白三级结构的影响

将 PPI 样品分散在磷酸盐缓冲液(10 mmol/L,pH 7.0)中调整蛋白质浓度为 0.1 mg/mL。在 25℃条件下,利用荧光分光光度计激发波长 280 nm、狭缝宽度 5 nm条件下扫描得到 300 ~ 400 nm 之间的发射光谱(狭缝宽度为 5 nm),如图 3 - 13所示。以磷酸盐缓冲液为空白。所有样品均测量三次。

蛋白质的三级结构可以表示活性基团的暴露,这可以进一步解释蛋白质凝胶形成的机理。由于色氨酸和酪氨酸残基对微环境的敏感性,蛋白质内源性荧光测量被广泛用于追踪蛋白质的三级构象的变化。

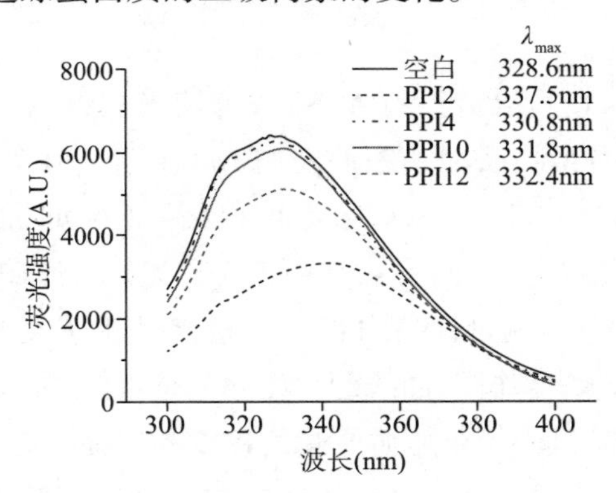


图 3 - 13　pH 偏移处理对花生蛋白内源性荧光的影响

与对照 PPI 相比,PPI2、PPI4、PPI10 和 PPI12 最大发射波长($\lambda_{max}$)增加(红移)和荧光强度(FI)显著降低($p < 0.05$)。最大波长红移主要归因于三级构象的改变以及色氨酸/酪氨酸残基暴露于极性微环境,这可能是因为 PPI 的球状结构通过 pH 偏移处理部分展开,从而导致发色团更多地暴露于溶剂中。

(1)自由巯基含量。

将 PPI 样品分散在 Tris - Gly 溶液中调整蛋白质浓度为 3 mg/mL,以 5000 r/min 的转速离心 10 min,在上清液中加入 50 μL Ellman 试剂(DTNB),30 min 后在 412 nm处测量样品的吸光值。不含 Ellman 试剂的蛋白质样品用作试剂空白。自由巯基(SH)计算见式(3 - 2 - 4):

$$SH\ (\mu\ mol/g) = \frac{73.53 \times A \times D}{C} \quad (3-2-4)$$

式中,$A$ 是在 412 nm 处的吸光度,$D$ 是稀释倍数,$C$ 是 PPI 浓度(mg/mL)。

自由巯基(SH)的含量会影响加热时 PPI 的交联,进而影响 PPI 的凝胶特性。不同 pH 偏移处理 PPI 的自由巯基(SH)含量如图 3 - 14(A)所示。由图可知,对照 PPI 的 SH 含量为 0.46 μmol/g，除 PPI4 外，PPI2、PPI10 和 PPI12 自由巯基含量均显著升高，这可能是因为酸碱法处理导致蛋白质结构部分展开，从而暴露了蛋白质内部的巯基，或者 pH 偏移处理破坏了蛋白质内部的二硫键。此外，巯基参与了蛋白质弱二级结构和三级结构的形成，因此它的变化也可以在某种程度上表明蛋白质结构的改变以及蛋白质变性。PPI4 的巯基含量下降，这可能是由于在蛋白质的等电点附近，当蛋白质之间的静电排斥力较小时，巯基的暴露受到了阻碍。自由巯基含量增加和 PPI10 溶解度增加的综合结果促进了蛋白质凝胶的形成，进而导致 PPI10 凝胶的 GS 和 WHC 更大。

（2）表面疏水性。

使用 8 - 苯胺 - 1 - 萘磺酸钠（ANS）作为荧光探针测定 PPI 的表面疏水性（H0）。将 PPI 样品分散在磷酸盐缓冲液（10 mmol/L，pH 7.0）调整至蛋白浓度在0.02 ~0.50 mg/mL 之间。取不同浓度的 PPI 溶液 4 mL 加入 20 μL 的 ANS 溶液（10 mM，pH 7.0 磷酸盐缓冲液）。利用荧光分光光度计在 370 nm（激发波长）和 490 nm（发射波长）下测量样品的荧光强度，激发和发射狭缝均设置为 5 nm。以荧光强度对蛋白质浓度作图，曲线的初始斜率是蛋白质的表面疏水性指数。

表面疏水性（H0）反映了蛋白质展开的程度和表面上疏水基团的暴露，这可以影响蛋白质之间的疏水相互作用，然后影响蛋白质凝胶的形成。从图 3 - 14（B）中可以看出，对照组的 H0 为 5201.77 ± 325.89。与对照组相比，经 pH 偏移处理的 PPI 的 H0 显著增加，这表明在 pH 偏移处理期间，更多的疏水区域和疏水基团暴露。这有助于蛋白质分子之间的氢键形成以及加热时形成更致密的蛋白质凝胶网络，使 PPI10 凝胶的 GS 和 WHC 更高。同样地，有研究指出由于蜜蜂蛋白质的部分变性，酸（pH 3）处理蜜蜂窝蛋白质会显著提高其 H0。

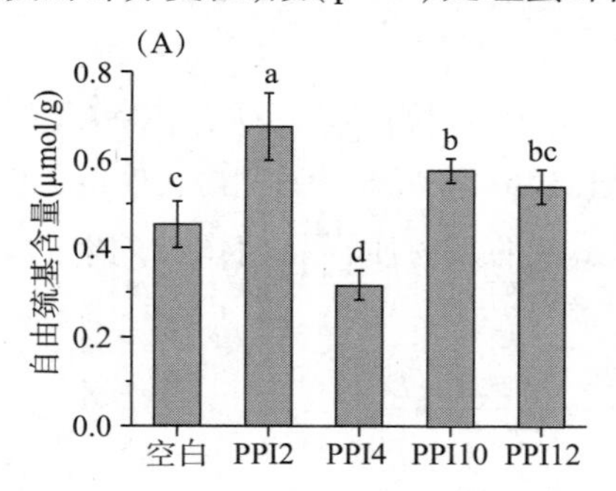


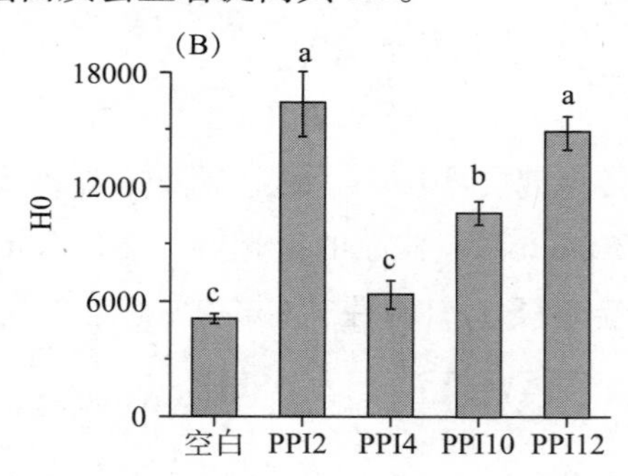


图 3 - 14 pH 偏移处理对花生蛋白自由巯基含量（A）和表面疏水性（B）的影响

### 3.2.4.7 pH 偏移处理对花生蛋白表观形貌的影响

使用原子力显微镜轻敲模式观察花生蛋白的表观形貌(图 3－15)。制备 PPI 溶液(2 μg/mL),将其滴定在新鲜云母片上。仪器的悬臂梁的弹性系数为 26 N/m,频率为 300 kHz,探针尖端曲率半径为 7.0 nm。运用 Nano Scope 分析软件对其扫描图像进行分析得到表面平均粗糙度(Ra)和均方根粗糙度(Rq)。

所有实验组 PPI 均呈现出球状结构,经 pH 偏移处理后的 PPI 出现不规则球状结构。PPI2 和 PPI4 均出现颗粒聚集等情况,尤其是 PPI2。该结果进一步解释 PPI2 溶解度下降的原因。

如表 3－6 所示,对于 pH 偏移处理的 PPI、Ra 和 Rq 的值增加,说明 pH 偏移处理可以使 PPI 球状结构展开,形成熔融球状态。但 PPI2 和 PPI4 粗糙度增加最为显著,这可能是因为其形成聚集体。综上所述,pH 偏移处理可以改变 PPI 的表观形貌。

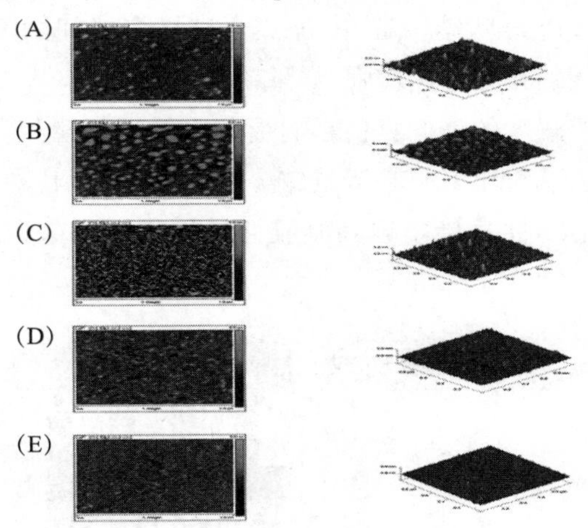


图 3－15 pH 偏移处理对花生蛋白表观形貌的影响

**表 3－6 pH 偏移处理对花生蛋白表观形貌的影响**

| 样品 | Ra (nm) | Rq (nm) |
|---|---|---|
| 空白 | 0.066 | 0.106 |
| PPI2 | 0.393 | 0.541 |
| PPI4 | 0.364 | 0.526 |
| PPI10 | 0.158 | 0.247 |
| PPI12 | 0.171 | 0.219 |

### 3.2.5 pH 偏移结合热处理对花生蛋白的影响

#### 3.2.5.1 pH 偏移结合热处理对 PPI 溶解度的影响

溶解性是蛋白质最重要的功能特性之一，可影响蛋白质的乳化特性和凝胶特性。图 3－16 是不同处理方式 PPI 样品溶解度的变化。由图可知，处理前对照组 PPI 的溶解度为 72.94%，温度单独处理 PPI 时，随着温度的升高溶解度逐渐下降，但除 70℃单独处理外，溶解度无显著性变化。经 pH 10 偏移处理后，PPI 溶解度显著上升至 85.18%（$p<0.05$）。与对照和单独 pH 偏移处理相比，经 pH 10 偏移结合热处理 PPI 的溶解度均显著升高至 98.11%、95.52%、95.90% 和 91.57%，说明单独 40、50、60 和 70℃处理对 PPI 溶解度影响较小，pH 10 偏移结合热处理对 PPI 溶解度影响显著。pH 偏移结合热处理改善 PPI 溶解度可能是因为 pH 偏移处理使 PPI 球状结构解开，加热会破坏多肽间的氢键，使蛋白质链段柔性增强，与水之间的相互作用增强，导致溶解度升高。

此外，蛋白质溶解度的降低直接影响蛋白质的凝胶性和乳化性，三者密切相关。研究表明，自由基氧化引起乳清蛋白溶解性的下降，其凝胶性和乳化性也下降，表明蛋白质的溶解性直接影响其凝胶性和乳化性。这为下文中凝胶性结果提供解释。

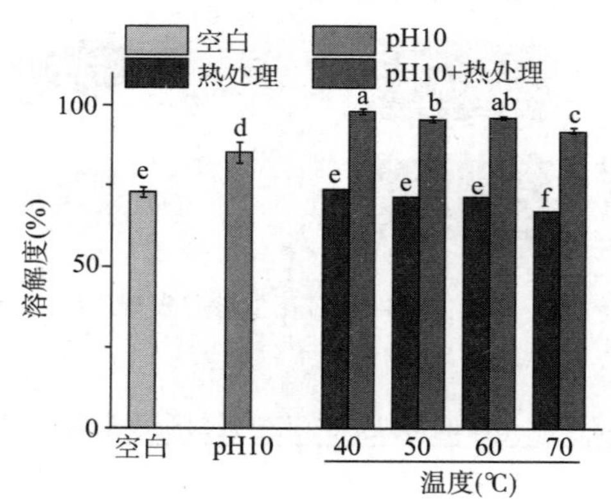


图 3－16　pH 偏移结合温热处理对花生蛋白溶解度的影响

#### 3.2.5.2 pH 偏移结合热处理对花生蛋白粒径的影响

动态光散射技术是分析蛋白质聚集程度的一种方式。图 3－17 是不同处理方式对 PPI 平均粒径大小的影响。由图可知，处理前 PPI 的平均粒径为 448.38 nm，不同方式处理的 PPI 的平均粒径大小发生显著变化。经 pH 10 偏移处理后,PPI 的平均粒径显著减小至 291.28 nm($p<0.05$)。经 pH 10 + 40℃ 处理后,PPI 的平均粒径显著减小至 261.06 nm($p<0.05$)。单独热处理和 pH 偏移结合热处理时,随着热处理温度的升高,PPI 粒径增大。这说明不同温度热处理时可能导致蛋白质不同程度的热变性,聚集程度增加产生部分蛋白质聚集体。

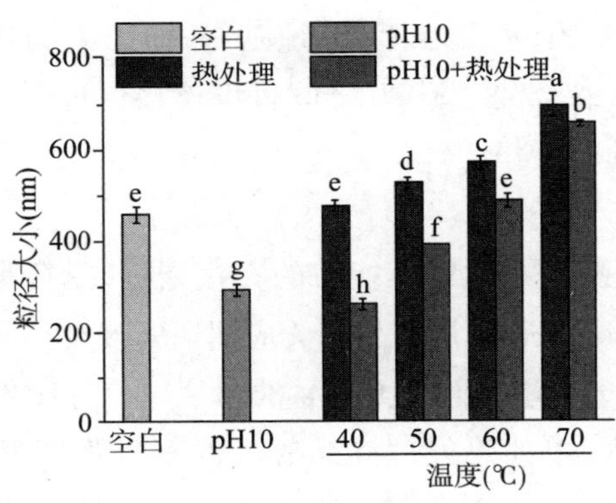


图 3 - 17 pH 偏移结合热处理对花生蛋白平均粒径的影响

此外,有研究指出蛋白质粒径减小有助于改善其凝胶特性,超微粉碎处理鸡肌原纤维蛋白导致其粒径减小是其凝胶改善的原因之一。

### 3.2.5.3 pH 偏移结合热处理对 PPI 凝胶特性的影响

(1)凝胶强度。

凝胶是一种分散系统,其中分子在特定条件下相互连接以形成网络结构。蛋白质主要负责胶凝作用,因此在食品工业中起着重要作用。图 3 - 18 显示了不同处理方式下 PPI 凝胶的凝胶强度(GS)。与对照相比(93.51 g),对于 pH 偏

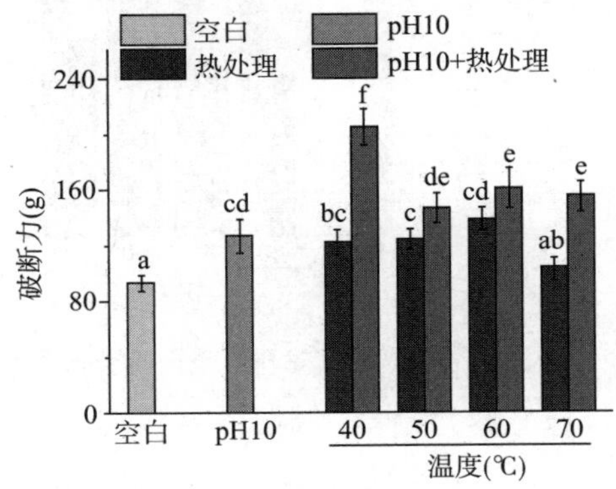


图 3 - 18 pH 偏移结合热处理对花生蛋白凝胶强度的影响

移样品凝胶强度显著增加至127.66 g。除70℃外单独热处理样品凝胶的凝胶强度显著增加。而pH 10偏移结合热处理后，凝胶强度显著增加。其中pH 10 + 40℃样品凝胶强度增加至205.36 g，此时pH 10 +40℃样品凝胶强度值与对照相比提高了1.20倍，与pH 10偏移相比提高了0.61倍，与40℃单独热处理相比提高了0.69倍。凝胶强度增加可能是因为在pH 10偏移过程中，PPI球状结构展开暴露出更多的活性基团，如疏水基团、巯基等，而适当的热处理会使蛋白质肽链伸展，这将通过疏水缔合和二硫键、链间氢键连接促进蛋白质—蛋白质的相互作用，有助于蛋白质的胶凝作用。

(2)保水性。

保水性(WHC)是凝胶与水结合能力的直接指标，是衡量凝胶质量的重要参数，具有较大WHC的凝胶通常是食品相关应用所需要的。不同处理方式PPI凝胶的保水性见图3－19。与对照相比(44.86%)，对于pH偏移样品保水性显著增加至95.84%。同样，单独热处理样品凝胶的凝胶强度显著增加至49.10%、52.51%、51.14%、60.76%。而pH 10偏移结合热处理后，凝胶保水性也显著增加，均在95%以上，说明pH偏移结合热处理PPI凝胶的保水性改善主要因为pH 10偏移处理形成较致密的凝胶网络结构，将水束缚在凝胶结构中，截留水的能力增强。同时，这种良好的保水性与蛋白质良好的溶解性也有关。凝胶强度的增大也有利于水的保持。这种良好的保水性可以使PPI凝胶广泛用于食品工业中，如肉类替代品等。

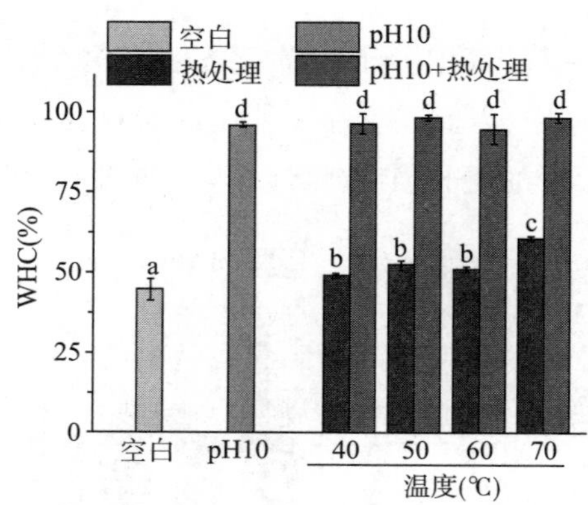


图3－19　pH偏移结合热处理对花生蛋白凝胶保水性的影响

(3)流变特性。

PPI加热过程中的弹性模量$G'$变化趋势如图3－20所示，不同处理方式PPI

的 $G'$都有类似升温曲线。20～70℃区间，所有实验组弹性模量 $G'$无显著变化。75℃后所有实验组 $G'$出现明显增加，且 $G'$顺序为 pH 10 +40℃ > pH 10 > 40℃ > 空白，这与上述凝胶强度结果一致。说明 PPI 溶液在 70℃后，蛋白质分子开始变性及相互碰撞缠结，氢键相互作用增强，部分聚集凝胶开始形成，蛋白溶液中部分黏性物质转化为弹性物质。80℃后，凝胶进入强化阶段，开始形成有序的凝胶网络结构，凝胶体系增强，形成不可逆紧密的凝胶体。pH 偏移结合热处理 $G'$显著增大，可能是和处理过程中蛋白质分子结构展开，肽链伸展，更易发生蛋白质—蛋白质相互作用有关。

同时，$G'$和 $G''$的交点，称为凝胶温度。如图 3－20 所示，凝胶温度无显著变化。说明 pH 10 偏移、热及两者结合处理 PPI，仅有可能造成蛋白质分子结构松散或小部分变性，不会造成其强烈的大部分变性。

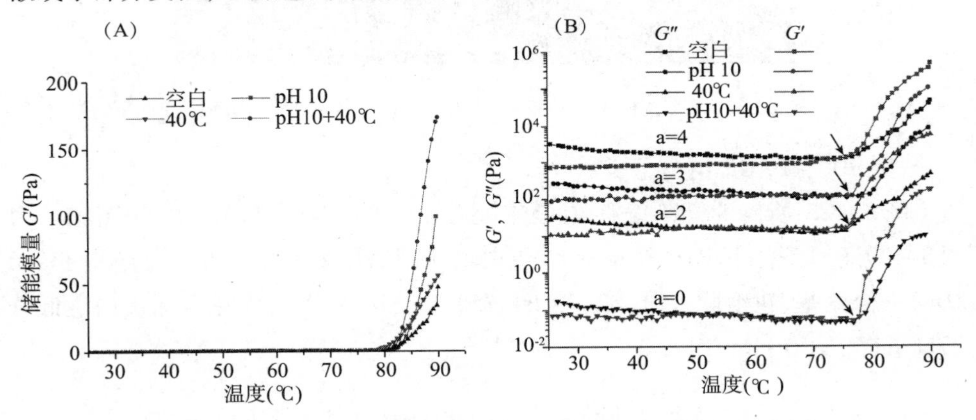


图 3－20　pH 偏移结合热处理对花生蛋白流变特性的影响

(4) pH 偏移结合热处理对 PPI 凝胶微观结构的影响。

采用扫描电镜研究了未处理和不同方式处理的 PPI 制备的凝胶表横截面结构特征。图 3－21 所示是 PPI 凝胶的扫描电镜图。如图所示，不同处理方式对 PPI 凝胶的微观结构有一定的影响。未处理的对照组 PPI 凝胶呈现疏松的凝胶结构，气孔相对较大不均匀，表面粗糙，存在较大的空腔结构和颗粒，水等可溶性物质难以截留在凝胶中，这可能也是未处理 PPI 凝胶保水性差的原因之一。凝胶微观结构中的孔隙是水通道，因此，大的宏观孔隙使水分容易从蛋白质凝胶网络中逸出。40℃处理的 PPI 凝胶结构有一定的松散，气孔相对较大均匀，表面较粗糙。pH 10 偏移处理的 PPI 凝胶微观结构逐渐变得紧密，但还可发现一些较小的孔洞。pH 10 +40℃处理的 PPI 凝胶微观结构致密均匀，孔洞消失，表面光滑。

这些微观结构变化表明,pH 偏移结合热处理 PPI 使 PPI 凝胶结构改善并可以提高 PPI 凝胶的保水性和凝胶强度。

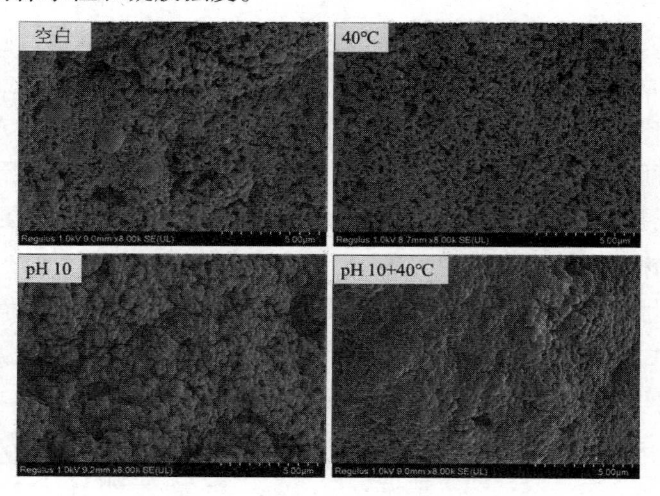


图 3-21　pH 偏移结合热处理对花生蛋白凝胶微观结构的影响

(5)SDS-PAGE 电泳分析。

图 3-22 所示是 pH 偏移结合热处理 PPI 的 SDS-PAGE 电泳图谱。由图 3-22还原条件下电泳图可知,该蛋白电泳图谱主要是由伴花生球蛋白Ⅱ(66 kDa)一个亚基、花生球蛋白(S2、S3、S4、S5)四个亚基,以及伴花生球蛋白Ⅰ低分子量条带(<20 kDa)组成。

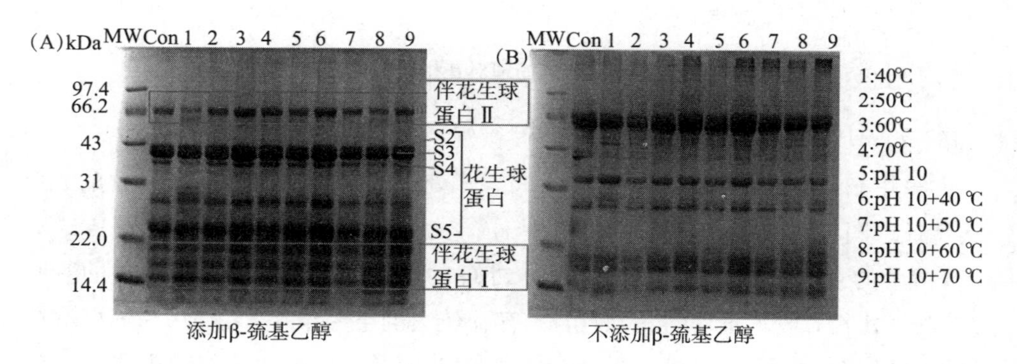


图 3-22　pH 偏移结合热处理花生蛋白的 SDS-PAGE 电泳图

如图 3-22 所示,在还原条件下(加入 β-巯基乙醇),不同 pH 偏移结合热处理处理 PPI 条带无显著性变化。其中,6 泳道(pH 10+40℃)的伴花生球蛋白Ⅰ以及 S5(23.5 kDa)颜色与对照组相比明显较深,说明两者含量较高。在大豆蛋白亚基研究中也有类似的结论，通过对含有不同亚基组成的7S蛋白的凝胶性发现，凝胶硬度为缺失 α′ > 7S > 缺失 α，因此，缺失 α′亚基的大豆蛋白与7S大豆蛋白相比更适合用来生产豆腐。

在非还原条件下（未加入 β－巯基乙醇），3、4、6、7、8、9 泳道顶部皆有大分子量蛋白聚合物。这些高分子量条带有可能是处理过程中使花生球蛋白二硫键共价聚集的聚合物。对比还原和非还原条件下的电泳图谱，高分子量条带消失有可能形成了 PPI 花生球蛋白 S2、S3、S4 亚基，同时伴花生球蛋白Ⅱ也会发生解离形成新的亚基。

#### 3.2.5.4 pH 偏移结合热处理对花生蛋白二级结构的影响

通过圆二 CD 光谱分析了 pH 偏移结合热处理对 PPI 二级结构的影响。如图 3－23 CD 光谱所示，在 208 nm 和 222 nm 附近的负峰代表典型的 α－螺旋构象，在 196 nm 处的正峰代表 β－折叠构象。表 3－7 列出了通过曲线拟合软件 CDNN 计算出的二级结构特征的百分比和组成。如表 3－7 所示，未处理的 PPI 二级结构主要由无规则卷曲组成，占二级结构总量的 39.95%。与对照相比，pH 10 偏移处理导致 α－螺旋占比下降、β－折叠占比升高、β－转角、无规则卷曲占比无显著变化。40℃及 pH＋40℃处理 PPI 的 α－螺旋结构无显著变化，β－折叠占比升高，β－转角占比无显著变化，无规则卷曲占比降低，说明在 40℃处理过程中无规则卷曲结构向 β－折叠结构转化，二级结构趋于有序。

通常来说，较高的 β－折叠含量会更有利于凝胶的形成。β－折叠含量与凝胶强度的变化基本一致。具体而言，P10＋40℃表现出最高的 β－折叠占比和最高的凝胶强度。

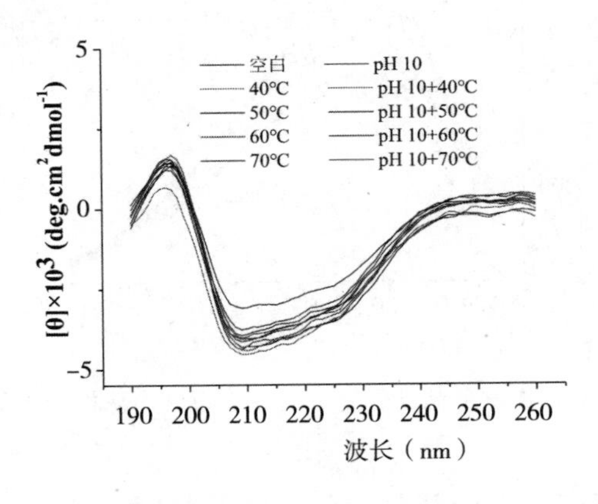


图 3－23 pH 偏移结合热处理对花生蛋白二级结构的影响

表 3-7 pH 偏移结合热处理对花生蛋白二级结构的影响

| 样品 | α-螺旋(%) | β-折叠(%) | β-转角(%) | 无规则卷曲(%) |
|---|---|---|---|---|
| 空白 | 16.12 ±0.56[a] | 25.78 ±0.44[d] | 17.12 ±0.07[a] | 40.95 ±0.07[a] |
| pH 10 | 15.04 ±0.40[b] | 26.58 ±0.31[c] | 17.05 ±0.20[a] | 41.10 ±0.18[a] |
| 40℃ | 16.08 ±0.33[a] | 29.18 ±0.22[b] | 16.97 ±0.06[a] | 37.77 ±0.49[b] |
| pH 10 +40℃ | 16.13 ±0.11[a] | 30.62 ±0.23[a] | 17.00 ±0.16[a] | 36.27 ±0.21[c] |

注:同一列不同字母(a~d)表示纵列存在显著差异($p<0.05$)。

### 3.2.5.5 pH 偏移处理对花生蛋白三级结构的影响

(1)内源性荧光光谱分析。

蛋白质的三级结构可以表示活性基团的暴露,这可以进一步解释蛋白质凝胶形成的机理。

追踪蛋白质的三级构象的变化。如图 3-24 所示,与对照 PPI 相比,pH 偏移、热及两者结合处理 PPI 最大发射波长($\lambda_{max}$)皆增加(红移),荧光强度(FI)显著降低($p<0.05$),也可看出 pH 偏移结合热处理比单独处理对 PPI 三级结构的影响大。最大波长红移主要归因于三级构象的改变以及色氨酸/酪氨酸残基暴露于极性微环境。FI 降低可能是因为 PPI 的球状结构通过 pH 偏移处理和热处理部分展开,暴露出更多埋藏在球状结构内部的活性基团,从而导致内部发色团更多地暴露于溶剂中。

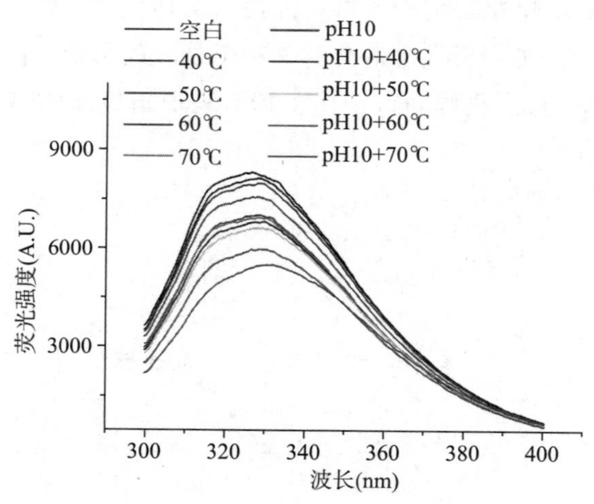


图 3-24 pH 偏移结合热处理对花生蛋白内源性荧光的影响

(2)自由巯基含量。

不同方式处理 PPI 的自由巯基(SH)含量如图 3-25 所示。由图可知,处理前对照组 PPI 的 SH 基含量为 0.50 μmol/g，不同处理方式 PPI 自由巯基含量皆显著高于对照组，且自由巯基含量最高的为 pH 10+40、50、60、70℃处理组。单独热处理 PPI 时，除 70℃处理外，随着温度的升高自由巯基含量无显著性变化。pH 10 偏移处理后，PPI 自由巯基含量显著上升至 0.64 μmol/g。pH 偏移结合热处理后，随着温度的升高自由巯基含量无显著性变化。这些结果表明，pH 偏移、热及两者结合皆可使 PPI 分子展开，使埋藏在内部的巯基暴露，导致巯基含量升高，但热处理温度（40～70℃）对巯基含量影响不大。

与对照相比，自由巯基含量显著升高，这可能是因为 pH 偏移和热处理导致蛋白质结构部分展开，从而暴露了蛋白质内部的巯基。此外，巯基参与了蛋白质的弱二级结构和三级结构的形成，因此它的变化也可以在某种程度上表明蛋白质结构的改变以及蛋白质变性。自由巯基含量、溶解度、粒径、二级结构等指标的综合结果促进了蛋白质凝胶的形成，进而导致 pH 10+40℃处理的 PPI 凝胶性质更好。

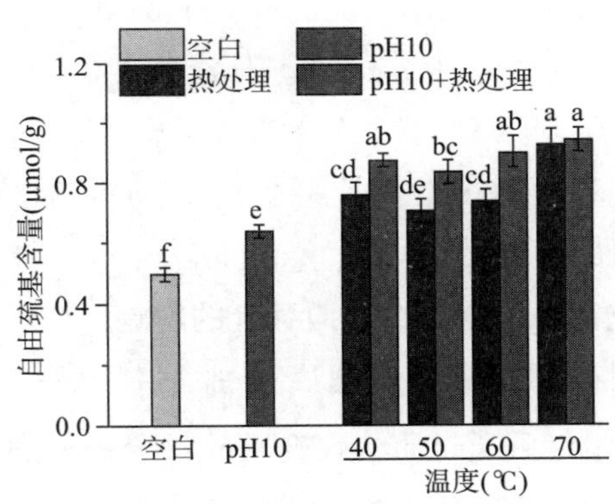


图 3－25 pH 偏移结合热处理对花生蛋白自由巯基含量的影响

（3）表面疏水性。

表面疏水性（H0）反映了蛋白质展开的程度和蛋白质表面疏水基团的暴露，这可以影响蛋白质之间的疏水相互作用，从而影响蛋白质凝胶的形成。从图 3－26 中可以看出，对照组的 H0 为 5000.21。与对照组相比，经 pH 偏移处理的 PPI 的 H0 显著增加，这表明在 pH 偏移处理期间，更多的疏水区域和疏水基团暴露。单独热处理的 PPI 的 H0 显著下降。pH 偏移结合热处理的 PPI 的 H0 显著上升，这有助于热诱导凝胶时，形成蛋白质分子之间疏水性内核，聚集成簇带动肽链盘曲折叠形成更致密的蛋白质凝胶网络。

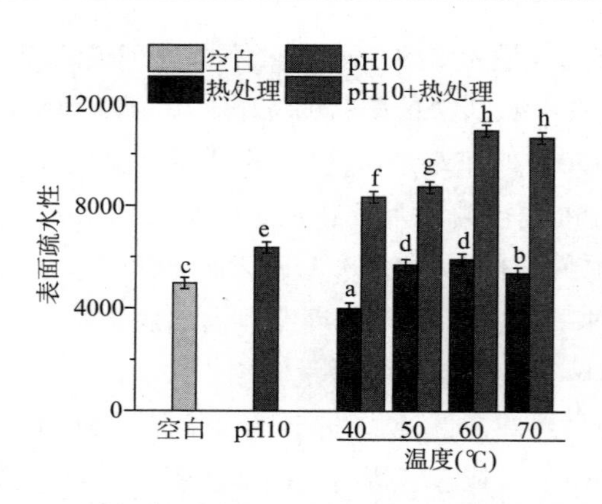


图 3-26　pH 偏移结合热处理对花生蛋白表面疏水性的影响

### 3.2.6　改性花生蛋白对猪肉肌原纤维蛋白凝胶特性的影响

猪肉肌原纤维蛋白的浓度使用生理盐水缓冲液(0.6 mol/L NaCl,50 mmol/L 磷酸盐缓冲液,pH 7.0)调整为 30 mg/mL。分别加入 0.25%、0.5% 和 0.75% 的改性 PPI,10000 r/min 下 60 s 混匀,然后 800 r/min 离心 5 min。然后,将混合蛋白在恒温水浴锅中从 20℃ 加热至 80℃ 并保持 30 min,凝胶冷却至室温后放入 4℃ 冰箱储存,48 h 内使用完毕。

#### 3.2.6.1　对猪肉肌原纤维蛋白凝胶强度的影响

使用 $P_{0.5}$ 探头,测前、测中、测后速度分别为 1.0、1.0、2.0 mm/s,应变为 40%,触发力为 5 g。测定后通过质构仪自带软件分析得到一条曲线,样品破裂点为第一个峰的顶点,将其定义为蛋白的凝胶强度(g)。每个样品平行测定六次。

图 3-27 显示了不同花生分离蛋白添加量对肌原纤维蛋白凝胶强度的影响。加入天然花生分离蛋白(N-PPI)0.25% 和 0.50% 时,肌原纤维蛋白凝胶强度无显著变化,添加 0.75% N-PPI 时,肌原纤维蛋白凝胶强度显著下降($p < 0.05$)且降低了 10.24%。同时,肌原纤维蛋白凝胶强度随着 N-PPI 浓度的升高逐渐降低。

添加改性花生分离蛋白(AH-PPI)的 MP 凝胶强度显著高于 MP 和添加N-PPI 的 MP 凝胶强度($p < 0.05$)。与 MP 相比,当 AH-PPI 浓度范围为 0.25% ~ 0.75% 时,混合凝胶的凝胶强度增加了 12.96% ~21.07%。这可能是因为碱性 pH 处理导致 PPI 球状结构展开,埋藏在蛋白质内部的活性基团暴露,增强了 PPI

与 MP 之间的分子相互作用,形成更致密的凝胶网络结构,从而增强 MP 的凝胶强度。

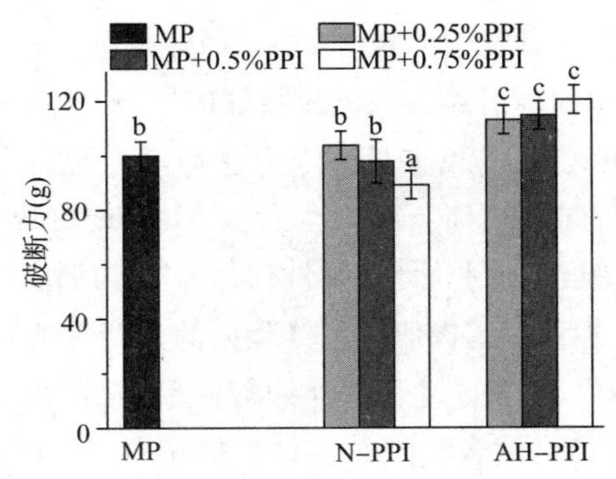


图 3 - 27 添加花生分离蛋白对肌原纤维蛋白凝胶强度的影响

### 3.2.6.2 对猪肉肌原纤维蛋白凝胶保水性的影响

称取 6.00 g 凝胶放入 10 mL 离心管中,转速为 8000 r/min 下离心 10 min,去除多余的水分。WHC 的计算是指凝胶在离心后保留的质量相对于初始质量的百分比。每个样品测量一式三份。

不同花生分离蛋白添加量对肌原纤维蛋白凝胶保水性的影响见图 3 - 28。当 N - PPI 的添加量在 0.25%、0.5% 时,MP 凝胶的保水性无显著性变化($p > 0.05$),当添加量达到 0.75% 时,MP 凝胶的保水性显著降低。这可能是因为 N - PPI 较大的添加量会部分破坏凝胶的网状结构,导致保水性下降。

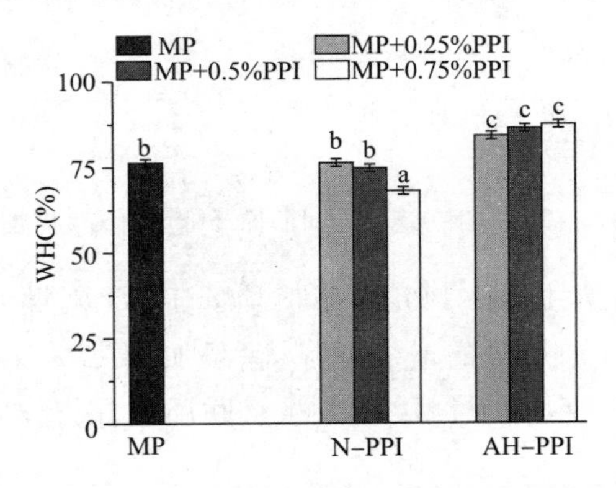


图 3 - 28 添加花生分离蛋白对肌原纤维蛋白凝胶保水性的影响

然而,当添加 AH - PPI 时,MP 凝胶保水性显著增加($p < 0.05$)。说明 AH - PPI/MP 混合凝胶形成的凝胶对水的束缚力更强。研究发现 WHC 的增加部分可

能是因为蛋白凝胶内氢键的增加。因此,可能是因为 AH - PPI 侧链基团的暴露促进了 MP 和 PPI 分子间的相互作用,从而形成更加紧密的凝胶网络结构,将更多的水留在其中,提高了凝胶保水能力。

#### 3.2.6.3 对猪肉肌原纤维蛋白流变特性的影响

采用 40 mm 平板夹具,上下夹具间隙为 0.6 mm,通过施加 1.05% 的应变且恒定频率为 1 Hz 进行温度扫描。从 25℃ 以 1 ℃/min 的升温速率加热至 90℃。样品裸露表面用甲基硅油密封。计算弹性模量 $G'$ 作为温度的函数。

花生分离蛋白添加量对猪肉肌原纤维蛋白的流变特性储能模量 $G'$ 的影响如图 3 - 29 所示。储能模量 $G'$ 的大小侧面反映了蛋白质凝胶的凝胶强度。从图中可以看出,添加 PPI 的 MP 混合凝胶 $G'$ 整体趋势相同,都有四个温度范围:从25 ~ 40℃,$G'$ 基本保持不变;从 40 ~ 50℃,$G'$ 迅速升高,这是弱凝胶网络开始形成阶段,此时肌球蛋白头部相互交联,形成蛋白质网络结构;从 50 ~ 60℃,$G'$ 逐渐下降,这是因为肌球蛋白尾部开始变性,导致蛋白质分子重组,形成的凝胶网络结构遭到破坏,此时是凝胶减弱阶段;之后 $G'$ 随着温度的升高迅速升高,此时是凝胶加强阶段,说明凝胶三维网状结构的形成。

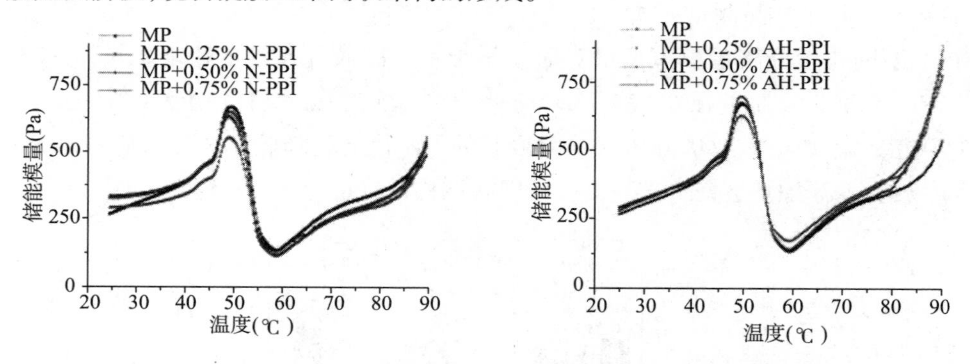


图 3 - 29 添加花生分离蛋白对肌原纤维蛋白流变特性的影响

在加热过程中,添加 N - PPI 的 $G'$ 值均低于 MP 对照组,MP 凝胶体系的 $G'$ 值并随着 N - PPI 添加量的增加下降,除添加 0.75% N - PPI,其余组均无显著性变化。说明 N - PPI 与 MP 不发生交联反应,因此对 MP 的胶凝作用不明显。

添加 AH - PPI 的 $G'$ 值均高于 MP 对照组,并随着 AH - PPI 添加量的增加,MP 凝胶体系的 $G'$ 显著上升,说明添加 AH - PPI 的 MP 凝胶的强度更好,更有利于 MP 凝胶网络结构的形成,更有利于提高猪肉制品的加工品质。这一现象可能是由于 AH – PPI 中活性基团促进了 PPI 与 MP 之间的相互作用，因此凝胶网状结构更加致密坚固。

#### 3.2.6.4　对猪肉肌原纤维蛋白凝胶水分分布的影响

使用 NM120 低场核磁共振成像分析仪测量混合凝胶的弛豫时间（$T_2$），称取大约 2 g 的凝胶样品放入直径为 15 mm 的圆形玻璃管内进行测量。$T_2$使用 Call – Purcell – Meiboom – Gill 序列进行测量，弛豫测量是在 32.00 ±0.01℃下进行的，质子共振频率是 18 MHz，通过 16 次扫描获得 12000 个回波数据，两次连续扫描之间的重复时间间隔为 100 ms，半回波时间 τ – 值(90 °脉冲和 180 °脉冲之间的时间)200 μs，最后通过仪器自带软件反演得到指数衰减图形。

利用 LF – NMR 测定肌原纤维蛋白凝胶的水分分布，MP 凝胶的 $T_2$弛豫时间一般会出现 3 ~4 个峰，每个峰代表不同的水分状态。如图 3 – 30 所示，MP 及混合凝胶的 $T_2$弛豫时间分布出现四个峰，当 $T_2$弛豫时间峰在 0.1 ~1 ms 时，代表与蛋白质大分子结合最为紧密的结合水，用 $T_{2b}$表示；当 $T_2$弛豫时间峰在 1 ~100 ms时，代表与大分子结合程度较弱的不易流动水，用 $T_{21}$表示；当 $T_2$弛豫时间峰在 100 ~1000 ms 时，代表是因为毛细管等原因留存在凝胶结构中的中度可移动水，用 $T_{22}$表示；$T_{21}$和 $T_{22}$都可称为不易流动水；1000 ms 后，代表可自由移动的自由水，用 $T_{23}$表示。由表 3 –8 可知，在 MP 凝胶体系中的四个 $T_2$弛豫时间的峰面积中，$PT_{22}$所占的比例最大，说明在 MP 凝胶体系中中度可移动水占绝大部分。

随着 AH – PPI 添加量的增加，$PT_{23}$自由水的峰面积百分数显著下降，而不易流动水 $PT_{21}$ + $PT_{22}$峰面积的百分比显著提高。说明蛋白凝胶的热诱导形成过程中，自由水向不易流动水移动。这与上述 WHC 的结果基本一致。因此，相对于 N – PPI 的添加，AH – PPI 可更好地维持猪肉肌原纤维蛋白凝胶的保水能力。

从表 3 –8 中看出，随着 AH – PPI 添加量的增加，$PT_{23}$自由水的峰面积百分数显著下降，而不易流动水 $PT_{21}$ + $PT_{22}$峰面积的百分比显著提高，说明蛋白凝胶的热诱导形成过程中，自由水向不易流动水移动。据报道，$T_{2b}$对物理特性和 WHC 的影响可忽略不计，而 $T_{21}$和 $T_{22}$的峰比例之和与 WHC 有显著正相关。这与上述 WHC 的结果基本一致。因此，相对于 N – PPI 的添加，AH – PPI 可更好的维持猪肉肌原纤维蛋白凝胶的保水能力。

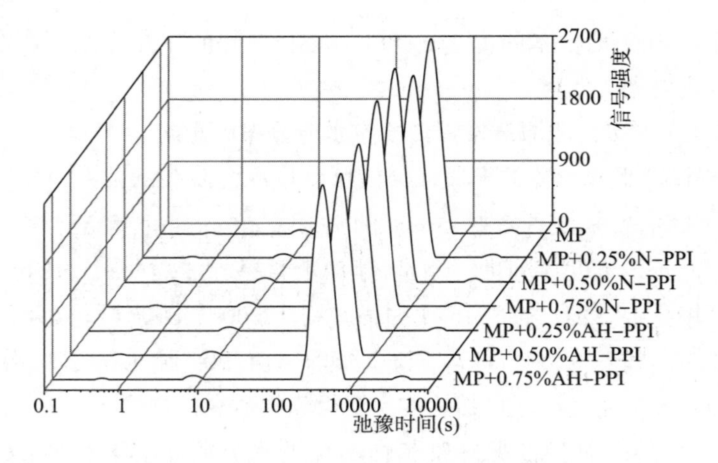


图 3 - 30 添加花生分离蛋白对肌原纤维蛋白凝胶水分分布的影响

**表 3 - 8 添加花生分离蛋白对肌原纤维蛋白凝胶各弛豫峰峰面积百分数的影响**

| 样品 | $PT_{2b}$(%) | $PT_{21}$(%) | $PT_{22}$(%) | $PT_{23}$(%) | $PT_{21}$ + $PT_{22}$ |
|---|---|---|---|---|---|
| MP | 0.55 ±0.03 | 1.10 ±0.05 | 96.70 ±0.43 | 1.65 ±0.05 | 97.80 |
| N - PPI - 0.25% | 0.56 ±0.02 | 1.14 ±0.03 | 96.67 ±0.35 | 1.63 ±0.02 | 97.81 |
| N - PPI - 0.50% | 0.58 ±0.06 | 1.19 ±0.03 | 96.57 ±0.13 | 1.66 ±0.01 | 97.76 |
| N - PPI - 0.75% | 0.61 ±0.03 | 1.21 ±0.02 | 96.68 ±0.25 | 1.51 ±0.01 | 97.89 |
| AH - PPI - 0.25% | 0.65 ±0.04 | 1.24 ±0.08 | 96.86 ±0.32 | 1.25 ±0.04 | 98.10 |
| AH - PPI - 0.50% | 0.68 ±0.04 | 1.40 ±0.03 | 96.86 ±0.37 | 1.06 ±0.38 | 98.26 |
| AH - PPI - 0.75% | 0.53 ±0.02 | 1.48 ±0.09 | 97.29 ±0.42 | 0.70 ±0.25 | 98.77 |

### 3.2.7 结论与展望

pH 偏移处理，特别是经 pH 10 偏移处理，显著降低花生分离蛋白的 α - 螺旋含量、升高 β - 折叠含量，但二级结构大部分保留，说明处理后的蛋白处于熔球态；色氨酸内源荧光表明，pH 10 偏移处理使花生分离蛋白最大吸收波长红移，荧光强度下降和表明疏水性显著升高，说明 pH 偏移处理，特别是 pH 10 处理使埋藏在花生分离蛋白内部的疏水残基暴露，发生三级结构的展开；花生分离蛋白的自由巯基含量在 pH 10 偏移处理后显著增加，可能是由于 pH 偏移处理时，蛋白分子展开，内部巯基暴露；原子力显微镜（AFM）分析进一步表明，pH 偏移处理使花生分离蛋白表面粗糙，进一步证实熔球态结构的存在；功能特性分析表明，pH 偏移处理可显著改善 PPI 的凝胶乳化特性（$p < 0.05$）。

添加改性 PPI 可有效改善猪肉 MP 凝胶体系的凝胶强度、保水性能和流变特性。低场核磁分析显示凝胶体系主要包含四种状态的水，且添加改性 PPI 的凝胶体系中不易流动水的峰比例升高，$T_{23}$ 自由水比例下降。改性 PPI 与猪肉 MP 形成的乳状液贮藏稳定性显著上升。表明 PPI 经 pH 偏移改性后，能显著改善猪肉 MP 的凝胶和乳化性能，为拓展其在肉制品加工中的应用提供理论依据。

已发现改性花生蛋白可以显著改善猪肉肌原纤维蛋白的凝胶特性，因此，在后续工作中可以进一步研究改性花生蛋白在猪肉糜及香肠等产品中的应用。

## 3.3 蒜粉

### 3.3.1 蒜的简介

#### 3.3.1.1 蒜的有效成分

大蒜为百合科葱属多年生草本缩根植物，俗称葫、葫蒜、独蒜等，其植物学名为 *Allium Sativum L.*，大蒜的鳞茎被人们俗称“大蒜”。大蒜因独特的辛辣味而成为人们餐桌上不可缺少的调味剂，同时从古时开始，人们也渐渐地发现大蒜的药用价值。

由于亚洲大部分地区属于温带气候，适宜种植大蒜。目前我国是世界上种植大蒜最多的国家，每年的种植面积占世界种植面积的 1/3，年产量是世界年产量的 1/4，位居首位；印度、韩国、美国、泰国、阿根廷、埃及及乌克兰等国家和地区的大蒜年产量也位居世界的前列，同时我国大蒜出口量位居世界第四，据调查，日本和东南亚市场上 80% 的大蒜由我国出口。大蒜不仅具有产量高、价格低廉等特点，而且营养价值和药用价值非常高，在世界的国际食品领域掀起了一场“大蒜热”。

无论是白皮蒜还是紫皮蒜，都具有性温、味辛的特点。大蒜的很多药理作用都源于它丰富的化学成分。大蒜的化学成分较复杂但齐全，主要有维生素、无机盐、氨基酸、脂质类、糖类、微量元素及含硫化合物等，其中含硫化合物是大蒜的主要活性物质。

(1)碳水化合物。

在大蒜的碳水化合物中含还原糖 0.14%、蔗糖 3.79%、淀粉 8.22% 和糊精 7.69%。从大蒜中分离出的可溶性多糖，能够用硫酸水解成甘露糖和果糖。大蒜中的碳水化合物用纸色谱法分离，可鉴定出果糖、葡萄糖、蔗糖、果聚糖等；此外，测出了乳糖和绵子糖。

(2)蛋白质。

用水浸提大蒜,可以除去全部氮含量的80%,其中67%是非蛋白态氮。这些非蛋白态氮的大部分是多肽和碱性氨基酸;大蒜中含有全部重要的氨基酸;大蒜蛋白中含有高组分的半胱氨酸、组氨酸和赖氨酸。非蛋白态氮中酰胺值高(54.5%),精氨酸、组胺酸和赖氨酸的含量分别是23.65%、5.15%、5.90%。另外,在大蒜中还分离出了大蒜凝集素(含糖量约8.2%的糖蛋白,分子量为47500和26500)。

蒜氨酸属于硫代氨基酸,是大蒜中的特殊氨基酸(又称蒜碱)。当蒜体受损(切或挤)时,蒜氨酸与蒜酶接触,分解为2-丙烯基亚磺酸,再发生二聚生成蒜素,也就是我们所说的大蒜油。

(3)含硫化合物。

现已测出大蒜中30多种含硫化合物,其主要作用体现在大蒜的药用价值和保健功能。在含有高有机硫化合物的蔬菜中,大蒜中含硫化物的含量是洋葱、椰菜的4倍多。含硫化合物大部分不存在大蒜中,而是大蒜被切碎后液泡中的蒜氨酸酶与胞质中的蒜氨酸相遇发生反应生成蒜素,蒜素再进一步被转化为二烯丙基二硫化物和二烯丙基三硫化物。按照极性将大蒜的含硫化合物分为两大类,即脂溶性与水溶性。

(4)酶类。

蒜氨酸酶是大蒜中最重要的酶,因为大蒜活性物质大蒜素是在它的存在下,将蒜氨酸转化而成的。在大蒜中还有含量较高的SOD(超氧化物歧化酶),其他的酶有:果胶酯酶、转化酶、多元酚氧化酶、聚果糖苷酶及胰蛋白酶等。

(5)维生素与微量元素。

大蒜中的维生素和微量元素种类比较齐全。维生素有VA、VC、VB6、VB1和VB2;微量元素有钙、铁、镁、铜、钡、镉、磷等,还有高含量的锗和硒,大蒜中的锗和硒具有明显的生理活性,每百克的大蒜中锗的含量比同等量人参高,而硒的含量是蔬菜中最高的。

#### 3.3.1.2 大蒜中的代谢反应

大蒜中的主要代谢反应是大蒜素的生成,大蒜素在碱性和高温的条件下较不稳定,易发生水解反应,再次转化为多种有机硫化物,如硫醚类、阿霍烯类、乙烯基二硫杂苯类。大蒜本身没有气味,被切开时,液泡中的蒜氨酸酶与细胞质中的蒜氨酸相遇发生反应,生成大蒜素。

## 3.3.2 蒜在肉制品中的作用

### 3.3.2.1 香辛料的作用

香辛料是利用植物的种子、花蕾、叶茎、根块等,或其提取物制得,具有刺激性香味,赋予食物以风味,增进食欲,帮助消化和吸收。现代研究表明,香辛料还有抗氧化、保鲜、防腐等作用。在油脂和富含脂肪的肉类食品中,可以延长肉类食品的保质期,目前已成为重要的天然抗氧化剂之一。肉制品的香辛料有蒜、姜、辣椒和胡椒等。蒜可去除肉腥味,解油腻和增加制品蒜香味,它主要用于各类烟熏香肠;姜有独特的辛辣气味和爽快风味,用于除腥调味;胡椒有调味、增香和增辣的作用;辣椒则有增红、点缀的作用。

(1)调味作用。

香辛料的调味作用主要体现在两个方面:一方面赋予肉制品香味、辛辣味,增加食欲、促进消化;另一方面遮蔽异味。根据不同香辛料具有的不同赋香作用和功能,可配制组合各种香辛调味料,使添加的香辛料能对加工的产品起到助香、助色、助味的作用。如加工牛、羊肉时要使用具有去腥除膻效果的香辛料(草果、多香果、胡椒、丁香等);加工鸡肉时要使用具有脱臭、脱异味效果的香辛料(月桂、肉豆蔻、胡椒、芥末等);加工鱼肉时要选用对鱼腥味有抑制效果的香辛料(香菜、丁香、洋苏叶、肉豆蔻、多香果、百里香等);加工豆制品要选用去处豆腥味的香辛料(月桂、芫荽、丁香、豆蔻等)。

(2)抑菌防腐作用。

香辛料植物为保护自己不受细菌、真菌、昆虫的侵害,在漫长的进化中才形成今天的气味和味道。因此,天然香辛料中含有抗菌抑菌的成分,这些成分可以延长食品的货架期。如用天然香辛料调制的牛肉可以储存 18 d 以上,比普通储存延长了 3 ~6 d;丁香、桂皮、陈皮、八角、大蒜、芥末 6 种精油对生鲜调理鸡肉均有一定的保鲜效果,其中丁香、桂皮、大蒜、芥末精油的保鲜效果较好,但大蒜精油容易使生鲜调理鸡肉发生绿变,并且其气味强烈,不适宜作为生鲜调理鸡肉的精油型保鲜剂。实验以丁香、桂皮、芥末精油为原料进行复配后,发现其对生鲜调理鸡肉的保鲜效果具有协同增效作用,相对于单一精油,复合精油的保鲜效果大大增加,0.03% 丁香精油、0.09% 桂皮精油和 0.06% 芥末精油复合后可使生鲜调理鸡肉的保质期延长到 21 d;研究姜、大蒜、八角茴香、胡椒、辣椒、肉桂、花椒、薄荷、丁香、砂仁、小茴香、陈皮和孜然等十三种天然香料的提取液对大肠杆菌、变形杆菌、巴氏醋酸杆菌、枯草杆菌、金黄色葡萄球菌、肺炎球菌、痢疾志贺杆菌、鼠伤寒沙门菌、黑曲霉、米曲霉、黄曲霉等几种常见的微生物进行体外抑菌实验,发现它们的提取液对细菌均表现出一定的抑菌作用,对霉菌抑菌效力一般。其中以辣椒、姜、胡椒、八角茴香的抑菌作用最为明显,并且不同种类香辛料的提取液,对菌种具有选择性的抑菌作用,其抑菌效力随浓度和作用时间的增加逐渐增大;研究还发现天然香辛料的抑菌活性成分大多具有一定的热稳定性。

(3)抗氧化作用。

肉制品哈变是影响其货架期的主要因素之一,它不仅使产品的风味变差,营养价值降低,还影响食品安全、损害人体健康。食用过氧化值过高的食品会引起细胞功能衰退,导致疾病的发生和机体的衰老。目前使用的抗氧化剂(如 BHA,BHT,PG 等) 大多为人工合成,天然抗氧化剂很少。人工合成抗氧化剂通常具有一定的毒副作用,而天然抗氧化剂更加安全、营养、无毒、效果良好。辛香料作为天然食品抗氧化剂应用于肉品中,以减少肉中的过氧化值(POV),降低菌落总数,从而减少冷却肉及其制品的腐败变质,延长其货架期。

(4)药理作用。

大多香辛料是中药药方中的组成成分,在祖国传统医药配方中起着重要的作用。具体有:增进食欲、健脾开胃、帮助食物消化的作用;祛寒、行气、滋补的作用;解痉挛、治疗风湿的作用;祛风、止痛及解毒的作用;醒脑、镇静安神的作用;强心、补脑,刺激神经系统产生兴奋的作用;对血液和循环系统的作用等。美国国立癌症研究院(NCI)提出了“Designer food”这一概念,所谓“Designer food”是指以预防癌症为目的所设计的、以植物性成分为基础的食品。NCI 发表了三十多种具有防癌作用的食用植物。其中就有大蒜、生姜、芹菜、洋葱、姜黄、甜椒、罗勒、薄荷、牛至、麝香草、胡葱、迷迭香、鼠尾草等十多种香辛料。今后期待着各领域对香辛料的生理机能进行深入研究,香辛料的防癌、抗衰老作用还有待进一步开发和利用。

#### 3.3.2.2 蒜在肉制品中的应用

大蒜在肉制品加工中作配料和调味,具有突出的去腥解腻、提味增香的作用。大蒜所含的蒜素、丙酮酸和氨等,可把产生腥膻异味的三甲胺加以溶解,并随加热而挥发掉。大蒜所含硫醚类化合物,经过加热,虽其辛辣味消逝,但在 150 ~ 160℃的加热中,经过一系列反应,能够形成特殊的滋味和香气。肉制品中常将大蒜捣成蒜泥后加入,以提高制品风味。

大蒜汁中存在的硫基化合物不仅能抑制硝酸盐还原菌的生长,而且能与亚硝酸盐生成对人体无毒无害的硫代亚硝酸酯类化合物，从而抑制了亚硝盐酸、硝酸盐的存在，进而减少了高度致癌的亚硝基胺类蛋白质在肉制品中形成的可能。

经蒜汁处理肉制品，部分替代硝酸盐及亚硝酸盐，色泽红润、风味更佳、刺激食欲，同时保藏期也长，用这种处理方法制得的肉制品中亚硝酸盐含量要比用传统工艺制得的肉制品低得多。

大蒜属于含抗菌物质（植物杀菌素）而且效力最大的高等植物，医生们称大蒜为“天然的广谱抗生素”，具有广谱抗菌作用。大蒜提取物中主要活性物质是含硫化合物，如大蒜素、甲基丙基硫化物、阿霍烯、大蒜辣素、二噻烯及二烯丙基硫化物等，具有较强的抗细菌、抗真菌、抗病毒及消炎等作用，对葡萄球菌、链球菌、肺炎球菌、伤寒杆菌、大肠杆菌、痢疾杆菌等病菌及人体内的寄生虫，如钩虫、滴虫等都有杀灭作用，能抑制甲型流感病毒，杀灭痢疾阿米巴原虫。其作用原理是化合物的含硫化成分与重要的巯基包含酶相互作用，使酶失去作用。

### 3.3.3 蒜粉对猪肉盐溶性蛋白凝胶特性的影响

加入提取液提取猪肉肌原纤维蛋白（调节蛋白质量浓度为 30 mg/mL）；加入蒜粉，匀浆 pH 值至 6.5；4℃静置 12 h；离心，取上清液；水浴加热，升温速度1℃/min，终温为 72℃；4℃下冷却得到含蒜粉的肌原纤维蛋白凝胶。

#### 3.3.3.1 蒜粉对猪肉盐溶性蛋白凝胶质构特性的影响

将直径 25 mm、高 15 mm 猪肉盐溶蛋白热诱导凝胶放在 TA. XT 型活扬仪载样台的中央进行质构剖面分析（texture profile analysis，TPA）。基本参数是：圆柱形探头 36 R、直径 36 mm、测试前速率 1.0 mm/s、测试速率 1.0 mm/s、测试后速率 1.0 mm/s、试样变形 50%、2 次压缩中停顿 5 s。

由表 3 -9 可知，蒜粉对猪背最长肌盐溶蛋白热诱导凝胶的硬度和咀嚼性均有极显著影响（$p<0.01$），且趋势相同，都随着蒜粉的添加量先增后减，当添加蒜粉量为 3% 时达到最大，其中凝胶硬度最高为 348.94 g，是不添加时的 1.9 倍，咀嚼性最高为 214.60 g，是不添加时的 2.0 倍。大蒜的成分复杂，主要成分包括多糖类、挥发油类、含硫化物等。加入大蒜粉后，凝胶质构的变化可能是因为大蒜中的多糖与猪肉肌原纤维蛋白发生了相互作用，增强了凝胶化学作用力，此外，大蒜中的含硫化物可能有利于凝胶形成过程中二硫键的生成，从而增强了凝胶的网络结构。

表 3-9 蒜粉对猪肉盐溶蛋白热诱导凝胶质构特性的影响

| | 蒜粉添加量/% | 硬度/g | 咀嚼性/g | 黏附性 | 弹性 |
|---|---|---|---|---|---|
| PLD 盐溶蛋白凝胶 | 0 | 183.54 ±3.63[a] | 105.26 ±1.11[a] | 0.69 ±0.00[d] | 0.85 ±0.00[a] |
| | 1 | 228.68 ±8.06[b] | 152.38 ±5.44[b] | 0.70 ±0.01[e] | 0.86 ±0.00[b] |
| | 2 | 285.22 ±9.83[c] | 163.32 ±2.11[c] | 0.67 ±0.01[c] | 0.85 ±0.00[a] |
| | 3 | 348.94 ±2.36[e] | 214.60 ±3.81[e] | 0.66 ±0.01[c] | 0.87 ±0.01[b] |
| | 4 | 326.93 ±4.01[d] | 179.23 ±6.78[d] | 0.62 ±0.00[a] | 0.84 ±0.00[a] |
| | 5 | 327.28 ±5.95[d] | 183.76 ±2.27[d] | 0.64 ±0.01[b] | 0.86 ±0.00[b] |

注：表中同一列数据不同上标字母代表显著性差异（$p<0.05$）。

#### 3.3.3.2 蒜粉对猪肉盐溶性蛋白凝胶保水性的影响

将制备好的 6 g 盐溶蛋白热凝胶以 3000 ×g 离心 3 min 后，按照式（3-3-1）计算凝胶的保水性（WHC）。

$$保水性 = \frac{m_1 - m}{m_2 - m} \times 100\% \quad (3-3-1)$$

式中：$m_1$ 为离心管和离心后的凝胶质量/g；$m_2$ 为离心管和未离心的凝胶质量/g；$m$ 为离心管质量/g。

由图 3-31 可知，随着添加蒜粉含量的增加，保水性略有下降，但没有明显脱水现象，表明凝胶硬度和咀嚼性的显著提高，并非凝胶脱水导致，可能是蒜粉与蛋白相互作用，增强了网络结构。

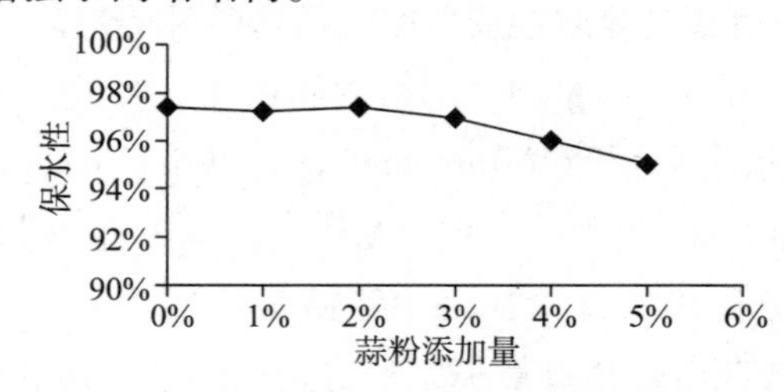


图 3-31 蒜粉对猪肉盐溶蛋白热诱导凝胶保水性的影响

#### 3.3.3.3 蒜粉对猪肉盐溶性蛋白凝胶色泽的影响

X-Rite SP60 型色差分析仪测定凝胶的色泽，记录 $L^*$、$a^*$ 和 $b^*$ 值，分别为亮度指数、色调和彩度指数，$L^*=0$ 为黑色，$L^*=100$ 为白色；$+a^*$ 值越大，颜色越接近红色，$-a^*$ 值越小越接近绿色；$+b^*$ 值越大，颜色越接近黄色，$-b^*$ 值越小越接近蓝色。

颜色是评价肉的感官品质的重要指标，也是影响消费者购买力的重要因素。

如表 3 – 10 所示，凝胶 $L^*$ 值随着蒜粉添加量起伏变化，在 0 ~ 3% 范围内逐渐增加，3% ~ 5% 范围内逐渐降低，凝胶 $a^*$ 值和 $b^*$ 值均随蒜粉添加量增加而升高。凝胶色泽的变化可能与蒜粉的颜色和溶解度有关，蒜粉呈淡黄色，当添加适量时，盐溶蛋白与大蒜多糖、蒜油分子之间发生共价交联，导致了凝胶光泽和透明度的提高；当蒜粉添加量较大时，较多蒜粉呈细小颗粒状分散于凝胶体系中，导致凝胶 $L^*$ 值的下降。

**表 3 – 10 蒜粉对猪肉盐溶蛋白凝胶色泽的影响**

| 样品 | 蒜粉添加量(%) | $L^*$ | $a^*$ | $b^*$ |
|---|---|---|---|---|
| PLD 盐溶蛋白凝胶 | 0 | $46.74 \pm 0.93^{bc}$ | $-2.02 \pm 0.04^{b}$ | $-4.10 \pm 0.10^{a}$ |
| | 1 | $46.00 \pm 0.08^{ab}$ | $-2.44 \pm 0.04^{a}$ | $-0.44 \pm 0.18^{b}$ |
| | 2 | $47.20 \pm 0.34^{cd}$ | $-1.95 \pm 0.05^{c}$ | $4.85 \pm 0.05^{c}$ |
| | 3 | $50.29 \pm 0.30^{e}$ | $-1.66 \pm 0.01^{d}$ | $7.77 \pm 0.11^{d}$ |
| | 4 | $47.95 \pm 0.49^{dc}$ | $-0.97 \pm 0.02^{e}$ | $9.52 \pm 0.21^{e}$ |
| | 5 | $45.41 \pm 0.35^{a}$ | $-0.65 \pm 0.03^{f}$ | $10.64 \pm 0.10^{f}$ |

注：表中同一列数据不同上标字母代表显著性差异($p < 0.05$)。

#### 3.3.3.4 静电相互作用、氢键、疏水相互作用

用 0.05 mol/L 的 NaCl 配置成 SA 溶液，0.6 mol/L 的 NaCl 配置成 SB 溶液，0.6 mol/L 的 NaCl 和 1.5 mol/L 的尿素配置成 SC 溶液，0.6 mol/L 的 NaCl 和 8 mol/L的尿素配置成 SD 溶液。取蛋白试样 2.0 g，分别与 10 mL 的上述各种溶液混合并均质，4℃静置 1 h，10000 × g 离心 15 min。双缩脲法测定其上清液中的蛋白质含量。静电相互作用的贡献以溶解于 SB 与 SA 溶液中蛋白质含量之差来表示；氢键的贡献以溶解于 SC 和 SB 溶液中蛋白质含量之差来表示；疏水性相互作用的贡献以溶解于 SD 与 SC 溶液中的蛋白质含量之差来表示。

静电相互作用、氢键和疏水相互作用是维持蛋白质凝胶三维网络结构的重要作用力。由图 3 – 32 可知，在热诱导凝胶过程中，添加 3% 蒜粉凝胶的静电相互作用力变化趋势与空白相同，都随温度升高而降低。在室温至 50℃温度范围内，静电相互作用力较强，这表明静电作用很大程度上参与了凝胶的形成；50℃之后，静电相互作用力明显减弱，70℃时最弱，此时凝胶结构已完全形成。这可能是因为随温度升高凝胶逐渐形成，自由水逐渐减少，体系中静电荷也随之减少，从而静电相互作用随温度升高而减弱。由此表明，静电相互作用对蛋白网络形成有贡献，但不是维持肌肉盐溶蛋白热诱导凝胶网络结构稳定的主要化学作用力。

由图 3－33 可知，在添加 3% 蒜粉的凝胶形成过程中，氢键对应的蛋白溶解量差均小于 1 mg/mL，这表明氢键不是维持蒜粉盐溶蛋白热诱导凝胶网络结构的主要化学作用力。未添加蒜粉的蛋白凝胶在 60℃和 70℃时氢键作用较强，温度继续上升，其作用力明显减弱。

由图 3－34 可知，随着凝胶化温度的升高，空白组和添加 3% 蒜粉凝胶的疏水相互作用力均呈现增强的趋势；50℃以后作用力明显增强，70℃时 3% 蒜粉凝胶疏水作用最强，对应的蛋白溶解量差为 5.56 mg/mL，是空白的 1.79 倍，表明添加蒜粉增加了凝胶的疏水相互作用力。

已有研究表明，疏水相互作用是维持猪肉盐溶蛋白热诱导凝胶网络结构的主要化学作用力。疏水相互作用只参与蛋白凝胶过程的聚集过程，所以在室温至 50℃时，疏水相互作用力很弱，70℃凝胶完全形成时的凝胶疏水相互作用力最强。添加 3% 蒜粉疏水相互作用力增大，可能是由于蒜粉多糖与盐溶蛋白发生相互作用，促进了蛋白质分子的解聚和伸展，使包埋的非极性多肽基团充分地暴露出来，从而使凝胶网络结构加强。静电排斥力和疏水相互作用很好地平衡，从而形成凝胶网络，添加蒜粉可能促进了这种平衡从而改善了凝胶品质。

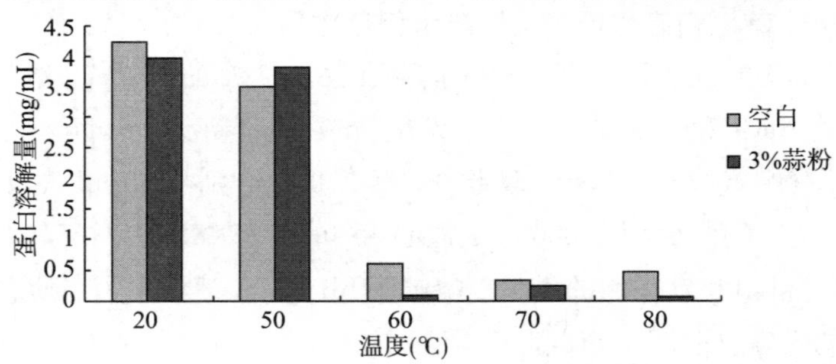


图 3－32　热诱导凝胶过程中静电相互作用的变化

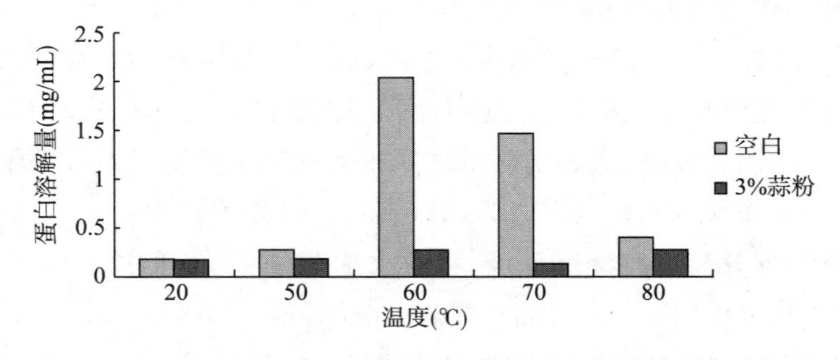


图 3－33　热诱导凝胶过程中氢键的变化

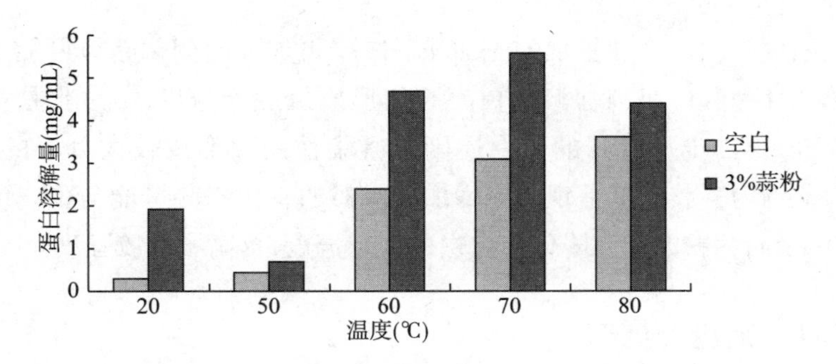


图 3－34　热诱导凝胶过程中疏水相互作用的变化

采用 MCR101 流变仪测定凝胶流变特性。先将样品均匀地滴在测试平台上，测试过程中，用液体石蜡封住平行板周围缝隙，以防止水分蒸发影响结果。测试条件：采用平行板，上板直径 40 mm、频率 1 Hz、应变 0.01、狭缝 1.5 mm、升温速率 1℃/min、线性升温范围 20～80℃。

动态流变仪测定中，储能模量 $G'$的变化可以反映出凝胶硬度和强度的变化，$G'$值越大，说明形成的凝胶硬度和强度越高。由图 3－35 可知，添加不同含量蒜粉的蛋白凝胶在加热过程中存储模量 $G'$的变化趋势大致相同，在 20～35℃范围内基本保持平稳，后随着温度上升凝胶 $G'$逐渐增大，至 70～75℃时达到最大值。在升温过程中，$G'$的变化主要与盐溶蛋白的不同组分具有不同的变性温度有关，添加不同含量蒜粉均引起了凝胶的变性温度和 $G'$的改变，其中添加 3% 蒜粉的凝胶 $G'$最大为 461 Pa。未添加蛋白组的凝胶强度从 42℃起逐渐增大，在 48～57℃范围内变化不大，后继续上升至 70℃凝胶 $G'$达到最大。添加 3% 蒜粉的蛋白凝胶强度在 36～45℃范围内显著升高，在 45～50℃逐渐下降，50℃后继续上升，至 72℃时达到最大值。

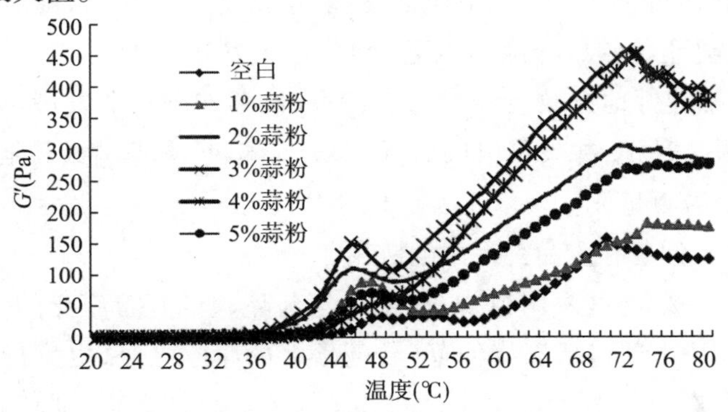


图 3－35　蒜粉添加量对凝胶形成过程储能模量 $G'$的影响

凝胶强度随温度增加呈现的先加强后减弱再加强的变化趋势可能是由盐溶性蛋白热变性引起。肌肉盐溶蛋白凝胶的形成机理分两步，第一步是蛋白质受热变性展开，第二步是展开的蛋白质因为凝集作用而形成较大分子的凝胶体。36～50℃范围内凝胶强度呈现的先增加后减弱的变化趋势可能与蛋白的受热变性展开有关，而蒜粉的加入降低了蛋白的变性温度，提高了凝胶强度。

### 3.3.4 结论与展望

蒜粉对猪肉盐溶蛋白的热诱导凝胶特性有较大影响。添加3%的蒜粉，凝胶的硬度和咀嚼性达到最大，色泽状况也较为理想，保水性变化不大；动态流变测试结果表明，凝胶的存储模量（$G'$）随着温度升高逐渐增大，添加3%蒜粉降低了凝胶的变性温度且提高了$G'$；化学作用力测试表明，疏水相互作用是猪肉盐溶蛋白热诱导凝胶的主要作用力，添加3%蒜粉增强了凝胶的疏水相互作用。

因此，将蒜粉应用在肉制品中，除了一般的防腐、去味等作用外，还能够实现改善产品品质的目的。

## 3.4 仙草多糖

### 3.4.1 仙草胶简介

仙草（Mesona Blume）又名仙人草、凉粉草、薪草，为唇形科仙草属一年生草本植物，广泛分布于我国的广东、福建、广西、江西、台湾和云南等地，是一种重要的药食两用的植物资源。据《中药大辞典》（2006）记载，仙草可治中暑、热毒、消渴、高血压、肾脏病、糖尿病、关节肌肉疼痛、淋病等。近年来，随着加多宝、王老吉、泰王仙草蜜等知名品牌凉茶崛起，仙草作为其重要原材料也受到广泛的关注。在广东、福建等地方政府的大力支持下，仙草的种植业发展迅猛，已逐步由野生调化为人工种植，并大量出口至新加坡、韩国、日本等国家和地区，仙草类食品经济年产值数百亿元。

#### 3.4.1.1 仙草在食品药品中的应用

仙草作为一种药食两用植物，在食品与药品领域有着广泛的应用。仙草在食品领域的应用主要包括以烧仙草（台湾著名的小吃之一，也流行于粤港澳）为代表的固形食物和以王老吉为代表的液态饮料。具体而言，仙草采用保健茶的制造工艺可制成仙草茶叶，按照可乐型饮料的工艺流程可加工成饮料，市面上许多凉茶包括王老吉、玉叶凉茶、和其正凉茶都是以仙草为原料，采用浸提工艺生产的。目前亦有研究用仙草多糖替代海藻酸钠用作新型凝冻剂，其制作的果冻弹性和韧性都不错，还具有特有的嫩滑和特殊的口感。除此之外，仙草富含咖啡色色素，有研究表明仙草色素具有对光、热、碱稳定，耐盐等良好的食品加工性能，可用于酱油、人造奶油等的增色剂。且仙草色素是安全、天然的植物来源并具备一定的保健功能，适用于老年人、糖尿病、高血压等特殊人群。

#### 3.4.1.2　仙草的有效成分

仙草中所含的功能性成分众多，据报道，仙草中含有多糖、色素（主要为花青素等）、熊果酸、齐墩果酸、香树精、黄酮、果胶和酚类等，矿物质中铁、钙、锰、锌微量元素和钾的含量较高。仙草中还含有多种维生素，以 B 族维生素含量较高。据报道，仙草所含有的成分中，黄酮类物质具有抑制癌症细胞生长、降低血压的作用；多糖具有增强和提高机体免疫机能作用；香精素有镇静、清凉解毒利水的功效；微量元素具有抑制自由基形成、抗衰老、抗癌的作用；维生素能调节和增强生理机能等。研究认为仙草主要含有多糖及黄酮类、酚类、萜类、鞣质、氨基酸等有效成分，并从中分离出齐墩果酸与槲皮素两个具有很强抗氧化活性的单体晶体。利用反相高效液相层析法（RP－HPLC）测定仙草不同部位的熊果酸和齐墩果酸含量，发现仙草叶的熊果酸和齐墩果酸含量均高于仙草茎和全仙草的含量，同一部位仙草的熊果酸含量明显高于齐墩果酸含量，熊果酸含量约为齐墩果酸含量的 2.5～2.8 倍。经大孔树脂 S－8、硅胶固相萃取柱及 HPLC 分离，并经显色反应、UV、IR 等的分析，发现仙草水提取物中的保肝活性组分为槲皮素－*n*－O－葡萄糖甙和槲皮素－*n*－O－鼠李糖甙，该物质对 $CCl_4$ 造成的化学性肝损伤具有保护作用，对预防化学性肝损伤具有较好的辅助食疗效果。图 3－36 为仙草实物图。

（A）

（B）

图 3－36　仙草实物图

（A）：新鲜仙草；（B）：烘干后的仙草

#### 3.4.1.3 仙草胶的提取

仙草胶(Hsian－tsao Gum,HG)主要成分是仙草中含有的一种具有凝胶性的多糖。多糖提取最常用的方法为热水提取或水煎煮,也可用乙醇、稀碱、稀盐提取。不同提取液所得的多糖成分是不相同的,酸性条件下可能引起多糖中糖苷键的断裂,因此应尽量避免酸性条件。用乙醇提取时,提取液含杂质少,也易过滤,而用热水和碱提取时,提取液中含果胶等杂质,提取液黏度大,应趁热过滤。仙草胶是仙草中含量最多、应用最为广泛的有效成分。

仙草粗多糖溶液呈黑色或褐色,这对多糖进一步的分离纯化、结构分析鉴定与多糖产品的开发具有一定影响。因此,多糖的脱色是多糖纯化过程中重要的一个环节。脱色处理可显著降低粗胶质中的蛋白质含量,达到纯化的目的。关于仙草色素与粗多糖脱色的方法主要有大孔树脂对仙草多糖的静态吸附脱色、活性炭与大孔树脂对仙草多糖脱色等。

### 3.4.2 仙草胶特性

#### 3.4.2.1 功能活性

以大鼠肝匀浆为体外实验体系,以过氧化氢为氧化损伤因素,应用TBA微量测定法检测仙草多糖的干预对大鼠肝匀浆脂质过氧化产物丙二醛的影响,研究结果表明仙草多糖对$H_2O_2$所致大鼠肝匀浆MDA的生成具有明显的抑制作用($p<0.01$),并呈现出一定的剂量—效应关系;体外实验表明仙草具有较好抗氧化与抑菌效能,体内实验也表明仙草能有效地提高机体的抗氧化与抗病能力;研究还发现仙草多糖具有提高小白鼠机体免疫机能的功效,对小鼠肉瘤SI80呈抑制作用,抑制率可达60%;以仙草为原料制作凉粉草降糖合剂,经动物实验,发现其毒性相当小,通过观察32例Ⅱ型糖尿病患者9个月的治疗,未发现任何毒性,且近期疗效满意;从仙草中分离的8个单体化合物,通过大鼠肾上腺嗜铬细胞瘤克隆化细胞株($PCl_2$)抗缺氧模型实验,对各单体化合物进行活性测试,发现仙草有很好的抗缺氧活性;以自发性高血压大鼠为实验材料,研究发现仙草提取物可有效抑制老鼠血压上升。总之,仙草资源丰富,价格低廉,其生理活性极为广泛,而且使用安全无毒。因此,仙草的开发利用前景广阔。

#### 3.4.2.2 仙草胶的胶凝特性

蛋白质与多糖相互作用对蛋白质的功能特性有很大的影响。在理化条件如温度、pH、离子强度等适宜时,带负电荷的多糖通常与呈两性的蛋白质以静电作用、疏水和氢键发生交互作用,大分子上的部分基团相互连接,从而赋予聚合物一些独特的性质,增强其乳化性、凝胶性等。多糖分子量大小、糖链长短、羟基取代情况等是影响多糖—蛋白体系的重要因素。蛋白质与多糖的作用机理比较复杂,两者之间的相互作用是由共价键、静电相互作用、氢键、疏水相互作用、离子键、范德华力、容积排阻作用及分子缠绕等平均作用的结果,共同维持着蛋白—多糖复合物的结构。一般依据蛋白质分子和多糖分子相互作用的性质将其形成的复合凝胶体系分为三种,即填充凝胶体、混合凝胶体和络合凝胶体。填充凝胶体是指凝胶体中有一种大分子组分如蛋白质或多糖起凝胶体形成剂的作用,而其他大分子起填充剂的作用;混合凝胶体是指胶体中存在两种或更多的由不同凝胶体形成剂形成的空间网,胶体中没有分子间的相互作用;络合凝胶体是由两种大分子络合以后形成的,三种胶体由于内部结构的不同而影响凝胶的质构特性。

仙草多糖的胶凝特性是其重要的功能特性之一。众多研究表明,仙草胶可以与淀粉等多糖在热的作用下形成良好的凝胶。将仙草的根、茎、叶分别用碱性溶液提取,再添加2%的木薯淀粉,发现只有叶中的仙草胶可以形成凝胶,而根中的仙草胶根本无法形成凝胶;将粉末脱色仙草胶配成1%(w/w)的溶液,加入2%木薯淀粉后,其中一组添加0.1%(w/w)的乳酸钙,另一组不添加,加热溶解冷却成胶,另取琼脂、卡拉胶和海藻酸钠分别配成相同浓度的溶液也制成凝胶,发现仙草胶凝胶的质地并不会因为钙离子的添加与否而有所改变,同时HG与淀粉形成凝胶也不需要额外添加钙离子;研究不同种类和浓度的淀粉对HG/淀粉混合系统相互作用的影响,结果发现,混合系统的凝胶性及所形成凝胶的质地和黏弹性等都会因淀粉种类或混合比例的不同而不同。一般来说,淀粉的直链淀粉含量越高,与仙草胶所形成的凝胶强度也越大。

### 3.4.3 仙草胶改善盐溶性蛋白凝胶作用机制

称取仙草粉碎过60目筛,按物液比1∶20(w/v)加蒸馏水,混匀后置于85℃水浴中煮制3.5 h,水煮完成后取出,200目滤布过滤,滤液在4000 r/min条件下离心10 min,再过滤,所得液即为仙草水提液。

仙草多糖(仙草胶)粉末的制备方法:仙草提取液→70℃真空浓缩至1/3体积→三氯乙酸法脱除蛋白→乙醇分部沉淀→丙酮洗涤→干燥→研磨后过200目筛网→密封冷冻保存。

仙草多糖的不同浓度乙醇的分段沉淀:向上述仙草提取液冷却后分别添加95%乙醇至全溶液总体积的30%,此时产生的沉淀以离心法(3000 r/min条件下离心 10 min)收集,记为沉淀 A;继续添加乙醇至 50%,收集沉淀记为沉淀 B;继续添加至 70%,收集沉淀记为沉淀 C;再取等量仙草提取液一次性添加乙醇至 70%,所得沉淀记为沉淀 D。

将制备的仙草胶按不同添加量充分溶解于蛋白缓冲液中,然后与提取的猪背最长肌盐溶蛋白混合均匀(蛋白终浓度为 30 mg/mL),匀浆调节 pH 至 6.2,4℃冰箱静置待用。仙草胶的添加量分别为 0.00%、0.05%、0.10%、0.15%、0.20%、0.25%、0.50%,未添加仙草胶的蛋白溶液总质量为 100%。

准确称取仙草胶—盐溶性蛋白液 8.00 g,置于密封凝胶盒内,4℃冰箱静置 12 h 后取出水浴加热(25℃水温保持 10 min 后开始加热,升温速度:1℃/min,终温为 72℃),加热完成后迅速取出,置于 4℃冰箱冷却 6 h 后进行质构、色泽测试。

准确称取仙草胶—盐溶性蛋白液 5.00 g,置于密封离心管中,加热操作相同,用于保水性测试。

取 1 mL 浓度为 2 mg/mL 的蛋白溶液放入塑料离心管,每管中加入 1 mL DNPH(浓度 10 mmol/L),样品黑暗处室温下反应 1 h(每 15 min 旋涡振荡一次),添加 1 mL 的 20% TCA,10000 rpm 离心 5 min,弃清液,用 1 mL 乙酸乙酯: 乙醇(1:1)洗沉淀 3 次,除去未反应的试剂,加 3 mL 浓度为 6 mol/L 的盐酸胍溶液,37°C 保温 15 min 溶解沉淀,10000 rpm 离心 3 min 除去不溶物质,最后获得物在 370 nm 测吸光值。对照组开始时加入 1 mL 不含 DNPH 的 2 mol/L HCl,其余操作相同。羰基浓度用摩尔消光系数 22000 $L \cdot mol^{-1}$/ cm 来计算,nmol 羰基/mg 蛋白。蛋白含量用紫外吸收法进行测定,用 BSA 做标准曲线。

用 0.05 mol/L 的 NaCl 配置成 SA 溶液,0.6 mol/L 的 NaCl 配置成 SB 溶液,0.6 mol/L 的 NaCl + 1.5 mol/L 的尿素配置成 SC 溶液,0.6 mol/L 的 NaCl + 8 mol/L的尿素配置成 SD 溶液。取蛋白试样 2.0 g,分别与 10 mL 的上述各种溶液混合并均质,4℃静置 1 h,10000 g 离心 15 min。双缩脲法测定其上清液中的蛋白质含量。静电相互作用的贡献以溶解于 SB 与 SA 溶液中蛋白质含量之差来表示;氢键的贡献以溶解于 SC 和 SB 溶液中蛋白质含量之差来表示;疏水性相互作用的贡献以溶解于 SD 与 SC 溶液中的蛋白质含量之差来表示;蛋白含量采用双缩脲法测定。

将 1.0 g 热诱导凝胶试样溶于 20 mL 的 20 mmol/L Tris - HCl〔含 1 %(w/v) SDS,8 mol/L 尿素和 2 %(v/v)β - 巯基乙醇,pH 8.0〕缓冲液中,均质,混合液于 100℃加热 2 min 后,室温搅拌 4 h,在 10000 × g 离心 30 min。取上清液 10 mL,添加 50%(w/v,质液比,溶质比质液之和)的冷 TCA(三氯乙酸)至终浓度为 10%,

混合液于4℃放置18 h，然后10000 × g离心30 min，沉淀物用10 %TCA冲洗并溶解于0.5 mol/L NaOH中。总蛋白含量为凝胶直接溶解于0.5 mol/L NaOH中测得的蛋白质含量。蛋白质含量用双缩脲法测定。溶解度表示为样品在溶剂中测得的蛋白质量占总蛋白含量的百分比。

分别量取1 g热诱导凝胶试样溶解于（①Tris－甘氨酸缓冲液＋8 mol/L尿素＋1%SDS，测定总巯基－SH；②Tris－甘氨酸缓冲液＋8 mol/L尿素＋1%SDS＋1%β－巯基乙醇，测定[总巯基－SH＋（S－S）]），添加30 μL Ellman反应试剂（4 mg DTNB/mL Tris－甘氨酸缓冲液），快速混合均匀，常温下显色30 min，在412 nm处测定吸光度。以不加样品（Tris－甘氨酸缓冲液代替）而加Ellman试剂为空白，巯基（μmol SH/g蛋白质）的分子吸光系数为13600 $mol^{-1}.cm^{-1}$。计算公式如式（3－4－1）：

$$\mu mol\ SH/g = \frac{73.53\ A_{412}}{C_0} \qquad (3-4-1)$$

其中，$73.53 = 10^6/1.36 \times 10^4$，$1.36 \times 10^4$为摩尔消光系数，$C_0$为样品的蛋白质浓度，mg/mL。

#### 3.4.3.1　对蛋白凝胶的作用机制

影响蛋白质结构的作用力主要可以分为两类：蛋白质分子固有作用力所形成的分子内相互作用，受周围溶剂影响的分子外相互作用。范德华相互作用和空间相互作用属于前者，而氢键、静电相互作用和疏水相互作用属于后者。采用4种不同的溶剂分别规避不同的蛋白质相互作用力，蛋白含量浓度差高低代表静电相互作用、氢键和疏水相互作用力的大小变化。

#### 3.4.3.2　对凝胶形成过程中静电相互作用的影响

由图3－37知，随着温度升高，空白和添加0.15%仙草胶处理的静电作用均呈现逐渐降低趋势。在室温至50℃温度范围内，静电相互作用力较强，这表明静电相互作用是热诱导凝胶初期的重要作用力，温度到达50℃之后，静电相互作用力明显减弱，80℃时最弱，此时凝胶结构已完全形成。静电相互作用的减弱与蛋白的变性凝固有关，随温度升高凝胶逐渐形成，自由水逐渐减少，体系中静电荷也随之减少，从而静电相互作用随温度升高而减弱。由此表明，静电相互作用对蛋白网络形成有重要贡献，但不是维持肌肉盐溶蛋白热诱导凝胶网络结构主要化学作用力。静电相互作用通常在蛋白质聚集过程中表现为相互排斥力。等电点时蛋白质的净电荷为零，当环境的pH接近等电点时，蛋白质分子随机地快速聚集，形成凝结块。在pH远离等电点时，由于存在较高的净负电荷，排斥力占主导,阻碍蛋白质分子的相互聚集。

添加0.15%仙草胶与单独盐溶性蛋白凝胶变化趋势一致,也是随着温度升高静电相互作用显著降低($p<0.05$)。在室温状态下,仙草胶蛋白体系的静电相互作用强于对照组,这可能因为仙草胶属于阴离子多糖,含有大量糖醛酸,蛋白质和酸性多糖之间产生了更大的静电相互作用。而随着加热温度不断升高,蛋白凝胶网络结构逐渐形成,体系中自由水较空白少,静电相互作用降低,到60℃后,添加仙草组和对照组蛋白浓度差均低于0.5 mg/mL,两者差异不显著($p>0.05$),说明静电相互作用贡献已经很小,它不是维持凝胶的主要化学作用力。

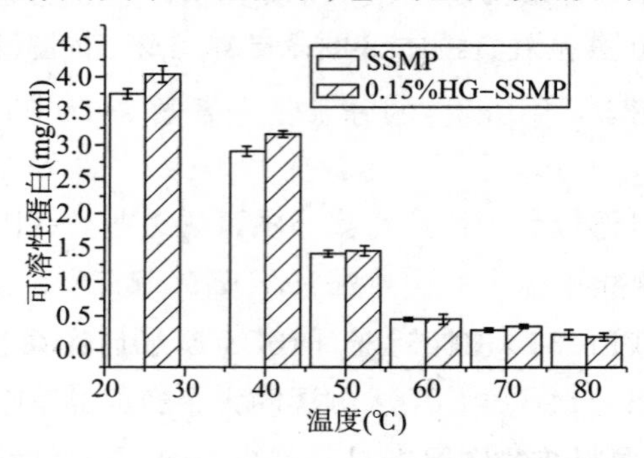


图3-37 仙草胶对凝胶形成过程中静电相互作用的影响

### 3.4.3.3 对凝胶形成过程中氢键的影响

氢键通常是一种缺电子的H原子与负电子原子或原子团之间的一种弱相互作用。一般认为,氢键是强的化学键(如共价键,离子键)与弱物理相互作用(如诱导力,色散力)之间的过渡,它比化学键的键能小得多,与范德华力较为接近。由图3-38可知,在未凝胶形成过程中,氢键对应的蛋白含量差呈现出先增大后减小的趋势,但当温度达到70℃后,热诱导凝胶已经形成时,对应的蛋白溶解度

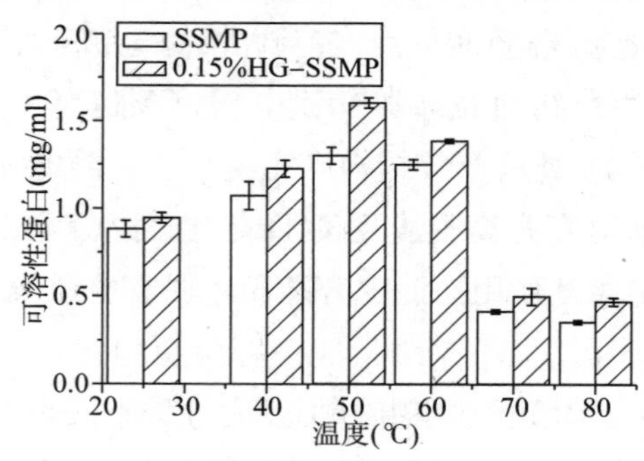


图3-38 仙草胶对凝胶形成过程中氢键的影响

含量差低于0.5 mg/mL,说明此时氢键作用比较弱,这表明氢键虽然在猪肉盐溶蛋白热诱导凝胶网络结构形成过程中起重要的作用,但并不是维持凝胶体系稳定的主要化学作用力。添加0.15%仙草胶后,氢键的作用力在各个温度均高于单独盐溶性肌原纤维蛋白,这可能是因为仙草胶中含有阴离子多糖,带有负电荷,能促进与H原子的结合,加强了凝胶体系的氢键作用。

#### 3.4.3.4　对凝胶形成过程中疏水相互作用的影响

疏水相互作用是指蛋白质中的疏水基团彼此靠近、聚集以避开水的现象,疏水相互作用是维持蛋白质三级结构的主导作用力,它对蛋白质结构的稳定和其功能性质具有重要的作用。图3－39反映了在热诱导凝胶过程中不同温度下蛋白体系疏水相互作用的变化。在凝胶形成过程中,随着凝胶化温度的升高,蛋白间的疏水相互作用力呈现增强的趋势;在室温至50℃范围内,对应的蛋白含量差均小于1 mg/mL,这表明疏水相互作用力很少参与此温度范围内凝胶网络结构的形成过程;在50℃到70℃范围内,疏水相互作用对应的蛋白浓度差显著升高,在70℃时到达最高,说明此温度下疏水相互作用力最强;80℃时,疏水相互作用力对应的蛋白浓度差降低,说明温度过高不利于蛋白凝胶网络结构稳定。

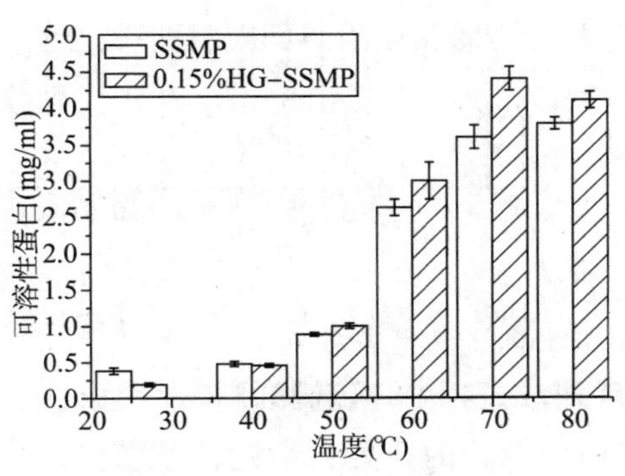


图3－39　仙草胶对凝胶形成过程中疏水相互作用的影响

当猪肉盐溶蛋白体系中添加0.15%仙草胶后,随着凝胶化温度的升高,体系疏水相互作用力也呈现增强的趋势,在25℃到40℃范围内,添加仙草胶的处理组疏水作用较弱,可能是因为仙草胶富含阴离子多糖,增加了体系的静电作用,而降低了体系的疏水相互作用,随着温度的升高,蛋白质更多疏水性基团暴露出来,50℃以后疏水相互作用力显著提高($p<0.05$),到70℃时最高,对应的蛋白含量差为4.463 mg/mL,表明添加0.15%仙草胶提高了凝胶网络结构中的疏水相

互作用力。

#### 3.4.3.5 对凝胶形成过程中非二硫共价键的影响

含 SDS、尿素和 β-巯基乙醇的混合溶剂能够断裂凝胶中除了非二硫共价键外的所有化学键，由上述混合试剂测定出的凝胶形成过程中溶解度的大小，由此混合试剂测得溶解率的高低，可以反映形成 ε-(γ-Glu)-Lys 非二硫共价键的多少及蛋白酶的降解程度。

由图 3-40 可以看出，添加仙草胶的凝胶溶解度均有不同程度的降低，溶解度的降低表明形成了非二硫键，添加 0.15% 的仙草胶促进盐溶蛋白体系在凝胶过程中产生了更多的非二硫共价键。不同处理组凝胶溶解度随温度的变化趋势相同，在 40℃ 到 60℃ 范围内，蛋白质溶解率显著($p<0.05$)降低，说明非二硫键共价键随温度升高而增加，而温度高于 60℃ 时，溶解度变化不明显，这可能是由于温度的升高导致内源性的转谷氨酰胺酶(TGase)活性降低，抑制了肌球蛋白重链交联形成更多的非二硫共价键。

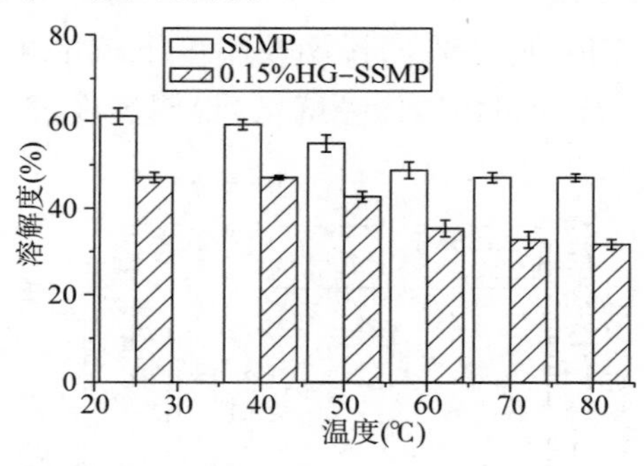


图 3-40 仙草胶对凝胶形成过程中非二硫共价键的影响

#### 3.4.3.6 对凝胶形成过程中二硫键的影响

二硫键是稳定蛋白质结构的重要化学键，二硫键的生成可以降低蛋白质的构象熵，使蛋白质达到稳定的结构和产生良好的热稳定性。吸光度值高，说明 DTNB 和巯基反应生成的有色物质(4-硝基苯硫酚化合物)含量高，巯基含量也高；吸光度值低，则巯基含量也低。

由图 3-41 可知，在盐溶蛋白体系中，随着加热温度升高，巯基含量不断下降，而二硫键不断生成，蛋白质之间形成了交联作用，二硫键在后期的大量生成也证实了二硫键是热诱导凝胶后期稳定蛋白质结构的主要作用力。添加仙草胶后巯基含量下降明显，可能是仙草胶促进了蛋白分子间或分子内二硫键的形成，加剧了蛋白氧化，增强了凝胶结构的作用力。巯基含量下降是由于暴露在蛋白质表面的半胱氨酸残基发生了氧化。研究发现化学氧化肌原纤维蛋白质会导致巯基含量下降，热作用可以显著影响巯基和二硫键含量，导致两者的相互转换，也可以导致巯基含量的减少，巯基的不断减少和二硫键的不断增加也证实了这一点。

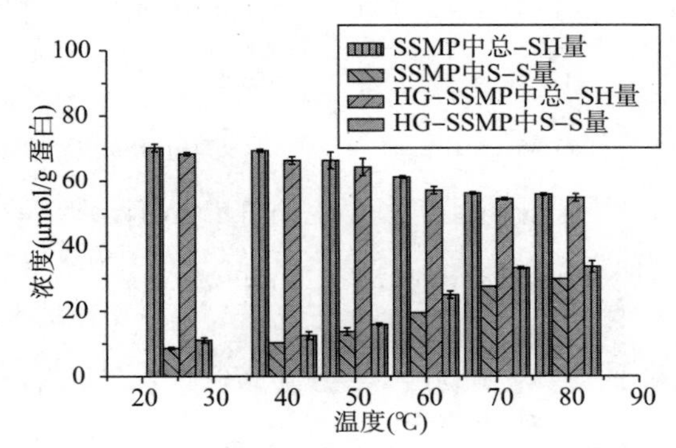


图 3-41　仙草胶对凝胶形成过程中巯基和二硫键的影响

## 3.4.4　仙草胶对盐溶性蛋白凝胶性能的影响

### 3.4.4.1　对盐溶性蛋白凝胶质构特性的影响

将直径 25 mm、高 15 mm 的凝胶置于 TA. XT2i 型质构仪载样台的中央做质构剖面分析。基本参数是：圆柱形探头 36 R，直径 36 mm，测试前速度 1.0 mm/s，测试速度 1.0 mm/s，测试后速度 1.0 mm/s，试样变形 50%，两次压缩中停顿 5 s。

由表 3-11 可以看出，随着仙草胶添加量的增加，蛋白凝胶硬度和咀嚼性均呈先增大后减小的趋势，差异为极显著($p<0.01$)。当仙草胶的添加量在 0.05% 至 0.15% 范围内，蛋白凝胶的硬度和咀嚼性随着仙草胶的增加而增大，并在 0.15% 时达到最大，硬度高达 350.86 g，是不添加仙草胶对照组蛋白凝胶的 1.26 倍，咀嚼性为 211.67 g，是对照组蛋白凝胶的 1.34 倍，此范围内凝胶的弹性也有增大趋势($p<0.05$)，但趋势不如硬度和咀嚼性明显，添加 0.1% 和 0.15% 仙草胶蛋白凝胶弹性最佳，都接近 0.86；当仙草胶的添加量高于 0.15% 时，蛋白凝胶的硬度、咀嚼性和弹性均降低，当仙草胶添加量达到 0.5% 时，蛋白液在不加热情况下有絮状物形成，加热后蛋白凝胶脱水收缩较为严重，形成凝胶的硬度、咀嚼性和弹性均较差，说明过量添加仙草胶反而会引起蛋白凝胶质构的变差，不利于蛋白紧密三维网络结构的形成。

**表 3-11　仙草胶添加量对盐溶性蛋白凝胶质构特性的影响**

| 仙草胶添加量 | 硬度(g) | 咀嚼性(g) | 弹性(%) |
|---|---|---|---|
| 空白 | $279.08 \pm 3.28^{a}$ | $158.10 \pm 3.39^{a}$ | $83.99 \pm 0.22^{a}$ |
| 0.05% | $296.99 \pm 3.67^{b}$ | $171.07 \pm 7.99^{b}$ | $84.98 \pm 0.75^{b}$ |
| 0.1% | $318.38 \pm 4.2^{c}$ | $196.61 \pm 3.75^{c}$ | $86.01 \pm 0.34^{c}$ |
| 0.15% | $350.86 \pm 9.19^{d}$ | $211.67 \pm 1.19^{d}$ | $86.00 \pm 0.97^{c}$ |
| 0.2% | $308.79 \pm 1.54^{e}$ | $190.23 \pm 3.14^{e}$ | $85.18 \pm 0.72^{d}$ |
| 0.25% | $297.64 \pm 6.45^{b}$ | $174.32 \pm 3.39^{b}$ | $84.88 \pm 0.56^{b}$ |
| 0.5% | $123.29 \pm 3.10^{f}$ | $41.64 \pm 1.93^{f}$ | $57.64 \pm 1.29^{e}$ |
| $p$ 值 | $<0.01$ | $<0.01$ | $<0.05$ |

注：a、b、c、d、e 在同列字母中，相同表示差异不显著，不同则表示差异显著，n=5。

### 3.4.4.2　对盐溶性蛋白凝胶保水性的影响

将 6 g 制备好的盐溶蛋白质热凝胶以 3000×g 离心 3 min 后，按照下式计算凝胶的保水性，计算公式如式(3-4-2)：

$$\text{保水性} = \frac{W_1 - W}{W_2 - W} \times 100\% \tag{3-4-2}$$

式中：$W_1$ 为离心管+离心后的凝胶质量(g)；$W_2$ 为离心管+未离心的凝胶质量(g)；$W$ 为离心管质量(g)

不同仙草胶添加量对蛋白凝胶保水性的影响见图 3-42。在热诱导凝胶形成过程中，肌原纤维蛋白的主要成分肌球蛋白经过变性聚集而后相互交联形成有序三维网状结构，并把水包含在其中。许多研究表明添加外源物质，如鸡蛋清分离物 、卡拉胶、米糠纤维素等可以提高盐溶蛋白凝胶的保水性，但是仙草胶并没有表现出这样的功能。当仙草胶添加量在 0 到 0.15% 范围内时，蛋白凝胶的保水性变化不显著($p>0.05$)，随着添加量的进一步增加，凝胶保水性逐渐变差($p<0.01$)，当添加量达到 0.5% 时，蛋白和仙草胶在未加热时就发生排开水分相互聚集现象，加热后状况也未能改变，蛋白大量失水。经检测，析出的水分中蛋白质和多糖含量均很低，证明蛋白和多糖并未随着脱水溶出，而可能是蛋白与仙草多糖发生了相互聚集，产生了疏水结合，聚集的速度较快，反而降低了凝胶的保水性。

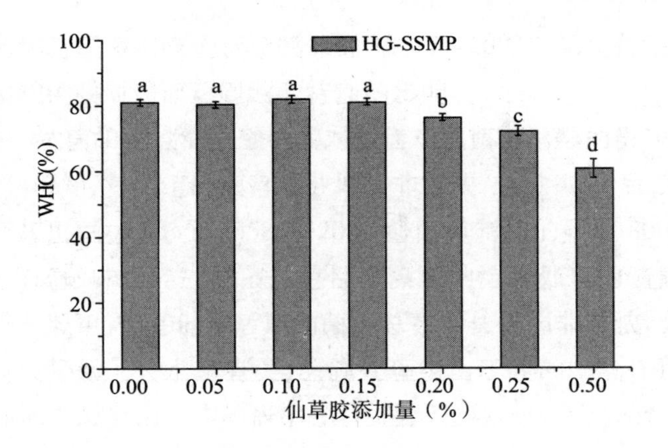


图 3－42　仙草胶添加量对盐溶性蛋白凝胶保水性的影响

### 3.4.4.3　对盐溶性蛋白凝胶色泽的影响

凝胶的色泽用美国爱色丽公司 X－Rite SP60 型色差分析仪测定，记录 $L^*$、$a^*$ 和 $b^*$ 值，其中 $L^*$、$a^*$ 和 $b^*$ 值分别为亮度指数、色调和彩度指数，$L^*=0$ 为黑色，$L^*=100$ 为白色，$+a^*$ 值越大，颜色越接近红色，$-a^*$ 值越小越接近绿色；$+b^*$ 值越大，颜色越接近黄色，$-b^*$ 值越小越接近蓝色。

肉的颜色是评价肉的感官品质的重要指标，也是影响消费者购买力的重要因素。由图 3－43 可以看出蛋白凝胶的 $L^*$、$a^*$ 和 $b^*$ 值随仙草胶添加量的变化而变化。随着仙草胶添加量的增大，蛋白凝胶的 $L^*$ 逐渐降低，$a^*$ 和 $b^*$ 逐渐升高，仙草胶中含有些黑色色素和咖啡色素等物质，这些深色物质引起凝胶的色泽变化，使凝胶的亮度变差，黄度和红度增加。另外，仙草胶中含有大量多糖类物质，包括葡萄糖等还原糖，在加热过程中，糖与蛋白氨基也可能会发生美拉德反应，产生类黑色素物质，造成颜色的加深。虽然仙草胶的加入改变了蛋白凝胶色泽，使蛋白亮度降低，但仙草—蛋白凝胶的色泽整体比较均一，仍可以给人以良好的视觉效果。

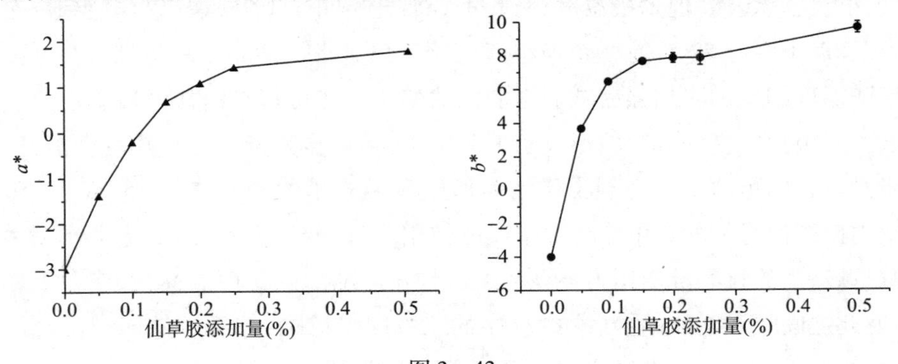


图 3－43

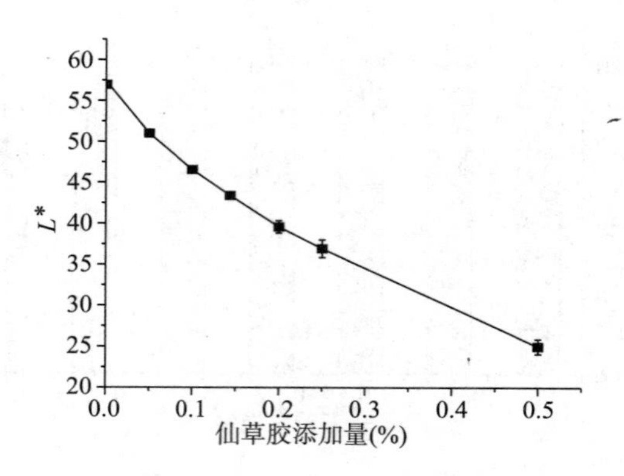


图 3-43　仙草胶添加量对盐溶性蛋白凝胶色泽的影响

#### 3.4.4.4　对盐溶性蛋白凝胶流变特性的影响

采用安东帕 MCR101 流变仪测定凝胶流变特性。先将样品均匀地滴在测试平台上，测试过程中，用液体石蜡封住平行板周围缝隙，防止水分蒸发影响实验结果。测试条件：采用平行板，上板直径 40 mm，频率 1 Hz，应变压力 0.01，狭缝 1.5 mm，升温速率 1 ℃/min，线性升温范围 20℃至 80℃，记录 $G'$值的变化。

肌原纤维蛋白凝胶的流变学性能可以表征肌原纤维蛋白在加热过程中分子形态和性质的变动。通过研究流变学性质可以预测产物的质构以及品质，并为产品配方、加工工艺、设备选型和质量检测等提供依据。储能模量 $G'$反映了在一定的应变或应力下物质储藏能量的能力，代表了弹性部分；损失模量 $G''$反映物质释放机械能量的能力，代表了黏性部分。

由图 3-44 可知，在温度从 20°C 上升到 80°C 的过程中，所有处理组的 $G'$变化都可以分为 5 个阶段，以空白组为例，在 20°C 到 43°C 范围内，样品的储能模量变化都比较缓慢，但是当温度达到 44°C 后开始明显上升，在 52°C 达到一个制高点，随后下降至 57°C 有一个极小值，在继续上升到 80°C 左右达到最高。凝胶强度随温度的增加先加强后减弱再加强的变化趋势可能是由盐溶性蛋白热变性引起。肌肉盐溶蛋白凝胶的形成机理分两步，第一步是蛋白质受热变性展开，第二步是展开的蛋白质因为凝集作用而形成较大分子的凝胶体，在 51°C 至 56°C 范围内储能模量的降低可能是由于热的作用，蛋白变性展开，旧的化学作用力平衡被打破，新的化学键作用力逐渐起主要作用。随着热作用的继续，蛋白重新聚集，彼此之间相互交联，重新形成有序的三维网络结构，体系的储能模量也继续增大，至 72°C 左右，蛋白网络结构已经完全形成。

添加不同浓度仙草胶均引起了凝胶储能模量的大小变化，当仙草胶添加量为0.15%时，体系的$G'$最大值达到438 Pa，而单独肌原纤维蛋白凝胶最大储能模量仅有220 Pa。当热诱导凝胶完全形成时，添加不同仙草胶处理组储能模量与其质构特性TPA中硬度和咀嚼性的变化趋势相一致，也相互印证了仙草胶对蛋白凝胶强度的作用，适量添加可以促进凝胶强度的提高，过量添加则会破坏凝胶结构的形成。添加0.15%仙草胶的盐溶蛋白体系的$G'$与对照组随温度变化趋势相似，这表明仙草胶可以很好适应蛋白凝胶的加热速率和加热温度，有利于低温乳化肉制品的生产应用。

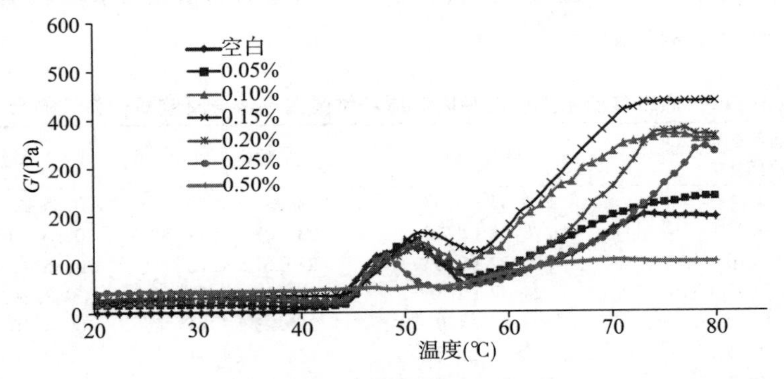


图3－44　仙草胶添加量对盐溶性蛋白凝胶热诱导凝胶过程中储能模量的影响

## 3.4.5　仙草胶对鸡肉肌原纤维蛋白凝胶性能的影响

本节研究仙草多糖对鸡胸肉肌原纤维蛋白聚集程度、凝胶质构、保水性和色泽的影响，旨在为仙草多糖在凝胶肉制品中的应用提供理论依据。

用0.6 mol/L的NaCl溶液调节肌原纤维蛋白浓度为30 mg/mL→加入仙草多糖（添加量分别为蛋白溶液质量的0.05%，0.10%，0.15%，0.20%，0.25%和0.50%）→均质后调节pH至6.5→4℃静置12 h→离心→取上清液→水浴加热（升温速度1℃/min，终温72℃）→4℃冷却。

### 3.4.5.1　仙草多糖添加量对鸡肉肌原纤维蛋白凝胶特性的影响

将直径25 mm，高15 mm鸡肉肌原纤维蛋白热诱导凝胶放在TA. XT2i型活扬仪载样台的中央做质构剖面分析。基本参数是：圆柱形探头36R，直径36 mm，测试前速度1.0 mm/s，测试速度1.0 mm/s，测试后速度1.0 mm/s，试样变形50%，两次压缩中停顿5 s。

由表3－12可以看出，随着仙草多糖添加量的增加，肌原纤维蛋白凝胶的硬度和咀嚼性均呈先增大后减小的趋势,差异显著($p<0.05$)。当仙草多糖的添加在0~0.2%范围内,蛋白凝胶的硬度和咀嚼性随着仙草多糖的增加而增大,并在0.2%时达到最大,硬度高达324.57 g,是单独蛋白凝胶的1.44倍,咀嚼性为281.67 g,是单独蛋白凝胶的1.53倍,此范围内凝胶的弹性变化差异不显著,添加0.2% 仙草多糖蛋白凝胶弹性较好;当仙草多糖的添加量高于0.2%时,蛋白凝胶的硬度、咀嚼性和弹性均降低,当仙草多糖添加量达到0.5%时,蛋白液在不加热情况下有絮状物形成,加热后蛋白凝胶脱水收缩严重,形成凝胶的硬度、咀嚼性和弹性均较差,说明过量添加仙草多糖反而会引起蛋白凝胶质构的变差,不利于蛋白凝胶结构的形成。

**表3-12　仙草多糖添加量对鸡肉肌原纤维蛋白热诱导凝胶质构特性的影响**

| 仙草多糖添加量(%) | 硬度(g) | 咀嚼性(g) | 弹性 |
|---|---|---|---|
| 0 | 225.43±4.63[a] | 184.10±4.69[a] | 0.85±0.004 3[a] |
| 0.05 | 278.68±8.06[b] | 239.07±3.99[b] | 0.86±0.003 5[a] |
| 0.10 | 299.22±9.83[c] | 256.61±4.72[c] | 0.85±0.003 1[a] |
| 0.15 | 324.57±2.36[d] | 281.67±4.19[d] | 0.87±0.053[a] |
| 0.20 | 305.93±4.01[d] | 265.23±3.14[c] | 0.84±0.002 5[b] |
| 0.25 | 292.34±3.51[c] | 236.23±4.54[c] | 0.82±0.007 4[b] |
| 0.5 | 107.28±5.95[c] | 74.32±5.39[c] | 0.62±0.003 5[c] |

注:a、b、c、d和e在同列字母中,相同表示差异不显著,不同则表示差异显著。

### 3.4.5.2　仙草多糖添加量对鸡肉肌原纤维蛋白凝胶保水性的影响

将6 g制备好的蛋白凝胶以3000×g离心3 min后,按照式(3-4-3)计算凝胶的保水性:

$$保水性=\frac{W_1-W}{W_2-W}\times100\% \qquad (3-4-3)$$

式中:$W_1$为离心管+离心后的凝胶质量,g;$W_2$为离心管+未离心的凝胶质量,g;$W$为离心管质量,g。

不同仙草多糖添加量对肌原纤维蛋白凝胶保水性的影响见图3-45。在热诱导凝胶形成过程中,肌原纤维蛋白的主要成分肌球蛋白经过变性聚集而后相互交联形成有序三维网状结构,并把水包含在其中。许多研究表明添加外源物质,如魔芋胶、卡拉胶和亚麻籽胶等可以提高肌原纤维蛋白凝胶的保水性,但是仙草多糖并没有表现出这样的功能。当仙草多糖添加量在0~0.2%范围内,蛋白凝胶的保水性变化不显著($p>0.05$),随着添加量的进一步增加,凝胶保水性逐渐变差($p<0.01$),当添加量达到0.5%时,蛋白凝胶保水性较差,蛋白和仙草

多糖在未加热时就发生排开水分、相互聚集现象，加热后状况也未能改变。经检测，析出的水分中蛋白质和多糖含量均很低，证明蛋白和多糖并未随着脱水溶出，而可能是蛋白与仙草多糖发生了相互聚集，产生了疏水结合，聚集的速度较快，反而降低了凝胶的保水性。

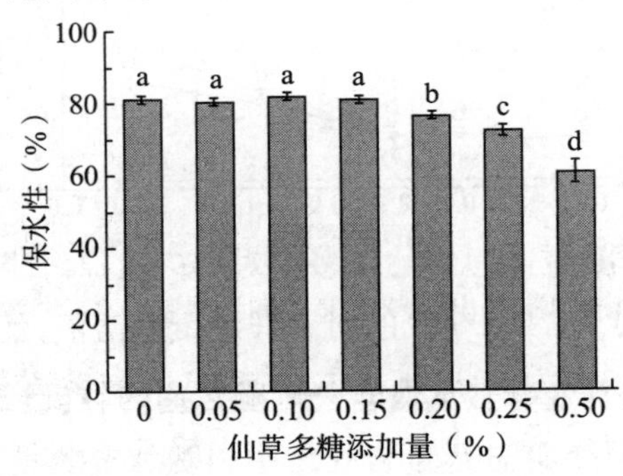


图 3－45　仙草多糖添加量对鸡肉肌原纤维蛋白凝胶保水性的影响

### 3.4.5.3　仙草多糖添加量对鸡胸肉肌原纤维蛋白凝胶色泽的影响

凝胶的色泽用美国爱色丽公司 X－Rite SP60 型色差分析仪测定，记录 $L^*$、$a^*$ 和 $b^*$ 值，其中 $L^*$、$a^*$ 和 $b^*$ 值分别为亮度指数、色调和彩度指数，$L^*=0$ 表示黑色，$L^*=100$ 表示白色，$+a^*$ 值越大，颜色越接近红色，$-a^*$ 值越小越接近绿色；$+b^*$ 值越大，颜色越接近黄色，$-b^*$ 值越小越接近蓝色。

肉的颜色是评价肉的感官品质的重要指标，也是影响消费者购买力的重要因素。由表 3－13 可以看出，蛋白凝胶的 $L^*$，$a^*$ 和 $b^*$ 值随仙草多糖添加量的变化而变化。随着仙草多糖添加量的增大，蛋白凝胶的 $L^*$ 逐渐降低，$a^*$ 和 $b^*$ 逐渐升高，仙草粗多糖中含有些黑色色素和咖啡色素等物质，这些深色物质引起凝胶的色泽变化，使凝胶的亮度变差，黄度和红度增加。另外，仙草多糖中含有大量多糖类物质，包括葡萄糖等还原糖，在加热过程中，糖与蛋白氨基也可能会发生美拉德反应，产生类黑色素物质，造成颜色的加深。虽然仙草多糖的加入改变了蛋白凝胶色泽，使蛋白亮度降低，但仙草—蛋白凝胶的色泽整体比较均一，仍可给人以良好的视觉效果。

**表 3－13　仙草多糖添加量对鸡肉肌原纤维蛋白热诱导凝胶色泽的影响**

| 仙草多糖添加量（%） | $L^*$ | $a^*$ | $b^*$ |
|---|---|---|---|
| 0 | 56.91 ±0.63 | －3.04 ±0.06 | －4.11 ±0.08 |
| 0.05 | 50.68 ±1.06 | －1.41 ±0.09 | 3.52 ±0.10 |

续表

| 仙草多糖添加量(%) | $L^*$ | $a^*$ | $b^*$ |
|---|---|---|---|
| 0.10 | 46.59 ±0.83 | -0.28 ±0.02 | 6.23 ±0.12 |
| 0.15 | 42.75 ±0.36 | 0.66 ±0.10 | 7.54 ±0.11 |
| 0.20 | 40.03 ±1.01 | 1.02 ±0.04 | 7.85 ±0.09 |
| 0.25 | 37.23 ±0.51 | 1.35 ±0.02 | 7.86 ±0.07 |
| 0.5 | 25.11 ±1.95 | 1.74 ±0.34 | 12.06 ±3.57 |

#### 3.4.5.4 热诱导凝胶过程中仙草多糖对鸡肉肌原纤维蛋白聚集程度的影响

配制蛋白质量浓度为 1 mg/mL 的肌原纤维蛋白溶液,然后吸取 5 mL 放入试管中,将试管分别放在水浴锅中加热至不同温度,升温速度为 1 ℃/min,取出,冷却,以不加蛋白的溶液为空白,在波长 600 nm 处测定吸光度。

浊度可以粗略估计肌原纤维蛋白受热的聚集程度,对研究蛋白热诱导凝胶起到一个辅助作用。由图 3 -46 可见,随着温度的升高,单独肌原纤维蛋白和添加 0.15% 仙草多糖的肌原纤维蛋白凝胶的浊度均呈升高趋势,从 25℃ 加热到 50℃ 的过程中,浊度无显著变化,从 40℃ 加热到 70℃ 的过程中,浊度显著升高,但是随着温度的进一步升高,浊度变化不明显。这说明,肌原纤维蛋白在 40 ~70℃ 的范围内发生变性,蛋白分子交联作用加大,导致浊度升高。添加仙草多糖的盐溶蛋白体系浊度变化趋势与单独蛋白凝胶基本相同,但其值高于单独蛋白凝胶,而相同仙草多糖浓度在 600 nm 的吸光度随温度变化影响不显著($p<0.05$),一直稳定在 0.02 左右,低于两者的吸光度差值,说明仙草多糖的加入不仅自身引起了浊度的增大,还可能与蛋白发生相互作用,促进鸡肉肌原纤维蛋白的聚集。

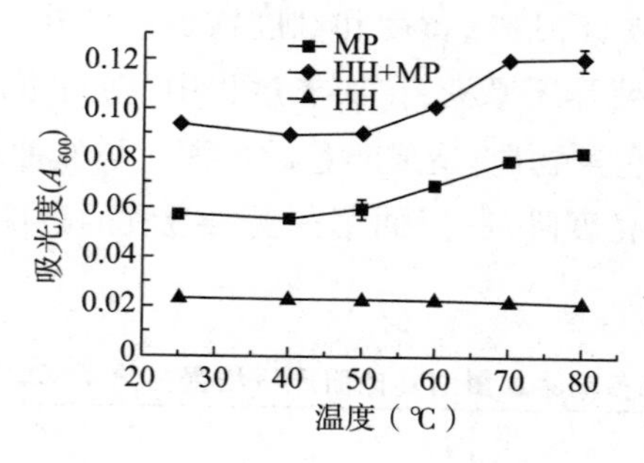


图 3 -46 不同温度条件下仙草多糖对肌原纤维蛋白凝胶浊度的影响

MP:单独肌原纤维蛋白;HH:单独仙草多糖;HH + MP:添加 0.15% 仙草多糖的肌原纤维蛋白

### 3.4.6 结论与展望

仙草胶能够改善猪肉盐溶性蛋白凝胶质构特性，对凝胶的硬度和咀嚼性具有极显著影响，随着仙草添加量的增大，盐溶性蛋白凝胶的硬度和咀嚼性呈现先增加后降低的趋势；仙草胶添加量在0～0.20%范围内，保水性变化差异不显著，随着添加量的继续增加，凝胶保水性显著下降；仙草胶对凝胶的色泽影响显著，随着添加量增大，凝胶$L^*$值逐渐下降，$a^*$与$b^*$值逐渐上升。

当仙草胶添加量为盐溶性蛋白液质量的0.15%时，凝胶特性最佳，凝胶的硬度、咀嚼性和弹性均达到最大，比空白组分别提高了26%、34%和2.4%，保水性和对照组差异不显著。动态流变学测试显示，加入0.15%仙草胶的盐溶蛋白体系的$G'$与对照组随温度变化趋势相似，而且显著增加了蛋白的凝胶强度。

此外，pH对仙草胶—盐溶性蛋白凝胶的硬度、咀嚼性和保水性也有显著影响，pH在5.8到7.0范围内，凝胶保水性随着pH上升逐渐增大，而凝胶硬度和咀嚼性呈现先增加后降低趋势，在pH为6.2时达到最高。当pH为6.2时，添加小于5 mmol/L浓度的$CaCl_2$可以显著提高仙草胶—盐溶性蛋白凝胶的硬度、咀嚼性和弹性，但对保水性影响不大。

仙草多糖对鸡肉肌原纤维蛋白的热诱导凝胶性能有较大影响。当仙草多糖添加量为0.15%时，肌原纤维蛋白受热聚集加剧，肌原纤维蛋白凝胶色泽上黄度和红度加深，亮度下降，保水性影响不大，凝胶的质构显著增强，硬度、咀嚼性和弹性均达到最大，比未添加组分别提高了43.98%、53.00%和4.82%。

单独的盐溶性肌原纤维蛋白凝胶和添加0.15%（以蛋白液质量为100%）仙草胶的蛋白凝胶体系热诱导凝胶形成过程中的各种化学作用力、蛋白变性程度、氧化程度和分子量的变化表明，热诱导凝胶形成过程中，添加仙草胶显著提高了蛋白体系浊度和羰基含量，并且随温度升高不断增大，说明仙草胶促进了蛋白变性和氧化；SDS－PAGE分析认为仙草胶的加入并未对盐溶蛋白分子量带来明显的变化，说明仙草胶未引起盐溶性蛋白组分新的聚合或分解；化学键分析表明仙草胶不仅增加了肌肉盐溶蛋白体系的静电相互作用和疏水相互作用，更好维持了静电和疏水相互作用平衡，增强了肌肉盐溶蛋白体系的非二硫共价键，还降低了肌肉盐溶蛋白巯基含量，促进了体系中二硫键的生成，从而改善蛋白网络结构。

未来可研究温度、肌肉类型、磷酸盐等对盐溶蛋白热诱导凝胶的重要影响因素与仙草胶对盐溶蛋白凝胶的影响，探究其协同和拮抗关系，从而形成仙草胶—

盐溶蛋白热诱导凝胶调控技术。

## 3.5 木薯淀粉

### 3.5.1 淀粉及木薯淀粉简介

淀粉是一种广泛存在于自然界的大分子多糖聚合物，是植物、微生物、藻类生物的重要碳水化合物来源。在食品行业中，淀粉主要来源于谷类植物和薯类植物的根、叶、茎、果实等重要器官，其为食品中多糖的来源，具有含量高、易提取的优点。因此，淀粉作为主要的碳水化合物来源在食品工业上得到广泛应用。

淀粉的基本组成单位是D-葡萄糖，通过不同连结方式组成淀粉结构。通常，由两种大分子多糖即直链淀粉和支链淀粉构成淀粉聚合物分子，即单分子葡萄糖通过两种连接方式形成不同的淀粉分子，进而相互缠绕形成大分子聚合物。若单分子葡萄糖以α-1,4糖苷键连结，并呈线性排列，形成的大分子多糖即为直链淀粉，其分子构造是呈氢原子分布在螺旋内部和羟基主要分布于螺旋外侧的D-螺旋结构。支链淀粉同样是一种由单分子葡萄糖构成的大分子聚合体，但其主要构造是由α-D-吡喃葡萄糖以α-D-1,4糖苷键连成主链，同时主链周围长有枝杈状分枝淀粉分子通过α-D-1,6糖苷键连结在主链上，其侧链进行有序排列，进而形成了许多小结晶区。

淀粉由于其结构特性具有特殊的功能性质，例如增稠性、稳定性与乳化性等，但这些功能都需经过糊化才能发挥。淀粉悬浮液加热，颗粒吸水膨胀，分子间氢键断裂，结晶区消失，继续加热，淀粉颗粒破碎，形成糊状液，这一过程称为淀粉的糊化，淀粉颗粒加热至某一温度范围，才会发生糊化，此时的温度称为糊化温度。悬浮液加热过程中，淀粉颗粒的形态性质会经历不同的阶段，先是部分淀粉分子间氢键断裂，少量水进入颗粒内部，颗粒形态未改变，然后升温至糊化温度，淀粉颗粒迅速吸水膨胀，直链淀粉开始析出，继续加热，结晶区溶解，颗粒破裂成碎片，此时淀粉形成凝胶体系。淀粉的浓度、直链淀粉和支链淀粉比例、其他食品组分等都可以影响淀粉的糊化性质。黏稠状的淀粉糊，经过冷却，淀粉分子会重新缔结，并且杂乱排列，形成了无序的结构，溶解度降低，这一现象被称为淀粉的老化。淀粉的浓度、组成、温度等对淀粉的老化性质具有重要的影响。

淀粉被广泛应用于食品各个领域，受到越来越多的关注。淀粉不仅是食品中多糖的主要来源，而且可以凭借其独特的理化性质调控食品的品质，如用于食品增稠、乳化、稳定食品结构、调节食品质构、增强食品持水性和改善口感等。淀粉的理化性质及其在食品中的应用范围受到淀粉来源的影响。通常，薯类淀粉（木薯、马铃薯、甘薯淀粉等）粒径较大，易于加工，适用于变性淀粉的生产和食品品质的改善，而谷类淀粉（玉米、小麦、高粱等淀粉）的结晶区较多，不易消化，是功能活性产品如慢消化淀粉、抗性淀粉等的重要原料。

木薯别名木番薯和树薯，是世界三大薯类（甘薯、木薯、马铃薯）之一，也是我国第五大作物，其块根是我国木薯淀粉生产的主要来源。木薯淀粉由生长在热带地区的木薯类植物的根部所制，世界各地有不同的名称，例如在亚洲叫 tapioca，非洲叫 cassava，南美洲叫 mandioca，manioca 和 yucca。在欧洲、美洲，cassava 一般指木薯块根，而 tapioca 是指木薯淀粉以及其他的加工制品。天然木薯淀粉颜色纯正，没有异味，其在加热后形成的糊液清澈透明，其凝胶富有弹性，被广泛应用于食品工业，如果冻、粉丝、酱料、饮料等。另外，木薯淀粉颗粒直径大，直链淀粉含量高，易于官能团的导入，因此常作为变性淀粉的原材料。迄今为止，在世界范围内的变性淀粉工业生产上，1/4 的变性淀粉是由木薯淀粉制备的。

木薯淀粉和小麦淀粉、马铃薯淀粉、玉米淀粉等淀粉一样，是人类食物的重要来源，为人类膳食提供丰富的碳水化合物，同时也为发酵工业、食品工业、饲料工业提供重要原料，用途极其广泛。木薯淀粉价格低廉、口感清淡、自身没有特殊味道，将木薯淀粉应用于食品中可以完整地呈现出食品原有的味道，它所形成的凝胶比其他淀粉凝胶更加透明。与谷物类淀粉相比，木薯淀粉成膜性好、黏度高、灰分含量低、冻融稳定性好，非常适合于生产口味精致的布丁、果酱、馅料等食品，木薯淀粉不含谷蛋白，容易消化，所以也广泛应用于婴幼儿食品。

随着食品加工技术的发展，淀粉类产品在加工过程中要经历高温加热、剧烈剪切或搅拌（要求淀粉的高温黏度好）、低温冷藏（要求淀粉的冻融稳定性好）等环节，这些加工工艺会造成淀粉黏度下降、凝胶结构被破坏，从而影响产品的性能，同时加速淀粉老化，影响产品的口感风味。天然木薯淀粉的一些特性不能满足食品工业化生产的要求，造成木薯淀粉的应用受到限制，例如木薯淀粉形成凝胶的能力差，糊液软，在耐酸、耐高温、耐剪切性方面存在不足，虽然冻融稳定性比谷物类淀粉好，但是也不能满足食品工业化生产的要求。因此，对木薯淀粉改性、改善其凝胶特性、提高抗加工强度、扩大木薯淀粉的使用范围，成为淀粉科学研究的热点之一，这将有广阔的发展前景，并为开发新产品提供更广阔的空间。

### 3.5.2 淀粉在肉品中的应用

淀粉的种类很多,根据生产淀粉的原料,可分为谷类淀粉、薯类淀粉、豆类淀粉和其他淀粉。肉品加工中常用的淀粉有玉米淀粉、木薯淀粉、马铃薯淀粉、小麦淀粉、绿豆淀粉、菱角淀粉等。

#### 3.5.2.1 与肉品加工有关的淀粉性质

(1)淀粉的糊化。

淀粉在冷水和乙醇中均不溶解,但与水共温至55～60℃时则膨胀变成有黏性半透明凝胶或胶体溶液,这种现象叫淀粉糊化或称淀粉α－化(碱也可使淀粉糊化)。淀粉糊化温度与淀粉的种类有关,肉制品加入淀粉就是利用淀粉糊化的性质来增加肉制品的持水性、嫩度、弹性和口感。

(2)淀粉的黏性和胶体性。

淀粉糊化后具有黏性,糊化淀粉冷却后具有胶体性。淀粉黏性大小与支链淀粉含量多少有关,支链含量越多,黏性越大,反之越小。一般说来,肉制品都要求有很好的弹性和切片性,这除了对肉的选择、加工工艺的特别要求外,还要求淀粉在蒸煮糊化后冷却时有较高的胶体强度。

(3)淀粉的回生现象。

回生是经糊化的淀粉(α型淀粉或熟淀粉)存放过程中再度变成生淀粉(β型淀粉)的现象。淀粉的回生可视为糊化作用的逆转,但回生不可能使淀粉彻底复原成生淀粉的结构。有关研究资料表明,支链淀粉回生后具有可逆性,重新加热时还能速变成α型,直链淀粉一般温度下回生是不可逆的。对肉制品来说,回生是一种不好的现象,淀粉回生有以下三条规律:

①30%～60%含水量时易回生,少于10%或大于65%含水量时不易回生;

②回生的适宜温度为2～4℃,高于60℃或低于20℃不会发生回生现象;

③偏酸(pH 4以下)或偏碱的条件下也不易发生回生现象。

为防止肉制品中淀粉回生现象发生,应采取以下几个措施:

①快速急冻,纯化分子活性。这种方法用于在常温下不易保存,经低温贮藏后风味、组织结构又不发生多大变化的肉制品,如各种猪肉灌肠;

②加入某些介质,使淀粉中的羟基与介质中的某些官能团结合,使α型淀粉稳定,达到防止回生的目的。这种方法适用于不能在低温下贮藏而只能在冷藏温度下存放的肉制品,如西式火腿。常用的介质有葡萄糖、脂类物质、卡拉胶。

#### 3.5.2.2 淀粉在肉品加工中的作用

(1)提高肉制品的黏接性。

肉制品特别是西式火腿常作为冷菜拼盘食用。要保证肉制品能切成2 mm的薄片而不松散,就必须要求肉制品肉块间有很好的黏连性。要提高肉块间的黏接性,一是要靠肉制品加工中采用品质改良剂多聚磷酸盐和滚揉嫩化技术,提取肌肉中的盐溶性蛋白质,增加肉块间黏度;二是要依赖外部添加黏性物质来增加肉块间的粘性。而淀粉是很好的增稠增粘物质,它能够较好地对肉块起黏接作用。

(2)增加稳定性。

淀粉是一种赋形剂,在加热糊化后具有增稠和凝胶性,对肉制品除了具有较好的赋形作用,使肉制品具有一定的弹性外,还可使肉制品各种物料均匀分布,不至于在加热加工中发生迁移而影响产品风味。

(3)吸油乳化性。

对中低档肉制品来说,在使用的原料中脂肪含量比率相应较大,而脂肪在加热加工中易发生溶化,脂肪的溶化不仅使产品外观和内部结构发生变化,而且使口感变劣,甚至脂肪溶化流失影响出品率,为了防止脂肪溶化流失,就必须在肉制品中加入具有吸油乳化作用的物质。淀粉正好具有吸油性和乳化性,它可束缚脂肪在加工中的流动,缓解脂肪给火腿带来的不良影响,改善肉制品的外观和口感。

(4)较好的保水性。

淀粉在加热糊化过程中能吸收比自身体积大几十倍的水分,提高了持水性,使肉制品出品率大大提高。同时还提高了肉制品的嫩度和口感。

(5)包结作用。

淀粉中的β-CD(β-糊精)是一个由6~8个葡萄糖分子连续的环状结构化合物。其立体构型像是个中间有空洞,两端不封闭的筒,筒高7 Å,内径6~8 Å,被称为分子囊或微胶囊。它可以作为载体将其他具有线性大小相应的客体物质装入囊中,形成包结复合物,复合物内部的客体仍然保持原有的化学性质。利用β-CD的这种特性,将各种香辛料风味物质进行包结,使肉制品的保香性能大大提高。通过大量实验认为,β-CD微胶囊技术用于肉制品调味工艺,有明显的保香作用,并能改善肉制品的口感。其添加量在0.8%~1.5%之间较为合适,保香性较强,且对肉制品成品无不良影响。若用量过小,起不到保香作用。若量过大,会影响到成品质量,如弹性、口感、切片性等。

### 3.5.3 木薯淀粉对猪肉肌原纤维蛋白凝胶特性的影响

提取猪肉盐溶性蛋白，加入提取液溶解盐溶蛋白（调节蛋白质量浓度为30 mg/mL），加入木薯淀粉，匀浆，调节 pH 值至 6.5，4℃静置 12 h，离心后取上清液，水浴加热，升温速度 1 ℃/min，单独蛋白凝胶终温为 72℃，加淀粉凝胶终温为 80℃，4℃冰箱冷却。

#### 3.5.3.1 对凝胶保水性的影响

将 6 g 制备好的盐溶蛋白热凝胶以 3000 × g 离心 3 min 后，按照下式计算凝胶的保水性（WHC）。

$$保水性 = \frac{m_1 - m}{m_2 - m} \times 100\%$$

式中：$m_1$ 为离心管和离心后的凝胶质量/g；$m_2$ 为离心管和未离心的凝胶质量/g；$m$ 为离心管质量/g。

在肉以及肉制品生产加工中，蛋白质结合水的能力决定了保水性，保水性对肉的嫩度、多汁性和颜色都有较大影响，是客观评价肉以及肉制品的重要指标。木薯淀粉与盐溶性蛋白的复配凝胶，不仅改善了凝胶的强度，其保水性也发生了显著的变化。图 3－47 结果显示，木薯淀粉的添加量对盐溶性蛋白保水性影响呈现出先升高后降低的趋势，当木薯淀粉的添加量为 1.5% 时，凝胶的保水性最高，比未添加提高了 4.4%，随着木薯淀粉添加量继续增大，凝胶保水能力逐渐降低。木薯淀粉加热时会发生糊化现象，吸收水分，当适量添加时，引起持水性的增加，而当淀粉添加量过大时，其可能与蛋白竞争水分，而盐溶蛋白的凝胶三维网络结构不足以将糊化的淀粉分子包裹在其中，淀粉吸水膨胀作用反而会破坏蛋白网络结构，导致凝胶持水性能变差，降低肉制品的感官品质。

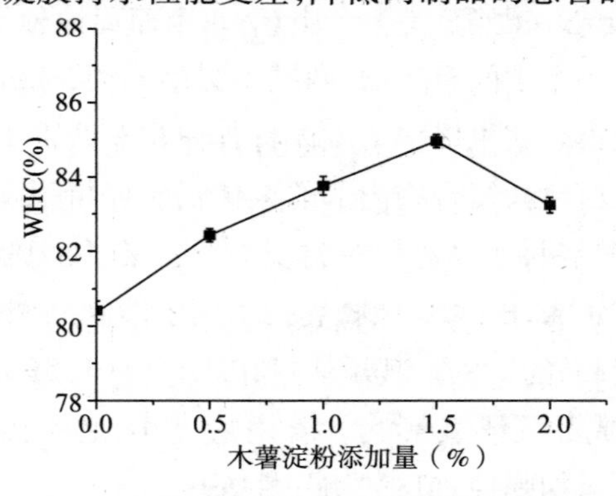


图 3－47 木薯淀粉对肌肉盐溶蛋白凝胶保水性的影响

#### 3.5.3.2 对凝胶流变特性的影响

先将样品均匀地滴在测试平台上,测试过程中,用液体石蜡封住平行板周围缝隙,以防止水分蒸发影响结果。测试条件:采用平行板,上板直径40 mm、频率1 Hz、应变0.01、狭缝1.5 mm、升温速率1℃/min、线性升温范围20~80℃。

木薯淀粉添加量对PLD盐溶性蛋白的储能模量有显著影响($p<0.05$)。从图3-48可以看出,木薯淀粉对于盐溶蛋白凝胶的储能模量$G'$整体作用趋势是一致的,随着淀粉浓度的增加,体系的储能模量$G'$呈现先增加后降低的趋势,当木薯淀粉添加量为蛋白液的1.5%时,凝胶体系的储能模量最大。在20~40℃范围内,添加木薯淀粉对蛋白体系$G'$改变并不明显,但随着温度的继续升高,添加木薯淀粉组逐渐表现出更高的储能模量,这可能与分子热运动引起的蛋白变性和淀粉糊化有关。

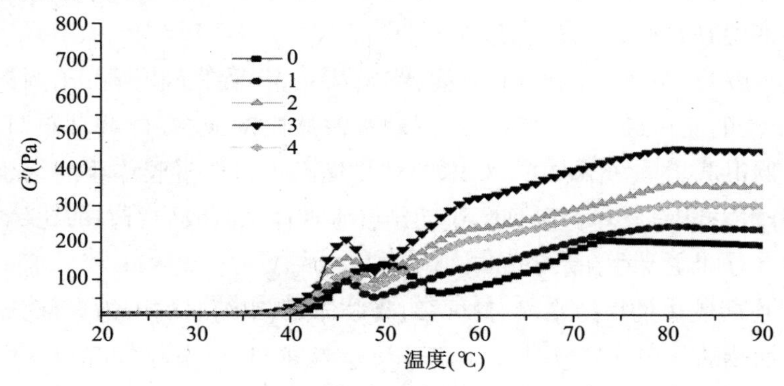


图3-48 木薯淀粉添加量对盐溶性蛋白凝胶热诱导凝胶过程中储能模量的影响
0:SSMP;1:0.5% TS + SSMP;2:1.0% TS + SSMP;3:1.5% TS + SSMP;4:2.0% TS + SSMP

从图3-48中$G'$随温度的变化趋势研究发现,添加木薯淀粉不仅提高了盐溶蛋白凝胶的储能模量,还提高了盐溶蛋白凝胶的最适加热温度。单独蛋白凝胶在72℃±1℃时凝胶强度已经达到最高点,继续加热$G'$不再增大,而添加了木薯淀粉的凝胶体系的$G'$直到80℃±1℃左右达到最高点,这可能是由于淀粉的糊化改变了蛋白热诱导的凝胶成型温度。研究发现,水溶液中木薯淀粉的糊化温度为68.7℃±0.4℃,而0.6 mol/L的NaCl溶液体系中,糊化温度增大为76.9℃±0.1℃,表明盐溶液会引起淀粉糊化温度的升高,而淀粉的糊化也会影响到SSMP凝胶强度的变化,凝胶温度在接近或者超过淀粉的糊化温度时,淀粉才能充分膨胀,对凝胶体系起到支撑效应。

#### 3.5.3.3 对凝胶水分分布状态的影响

NMR 弛豫测量在纽迈 NMR PQ001 台式核磁共振分析仪上进行。测试条件为:质子共振频率为 21.6 MHz,测量温度为 32℃。大约 2 g 样品放入直径 15 mm 核磁管,而后放入分析仪中。自旋—自旋弛豫时间 $T_2$ 用 CPMG 序列进行测量。所使用参数为:τ-值(90°脉冲和 180°脉冲之间的时间)为 200 μs,重复扫描 32 次。得到的图为指数衰减图形,每个测试有 3 个重复。

表 3-14 和图 3-49 显示了不同添加物对盐溶性蛋白热诱导凝胶峰面积百分数和 $T_2$ 弛豫时间的影响。分析结果表明,添加木薯淀粉对盐溶性蛋白凝胶的 $T_2$ 弛豫时间分布具有显著的影响($p<0.05$)。对 CPMG 脉冲序列得到的衰减曲线进行多指数拟合后,发现两组凝胶的 $T_2$ 在 0.1~2000 ms 的弛豫时间分布上均出现了 3 种峰,分别用 $T_{21}$、$T_{22}$ 和 $T_{23}$ 表示,分别对应于样品中水分的三种状态结合水 $T_{21}$、不易流动水 $T_{22}$ 和自由水 $T_{23}$。

两组凝胶的三个峰面积趋势相同,都是第一个峰的面积所占比例都相对最小,第二个峰的面积最大。说明不易流动水占的比例最多,自由水比例次之,结合水的比例很低。虽然添加 1.5% 木薯淀粉提高了蛋白凝胶体系的结合水的比例,但结合水总量均只有不到 1%,说明结合水在体系凝胶中所占的比例极小,不是凝胶中水分的主要存在形态。

$T_{22}$ 对应凝胶中的束缚水。对比两组凝胶体系,束缚水均占绝大部分,这可能是因为在加热的作用下,盐溶性蛋白质分子发生变性,经分子间和分子内相互作用交联凝聚,反应过程中再与体系中的水通过化学键合而形成凝胶三维空间网络结构,而且体系中的自由水吸附填充在凝胶网络结构中,转变为束缚水,热诱导凝胶可显著改变蛋清体系中水相的分布,诱导蛋白质发生变性并通过水合作用形成热诱导凝胶。而添加 1.5% 木薯淀粉凝胶的束缚水的比例显著提高,说明淀粉的加入提高了体系固定自由水的能力,加热过程中更多的水分被束缚在凝胶网络结构中,提高了束缚水比例,从而增强了凝胶的保水性。

$T_{23}$ 对应凝胶体系的自由水。自由水是蛋白凝胶中结合最不紧密的水,也是离心等外界处理最易除去的水,该部分水相对百分含量越高则离心等处理时凝胶损失的水越多,蛋白凝胶的保水性也越低。两组凝胶体系中,单独盐溶性蛋白的 $T_{23}$ 峰面积较高而添加木薯淀粉的 $T_{23}$ 峰面积较小,说明添加淀粉降低了凝胶的自由水比例,增加了凝胶的持水能力。通过对比图 3-47 和图 3-49 结果表明,凝胶保水性与不易流动水比例呈现正相关趋势而与自由水比例呈现负相关趋势,说明凝胶保水性的提高与增加了体系不易流动水而降低了自由水比例有关。

表 3-14 不同添加物对盐溶性蛋白凝胶 $T_{21}$、$T_{22}$ 和 $T_{23}$ 峰面积百分数的影响

| 处理组 | 峰面积 | | |
|---|---|---|---|
| | $T_{21}$(%) | $T_{22}$(%) | $T_{23}$(%) |
| SSMP | $0.45 \pm 0.01^a$ | $73.19 \pm 0.43^a$ | $26.36 \pm 0.14^a$ |
| 1.5% TS-SSMP | $0.80 \pm 0.05^b$ | $83.35 \pm 0.23^b$ | $15.85 \pm 0.14^b$ |

注:a、b 在同列字母中,相同表示差异不显著,不同则表示差异显著($p<0.05$)。

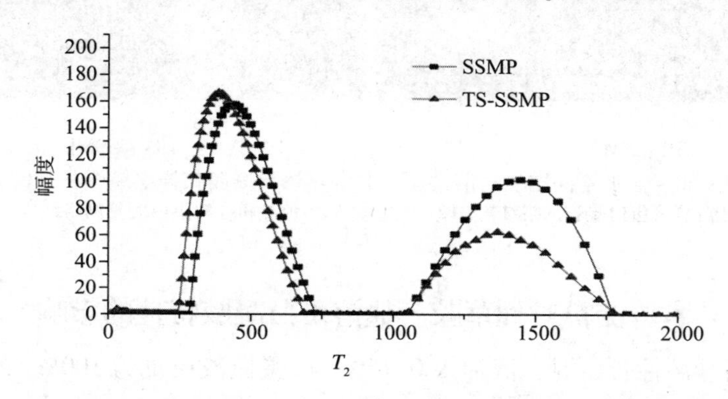


图 3-49 木薯淀粉对盐溶性蛋白凝胶横向弛豫时间($T_2$)的影响

#### 3.5.3.4 对凝胶微观结构的影响

不同蛋白凝胶样品分别切片成 5 mm×5 mm×3 mm 大小,然后依顺序进行如下操作:4℃下进行前固定(2.5% ~4% 戊二醛,4 h 以上)→漂洗(PBS 缓冲液,10 min,3 ~4 次)→固定(1% 四氧化锇,1 ~2 h)→漂洗(PBS 缓冲液,10 min,3 次)→50 % 乙醇脱水一次(10 min)→70 % 乙醇脱水一次(10 min)→80% 乙醇脱水一次(10 min)→90% 乙醇脱水一次(10 min)→100 % 乙醇脱水两次(每次 10 min)→过渡(醋酸异戊酯,15 ~20 min,2 次)→干燥(二氧化碳临界点干燥)→镀膜(铂金,电流 8 mA,8 min)→观察。

图 3-50 中 P1、P2 分别为单独盐溶蛋白和 1.5% 木薯淀粉盐溶蛋白凝胶网络结构电镜扫描图。对比 P1 和 P2 我们可以看出,单独 SSMP 凝胶虽然呈三维立体网络结构,但结构不均匀,表面存在明显的、直径较大的孔洞和空隙,蛋白与蛋白之间呈颗粒状凝集、束状网络较多、有团状结构。对比 P1 和 P2 我们可以看出,添加 1.5% 淀粉对蛋白的微观结构也带来了改变,但木薯淀粉只是穿插在网络结构中,依靠吸水膨胀后体积的膨大,对蛋白网络有斥力和支撑作用,填补了蛋白之间的孔洞,促进了蛋白与蛋白直接的黏结,以这样的一种"填充效应"提高了蛋白凝胶强度,但并未从根本改变蛋白的网络结构。

P1:SSMP　　P2:1.5% HG - SSMP

图 3 - 50　添加不同物质盐溶性蛋白共混热诱导凝胶扫描电镜图( ×4000)

P1:盐溶蛋白凝胶网络结构; P2:添加 1.5% 木薯淀粉盐溶蛋白凝胶网络结构

## 3.5.4　木薯淀粉对仙草胶—盐溶蛋白凝胶特性的影响

向制备盐溶性蛋白混合液加入 0.15%(以蛋白液质量为 100%)的仙草胶,匀浆后用 0.05 mol/L 的稀盐酸调节 pH 至 6.2,4℃冰箱静置待用。

向制备盐溶性蛋白混合液分别加入 0.5%、1%、1.5%、2.0%(以蛋白液质量为 100%)的木薯淀粉,匀浆后用 0.05 mol/L 的稀盐酸调节 pH 至 6.2,4℃冰箱静置待用。

向制备的 0.15% 仙草胶与盐溶性蛋白混合液分别加入 0.5%、1%、1.5%、2.0%(以蛋白液质量为 100%)的木薯淀粉,匀浆后用 0.05 mol/L 的稀盐酸调节 pH 至 6.2,4℃冰箱静置待用。

准确称取 8.00 g 不同组的混合液置于凝胶盒中,取出水浴加热(25℃水温保持 10 min 后开始加热,升温速度:1 ℃/min,终温为 80℃),加热完成后迅速取出,置于 4℃冰箱冷却 6 h 后进行质构、色泽测试。

### 3.5.4.1　木薯淀粉对仙草胶—盐溶性蛋白凝胶质构特性的影响

淀粉常常添加到肉制品中用作增稠剂来改善肉制品的组织结构,作为赋形剂和填充剂来改善产品的外观形状和出品率。

木薯淀粉添加量对猪肉盐溶性蛋白和仙草—盐溶性蛋白体系凝胶硬度和咀嚼性的影响如图 3 - 51 和图 3 - 52 所示。结果表明,在 0 到 1.5% 范围内,随着木薯淀粉添加量增大,蛋白凝胶的硬度和咀嚼性均呈显著增加趋势($p < 0.01$),而添加 1.5% 和 2.0% 淀粉的蛋白凝胶硬度和咀嚼性的差异不显著($p > 0.05$);添加仙草胶的蛋白凝胶的硬度和咀嚼性则是先增加后降低,当木薯淀粉添加量为1.5%时,硬度和咀嚼性均达到最大值,分别为518.06 g和298.06 g,是未添加淀粉的仙草—蛋白凝胶的1.46和1.39倍。对比是否添加仙草胶的蛋白凝胶硬度和咀嚼性曲线我们可以看出,同时添加仙草胶和淀粉时,凝胶硬度和咀嚼性始终大于单独添加淀粉,这说明仙草胶和淀粉具有协同效应,共同促进蛋白网络形成,提高了凝胶的硬度。研究认为淀粉作为一种亲水性胶体,虽然具有良好的胶凝性、增稠性等功能特性,但并不参与蛋白凝胶结构的形成,只是作为填充剂存在于蛋白凝胶网络的空隙中,加固盐溶蛋白凝胶的网络结构。研究木薯淀粉对低脂法兰克福香肠的质构和感官特性的影响时,结果显示木薯淀粉能改善制品的黏着性等质构特性。但是淀粉浓度过高,硬度、弹性呈下降趋势,故淀粉的添加量要适中,过少,增稠力不足,达不到制品的要求;过多,制品则易发硬,影响质量。

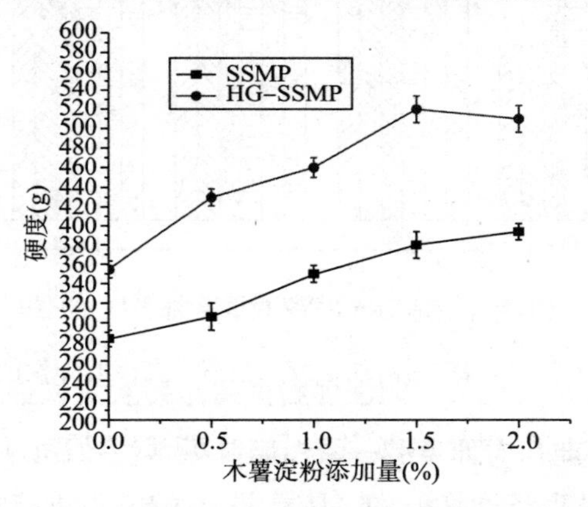


图3-51 木薯淀粉对仙草—盐溶蛋白凝胶硬度的影响

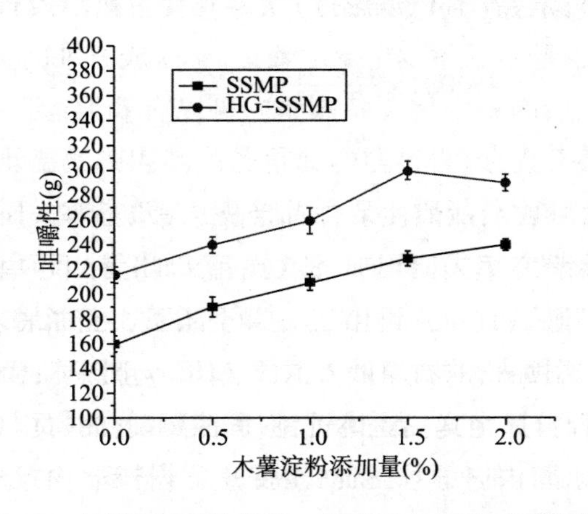


图3-52 木薯淀粉对仙草胶—盐溶蛋白凝胶咀嚼性的影响

木薯淀粉添加量对猪肉盐溶性蛋白和仙草胶—盐溶性蛋白体系凝胶弹性的影响如图3－53所示。结果表明，仙草胶和淀粉复配添加的蛋白凝胶弹性高于单独添加淀粉的蛋白凝胶。对于单独蛋白凝胶体系，在0到1.5%范围内，淀粉的添加量对凝胶弹性影响不显著($p>0.05$)；继续添加则会引起弹性的降低。对于0.15%仙草胶蛋白凝胶体系，凝胶弹性随淀粉添加量增大呈现先升高后降低的趋势，说明适量添加淀粉有利于提高凝胶弹性，过量添加则会引起凝胶弹性变差。当淀粉的添加量为1.5%时，仙草胶蛋白凝胶弹性最好。

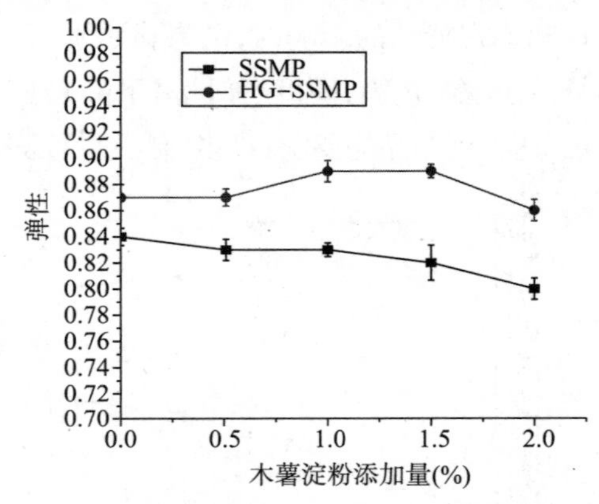


图3－53　木薯淀粉对仙草胶—盐溶蛋白凝胶弹性的影响

### 3.5.4.2　木薯淀粉对仙草胶—蛋白凝胶保水性的影响

在肉以及肉制品生产加工中，蛋白质结合水的能力决定了保水性，保水性对肉的嫩度、多汁性和颜色都有较大影响，是客观评价肉以及肉制品的重要指标。肌球蛋白在热诱导凝胶过程中发生变性聚集，交联成三维网状结构，并把水分包含在其中，而良好凝胶的一个重要特点是它可以有效地通过毛细管作用固定凝胶网络里的水。

从图3－54可以看出，盐溶性蛋白与淀粉的复合凝胶，不仅改善了凝胶的硬度，同时也使其持水性发生了变化。淀粉的添加量对单独盐溶性蛋白和仙草胶—盐溶性蛋白凝胶的保水性影响都呈现出先升高后降低的趋势。对于单独盐溶性蛋白体系，当木薯淀粉的添加量为蛋白液的1%时，凝胶的保水性最高，比未添加提高了4.4%，而对于仙草蛋白凝胶体系，当木薯淀粉添加量为1.5%时，凝胶保水性最高，比未添加的仙草—蛋白凝胶提高了8%。木薯淀粉加热时会发生糊化现象，吸收水分，当适量添加时，引起持水性的增加，而当淀粉添加量过大时，其可能与蛋白竞争水分，使蛋白的三维网络结构不足以将糊化的淀粉分子包裹在其中，淀粉吸水膨胀作用，破坏蛋白网络结构，导致凝胶产生大量空隙或孔洞，凝胶性能变差，降低肉制品的感官品质。

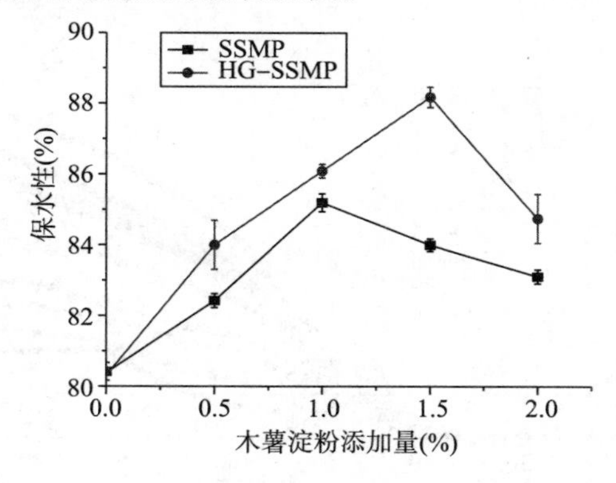


图 3－54　木薯淀粉对仙草胶—肌肉盐溶蛋白凝胶保水性的影响

### 3.5.4.3　木薯淀粉对仙草胶—盐溶性蛋白流变特性的影响

木薯淀粉添加量对 PLD 盐溶性蛋白的储能模量有显著影响（$p<0.05$）。从图 3－55 可以看出，木薯淀粉对于复合体系的储能模量 $G'$ 整体作用趋势是一致的，随着淀粉浓度的增加，$G'$ 随之增加，仙草复配添加储能模量大于单独添加。但是单独 SSMP 热诱导凝胶在 72℃ 左右 $G'$ 已经达到最大，继续加热 $G'$ 不再增大，而添加了木薯淀粉的凝胶体系直到 85°C 左右，$G'$ 才趋于稳定，这可能跟淀粉的糊化有关。研究发现，水溶液中木薯淀粉的糊化温度为 68.7℃ ±0.4℃，而 0.6 mol/L的 NaCl 溶液体系中，糊化温度为 76.9℃ ±0.1℃，表明盐溶液会引起淀粉糊化温度的升高，而淀粉的糊化也会影响到 SSMP 凝胶强度的变化，凝胶温度在接近或者超过淀粉的糊化温度时，淀粉才能对凝胶体系起到支撑效应，否则淀粉甚至有可能起反作用，也就是说淀粉对于盐溶性蛋白—淀粉复合凝胶的充填效应与温度具有相关性。本研究发现，添加木薯淀粉不仅会使凝胶的储能模量变大，还会引起使凝胶最适宜加热温度的提高。而仙草胶和淀粉复配添加，具有协同效应，共同增大了凝胶的模量，提高了凝胶强度。

在 20～40℃ 范围内，添加木薯淀粉对 $G'$ 改变并不明显，但随着温度的继续升高，添加木薯淀粉的组别逐渐表现出更高的储能模量，这与分子热运动引起的蛋白变性和淀粉糊化有关。从图 3－55 可以看出，加热温度到达 60℃ 以后，在 0～2.0% 范围内，随着木薯淀粉添加量的增加，凝胶体系储能模量显著增大（$p<0.05$），而同时添加了仙草胶和木薯淀粉的蛋白凝胶特性，在 1.5% 添加量时表现出最高的凝胶强度，这与质构的测试结果相似。但从 $G'$ 随温度的变化趋势我们

可以得出结论，单独 SSMP 在 72℃ ±1℃时凝胶强度已经达到最高点，而添加淀粉体系在 80℃ ±1℃达到最高点，同时添加淀粉和仙草胶组则在 85℃ ±2℃形成的凝胶强度最佳。

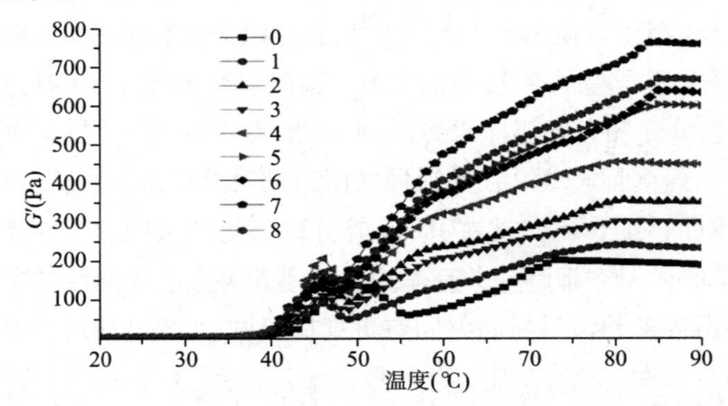


图 3－55 木薯淀粉添加量对仙草胶—盐溶性蛋白凝胶热诱导凝胶过程中储能模量的影响

#### 3.5.4.4 木薯淀粉对仙草胶—蛋白凝胶水分分布状态的影响

表 3－15 和图 3－56 显示了不同添加物对盐溶性蛋白热诱导凝胶峰面积百分数和 $T_2$ 弛豫时间的影响。

**表 3－15 不同添加物对盐溶性蛋白凝胶 $T_{21}$、$T_{22}$ 和 $T_{23}$ 峰面积百分数的影响**

| 处理组 | 峰面积 | | |
|---|---|---|---|
| | $T_{21}$(%) | $T_{22}$(%) | $T_{23}$(%) |
| SSMP | $0.45 \pm 0.01^a$ | $73.19 \pm 0.43^a$ | $26.36 \pm 0.14^a$ |
| HG－SSMP | $0.59 \pm 0.03^b$ | $74.51 \pm 0.22^a$ | $24.90 \pm 0.61^a$ |
| TS－SSMP | $0.80 \pm 0.05^c$ | $83.35 \pm 0.23^b$ | $15.85 \pm 0.14^b$ |
| TS－HG－SSMP | $1.10 \pm 0.03^d$ | $86.78 \pm 0.42^c$ | $12.12 \pm 0.11^c$ |

注：a、b、c、d 在同列字母中，相同表示差异不显著，不同则表示差异显著（$p < 0.05$）。

当仙草胶、木薯淀粉添加量分别为 0.15%、1.5% 和 0.15% 仙草胶与 1.5% 木薯淀粉复配添加时，凝胶表现出较强的凝胶特性，利用 LF－NMR 检测了凝胶样品的 $T_2$ 弛豫时间的分布，同时以单独 SSMP 的 $T_2$ 弛豫时间分布为空白对照。结果表明，添加不同物质对 SSMP 凝胶的 $T_2$ 弛豫时间分布具有显著的影响（$p < 0.05$）。由图 3－56 可知，对 CPMG 脉冲序列得到的衰减曲线进行多指数拟合后，发现四组不同添加物蛋白凝胶的 $T_2$ 在 0.1～2000ms 的弛豫时间分布上出现了 3 种峰，分别用 $T_{21}$、$T_{22}$ 和 $T_{23}$ 表示，可能分别对应于样品中水分的三种状态：结合水 $T_{21}$（immobile phase）、束缚水 $T_{22}$（mobile phase）和自由水 $T_{23}$（very mobile phase）。

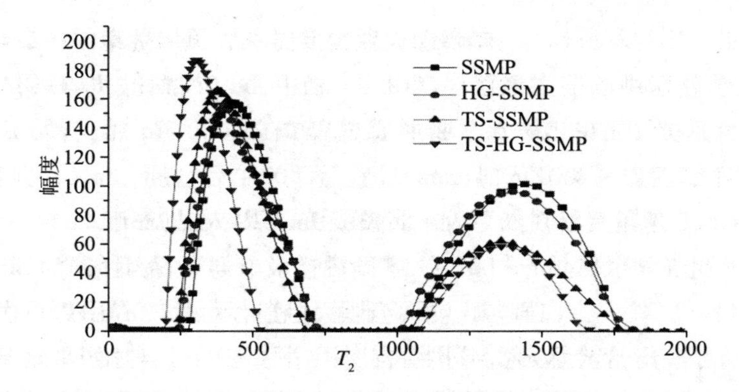


图 3-56 不同添加物对盐溶性蛋白凝胶横向弛豫时间($T_2$)的影响

不同添加物 SSMP 蛋白凝胶 $T_{21}$、$T_{22}$和 $T_{23}$的峰面积如表 3-15 所示。单独盐溶性蛋白凝胶的 3 个峰对应时间为 $T_{21}$:42.81 ~ 64.12 ms、$T_{22}$:241.80 ~ 608.78 ms、$T_{23}$:1053.31 ~ 1822.43 ms,蛋白凝胶的 NMR $T_2$ 弛豫时间图上有 3 个峰,表明体系中存在 3 种水相状态(结合水、束缚水和自由水)。四组凝胶的三个峰面积趋势相同,都是第一个峰的面积所占比例都相对最小,第二个峰的面积最大。说明束缚水占的比例最多,自由水比例次之,结合水的比例很低。

$T_{21}$所占峰面积百分数都随添加物质的变化发生显著变化($p<0.05$),四组凝胶 $T_{21}$的峰面积比例大小为:木薯淀粉—仙草胶—蛋白凝胶 > 仙草胶—蛋白凝胶 > 木薯淀粉—蛋白凝胶 > 单独蛋白凝胶。虽然添加外源物质提高了蛋白凝胶体系的结合水比例,但是四组凝胶中结合水比例最大的木薯淀粉—仙草胶—蛋白凝胶也只有 1.10% ±0.03%,说明结合水在体系凝胶中所占的比例极小,不是凝胶中水分的主要存在形态。

$T_{22}$对应凝胶中的束缚水。添加不同物质的束缚水的比例大小依次为木薯淀粉—仙草胶—蛋白凝胶 > 木薯淀粉—蛋白凝胶 > 仙草胶—蛋白凝胶,而仙草组与对照组差异不显著($p>0.05$),说明仙草胶对体系水分状态分布没有明显影响,而淀粉的加入提高了体系束缚自由水的能力,淀粉与仙草复配加入的效果更佳。$T_{22}$对应凝胶弛豫时间变缓,可能是因为多糖类物质的加入使得凝胶结构逐渐致密,蛋白质表面基团与水分子相互作用导致了水分移动性下降。此外,四组体系凝胶的 $T_{22}$弛豫时间和所占峰面积比例变化与保水性呈正相关,说明淀粉组和复配组体系中较多的水分被束缚在凝胶网络结构中,提高了束缚水比例,从而增强了凝胶的保水性。

$T_{23}$对应凝胶体系的自由水,它是指不被大分子所吸附、能自由移动、并起溶剂作用的水。四组凝胶体系中,单独盐溶性蛋白凝胶 的 $T_{23}$ 峰面积最高,说明其网络结构松散,束缚的能力最差。同时添加仙草胶和淀粉的 $T_{23}$ 峰面积最小,说明仙草胶和淀粉可能在热诱导凝胶形成过程中发生了协同作用,增加了蛋白体系的保水能力,降低了凝胶的自由水比例。

#### 3.5.4.5 木薯淀粉对仙草胶—蛋白凝胶微观结构的影响

图 3 – 57 中 P1、P2、P3 和 P4 分别为猪背最长肌盐溶蛋白、添加 0.15% 仙草胶猪背最长肌盐溶蛋白、添加 1.5% 木薯淀粉盐溶蛋白、添加 0.15% 仙草胶和 1.5% 木薯淀粉盐溶蛋白凝胶网络结构电镜扫描图。对比 P1 和 P2 我们可以看出,单独盐溶蛋白凝胶虽然呈三维立体网络结构,但结构不均匀,表面存在明显的、直径较大的孔洞和空隙,蛋白与蛋白之间呈颗粒状凝集、束状网络较多、有团状结构,凝胶比较粗糙,网络结构较差;而添加 0.15% 仙草胶能促进盐溶性蛋白形成良好的三维立体网状结构,凝胶组织均匀、表面光滑、孔洞细密,网状结构可通过毛细管力和电荷间的相互作用固定大量的水分,凝胶强度好;这说明添加 0.15% 仙草胶有效改善 PLD 盐溶蛋白凝胶网络结构,促进了蛋白凝胶形成。

对比 P1 和 P3 我们可以看出,添加 1.5% 淀粉对蛋白的微观结构也带来了改变,但木薯淀粉只是穿插在网络结构中,填补了蛋白之间的孔洞,促进了蛋白与蛋白直接的黏结,但并未从根本改变蛋白的网络结构,与仙草胶对蛋白网络微观结构的作用效果有明显的不同。而从 P4 图我们可以看到,当同时添加仙草胶与淀粉时,形成的蛋白微观结构致密,仙草胶与蛋白网络相互交联,而淀粉黏着在蛋白之间,很好地填补了蛋白孔隙,凝胶组织均匀,网络结构最佳。

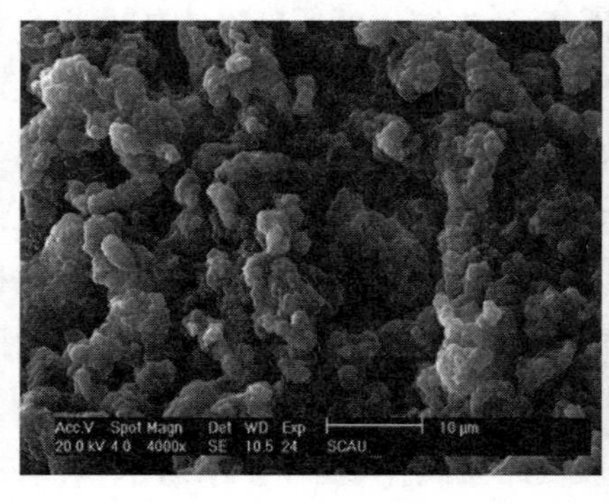

P1:SSMP

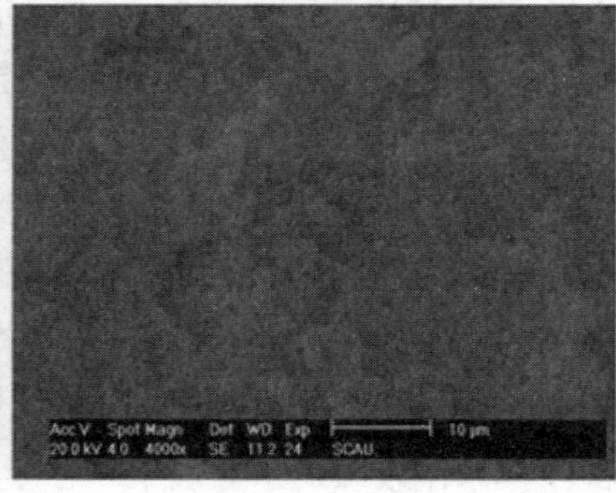


P2:0.15% HG – SSMP

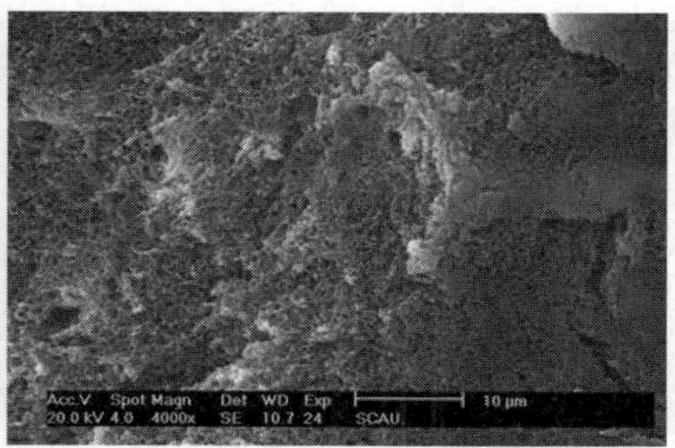


P3:1.5% TS – SSMP　　　　P4:0.15% HG – 1.5% TS – SSMP

图 3 – 57(a) 添加不同物质盐溶性蛋白共混热诱导凝胶扫描电镜图( ×4000)

P1:盐溶蛋白凝胶网络结构;P2:添加 0.15% 仙草胶盐溶蛋白凝胶网络结构;P3:添加1.5% 木薯淀粉盐溶蛋白凝胶网络结构;P4:添加 0.15% 仙草胶和 1.5% 木薯淀粉盐溶蛋白凝胶网络结构。

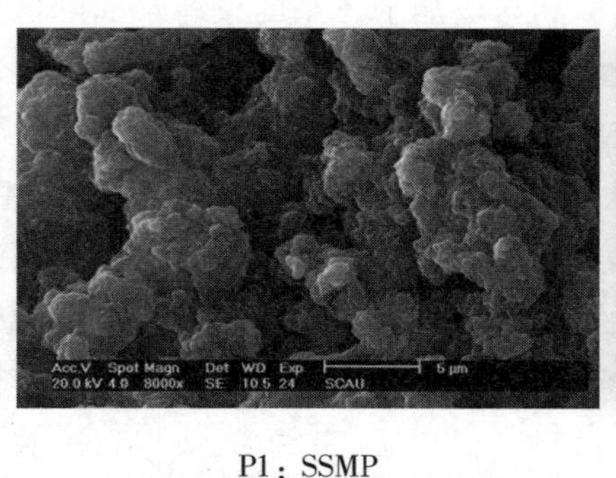


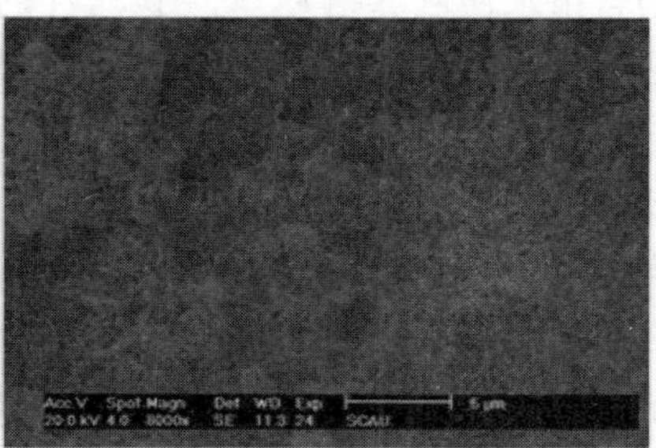


P1: SSMP　　　　P2:0.15% HG – SSMP

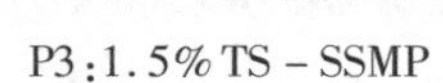

P3:1.5% TS – SSMP　　　　P4:0.15% HG – 1.5% TS – SSMP

图 3 – 57(b)　添加不同物质盐溶性蛋白共混热诱导凝胶扫描电镜图( ×8000)

P1:盐溶蛋白凝胶网络结构;P2:添加 0.15% 仙草胶盐溶蛋白凝胶网络结构;P3:添加1.5% 木薯淀粉盐溶蛋白凝胶网络结构;P4:添加 0.15% 仙草胶和 1.5% 木薯淀粉盐溶蛋白凝胶网络结构。

### 3.5.5 结论与展望

众多研究认为,淀粉在肉制品凝胶中通常起着填充剂的作用。在低温下,淀粉不易溶于水,随着温度升高,淀粉吸水膨胀,发生糊化现象,肌肉蛋白质分子和淀粉多糖分子共同溶解在水溶液中成为一个均匀的复合体系。加热时,肌肉盐溶性蛋白质分子起到凝胶形成的支撑作用,淀粉通过吸水作用,发生物理膨胀填充在蛋白体系中。

木薯淀粉能够显著提高盐溶性蛋白凝胶的储能模量,当淀粉添加量为1.5%时,凝胶的凝胶强度和保水性最好;动态流变测试显示,单独盐溶蛋白凝胶在72℃时凝胶储能模量已经达到最大值,而添加木薯淀粉体系在80℃达到最大值,说明添加木薯淀粉不仅改变了凝胶强度,还提高了凝胶体系的最适加热温度;低场核磁共振结果表明,相对于单独SSMP体系,添加淀粉组束缚水比例显著增加,自由水比例显著降低($p<0.05$)。凝胶保水性结果与束缚水比例呈现正相关趋势,与自由水比例负相关,说明保水性的提高与增加了体系的束缚水而降低了自由水比例有关;扫描电镜观察蛋白凝胶网络微观结构可知,木薯淀粉分子能贯穿在盐溶蛋白网络中,填补孔隙,改善凝胶网络结构。

仙草胶与盐溶性蛋白的作用机理从其微观结构和化学作用力分析来看,它对蛋白的作用机制不同于淀粉的填充效果,而更像是“络合凝胶体”。所谓络合凝胶体,是由两种大分子络合以后形成的,它能和蛋白质(氨基酸)的极性部分发生反应,所形成的凝胶能够更好地把水溶蛋白、盐溶性蛋白以及后添加的其他蛋白更有效地结合起来,从而使得肉制品有弹性、耐咀嚼、柔嫩多汁。另外,其增稠作用能增加水相赫度以阻止或减弱蛋白质分子间的聚合。

当仙草胶和淀粉共同加入时,对蛋白体系凝胶的硬度有协同作用,可能是填充效应和络合效应共同作用;此外,淀粉和仙草胶也可以形成凝胶,在加热过程中,它也可能与蛋白形成混合凝胶体,胶体间可能没有分子间作用,但共同构成了网络结构,增强了凝胶的强度。

# 4　中式肉制品加工新技术与发展

## 4.1　酱卤肉制品

我国是加工肉制品历史最为悠久、肉类品种最多的国家，几千年以来，人们为了方便保藏、改进风味等目的而发明创造了各具地方特色的肉类制品。按照加工工艺不同可以分为：干制品（如肉松、肉脯等）、腌腊制品（如腊肉、板鸭等）、火腿制品（如金华火腿等）、灌肠制品（如香肠、肠粉等）、熏烤制品（如熏肉、烤鸭等）、酱卤肉制品（如烧鸡等）和油炸制品七大类。

酱卤肉制品种类繁多，风味各异，深受广大消费者喜爱，是我国特有的传统熟肉制品。

### 4.1.1　酱卤肉制品生产工艺流程

原料→解冻→修整→腌制→卤制→抑菌护色剂处理→真空包装→成品

### 4.1.2　传统酱卤肉制品的保鲜技术研究现状

肉类制品的保鲜主要是采用不同的方法，在杀死或抑制腐败菌的同时延缓产品中的脂肪氧化。目前国内外普遍采用的保鲜方法有：添加防腐抑菌剂、包装技术、杀菌技术、低温保藏技术等。

#### 4.1.2.1　防腐保鲜剂

添加防腐保鲜剂是目前常用的保鲜方法，食品防腐保鲜剂分为化学型、天然型和复合型。将防腐保鲜剂与其他保鲜技术联合起来使用可以达到更好的效果。

（1）化学防腐剂。

常见的化学防腐剂有乙酸、乳酸及其钠盐、EDTA、甘氨酸（氨基乙酸）、双乙酸钠、山梨酸、柠檬酸、抗坏血酸、磷酸盐、葡萄糖酸内酯等，在肉制品中乙酸、山梨酸、乳酸钠的使用较多。在 GB 2760—2011 食品添加剂使用标准中对一些防腐剂的使用及其用量有一定的要求，例如，对山梨酸及其盐类在熟肉制品中限量 0.075 g/kg，亚硝酸钠、亚硝酸钾在酱卤肉制品中限量 0.15 g/kg。

(2)天然防腐保鲜剂。

常见的天然防腐保鲜剂有乳酸链球菌素(Nisin)、溶菌酶、壳聚糖、纳他霉素等,在GB 2760－2011食品添加剂使用标准中对Nisin在熟肉制品中限量0.5 g/kg,纳他霉素在酱卤肉制品中限量0.3 g/kg。一些天然物质因其具有抑菌作用也被当作食品防腐保鲜剂添加到食品中,果胶分解物、琼脂低聚糖、大蒜素、茶多酚、大豆异黄酮等都被应用于食品防腐领域,另外花椒、肉桂、丁香、百里香、薄荷科植物、迷迭香等都有一定的抑菌作用。

(3)复合防腐保鲜剂。

复合防腐保鲜剂是将几种化学防腐保鲜剂或天然防腐保鲜剂经一定配比组合而成。如Nisin 0.035%＋L－乳酸钠0.180%＋山梨酸钾0.007%的保鲜剂处理烧鸡,并在低温(0～4℃)条件下贮存,货架期由12 d延长至20 d。

在所有的保鲜方式中,添加防腐抑菌剂是一种简单、经济、高效的保鲜方法,而采用天然抑菌剂和其他防腐抑菌剂复配使用成为近年来防腐保鲜剂的研究趋势,单一的防腐抑菌剂抑菌谱较窄,保质期也较短,将几种防腐抑菌剂复配使用可以拓宽抑菌谱,不仅可以达到更好的抑菌效果,同时也降低了使用单一天然抑菌剂的成本和单独大量使用化学抑菌剂产生的安全性问题。

#### 4.1.2.2 包装技术

食品包装技术是指运用合适的包装技术,使食品在运输、贮藏和销售过程中保持其食用价值的一种保鲜技术。食品包装技术要求保证食品的初始菌落总数较低,否则就不能达到延长货架期的目的。

(1)真空包装。

真空包装主要作用于四个方面:①降低干耗;②延缓肉中的脂肪氧化;③控制微生物的生长繁殖,防止二次污染;④防止肉香味的损失以及串味。初始菌落总数低时,真空包装的效果明显。

(2)气调包装。

气调包装是将食品密封于一个人为的气体环境中,利用环境中的气体达到保护肉色、抑制微生物和减少酶促反应的效果,从而延长产品货架期的一种技术。$CO_2$、$O_2$和$N_2$是气调包装常用的用来创造人为环境的气体,它们经常单独使用或者组合使用。每种气体对食品的保鲜作用都不同,$O_2$利于生鲜肉的发色,$CO_2$可以抑菌,$N_2$常作为填充气体使用。低氧包装可以有效抑制腐败菌,在5℃条件下储存酱牛肉,初始菌落总数较高时,低氧组的货架期也到达了5 d,而同条件下的散装组货架期为3 d。

(3)可食性涂膜。

可食性膜以可食性物质为原料制得,是具有栅栏阻隔能力的薄膜。能够作为可食性膜的材料有多种,如多糖类的有海藻酸盐、果胶、淀粉等;属蛋白质的有明胶等;属脂类的有天然蜡、表面活性剂等。目前对可食性膜的研究多集中于果蔬保鲜领域,在酱卤肉制品领域较少。

在作坊式的酱卤肉制品生产中有应用托盘保鲜膜包装、聚乙烯薄膜袋、草纸等包装产品的,此种简易包装在一定的程度上防止了染菌,对延长货架期有一定的效果,适用于散装销售。在工业化大生产中常见的包装形式是真空包装和气调包装,真空包装因其操作简单,容易控制,产品颜色较为稳定,且有较长的货架期,故在酱卤肉制品行业中的应用更为广泛。真空包装袋的选择对酱卤肉制品的品质有一定的影响,透明包装袋包装的产品储存久了色泽会变淡,采用铝箔包装的产品则可以防止光照造成的产品褪色问题,但在另一方面,消费者的购买意向与他们对产品的直接感官(如色泽等)紧密相关,透明包装的产品直观地向消费者展示其品质,可能更容易受到消费者的青睐,而研究表明,采用添加护色剂等护色措施可以减缓真空包装酱卤肉制品的褪色,因此采用透明真空包装同时进行护色处理是目前处于研究中的一种较好的酱卤肉制品保鲜方法。可食性涂膜可以采用液态涂层处理直接形成并应用于食品组分表面,简便易行,且可食性涂膜对控制水分、气体、芳香物质的迁移有一定的作用,其同时可以作为食品添加剂(如抑菌剂、营养强化剂、抗氧化剂等)的载体,故成为食品保鲜研究的热点。

#### 4.1.2.3 杀菌技术

真空包装后进行杀菌处理可以有效降低初始菌落数,是一种有效的保鲜技术。

(1)加热杀菌。

加热处理可以抑菌和灭酶,肉制品中心温度达70℃时,致病菌已基本死亡,中心温度至120℃时,数分钟便会杀死所有微生物。加热杀菌主要分为低温杀菌和高温杀菌两种。低温杀菌是采用100℃以下的温度将食品中所存在的微生物部分(而不是全部)致死的一种杀菌方法。高温杀菌是以100℃以上的温度对食品进行处理,较之低温杀菌,高温杀菌可以使食品获得更长的保质期。低温杀菌和高温杀菌各有利弊,低温杀菌不能杀死有芽孢的非致病菌,故货架期较短;高温杀菌会严重影响食品的色泽、风味和口感,导致肉制品的营养损失。

加热杀菌是最传统的杀菌方式,其杀菌效果稳定、高效,是目前行业内应用最广泛的杀菌技术。

(2)微波杀菌。

微波是指波长 1 m ~ 10 mm 的电磁波,微波杀菌是利用分子产生的摩擦热进行杀菌,具有穿透力强、节能、高效、适用范围广等特点。按照杀菌阶段的不同,可将微波杀菌分为包装之前杀菌和包装之后杀菌。包装前杀菌适用于液体物料,更为节能。为避免细菌的二次污染,酱卤肉制品等固体食品的杀菌一般宜包装后再进行杀菌。

微波杀菌技术在食品行业的研究尚停留在初级阶段。目前,关于微波杀菌的机理还不完全清楚,微波设备的研发尚不成熟,微波杀菌的标准和规范也有待制订和进一步完善,就目前来看微波杀菌技术距真正应用于生产仍存在着一定的距离。

(3)辐照杀菌。

辐照杀菌是利用一类波长极短的电离射线对食品进行辐照处理以达到灭菌的过程。辐照剂量在 4.85、5.42 kGy 时酱牛肉在常温下储藏的货架期由 4 d 延长至 15 d,而剂量在 8.02、10.15 kGy 时的货架期达 28 d 以上,且此剂量的辐照处理没有对产品的感官品质产生大的影响。GB 14891.1—1997 辐照熟畜禽肉类卫生标准规定,辐照的熟畜禽肉类食品其总体平均吸收剂量不得大于 8 kGy。

辐照杀菌设备昂贵,且为保证辐射线不泄露,企业需要投入大量资金和精力来建立完善的安全防护措施,这使其应用受到了一定的限制。

(4)高压杀菌。

高压杀菌是以 100 ~ 1000 MPa 的静高压进行灭菌的过程,其杀菌作用是通过使蛋白质变性、抑制酶活、破坏微生物结构等实现。经过超高压处理不仅延长了产品的货架期,产品的品质也得到了改善。

高压杀菌技术的设备投入大、杀菌成本高,使其在生产中的应用受到了限制,但高压杀菌较好地保持了食品的风味、色泽和营养,较加热法耗能低、环境污染小,是一种十分高效的杀菌手段,应用前景广阔。

#### 4.1.2.4 低温保藏

5 ~ 45℃是大部分生物生长繁殖的温度,其中 20 ~ 40℃是较适温度,而低温保藏通过抑制或延缓腐败微生物的生长繁殖,从而达到延长肉制品货架期的目的。

(1)冷藏。

在低温保藏中,将高于 0℃(一般为 0 ~ 10℃)的贮藏温度称为冷藏。冷藏能够延长货架期,但是冷藏条件下适冷菌生长繁殖加快,导致食品不能长期贮藏。

(2)冰温保鲜。

冰温保鲜技术是指将食品储藏在零度到冻结点以上温度区域的技术,冰温技术在美、日、韩等国家的发展较为迅速。国内对于冰温保鲜技术的研究较晚,多应用于果蔬产品。在酱卤肉制品领域,卤牛肉的冰点为 -1.9℃,冰温区域为 0 ~ -1.9℃,并认为相同包装下,冰温贮藏比冷藏有更好的保鲜效果。

冷藏保鲜在酱卤肉制品领域已经得到了一定程度的应用,在各大超市、门店销售中会配备冷柜进行储存就是一种常见的冷藏保鲜技术。冰温保鲜则刚刚兴起,较普通的冷藏保鲜,冰温保鲜要求控温范围更小,故对技术的要求较高,目前适用于该技术的配套器材的研发较为滞后,故冰温保鲜还未得到应用,但冰温保鲜技术在有效延长产品货架期的前提下,很好地保持了食品的风味、口感,优势明显。相信随着冰温技术的不断发展,冰温保鲜的应用将越来越广泛。

栅栏因子理论认为,只有食品中存在能够阻止腐败菌生长的因子时,食品才能实现安全可贮。将不同的栅栏因子进行组合应用,从不同的方面抑制食品微生物,可以更好地保护食品品质。防腐抑菌剂、包装技术、杀菌技术、低温保藏技术对抑制微生物都有一定的效果,但是单一的保鲜技术尚存在某些方面的欠缺或不足,根据栅栏因子理论,将两种或两种以上的保鲜方式应用于酱卤肉制品保鲜是保鲜技术发展的趋势。

### 4.1.3 传统酱卤肉制品的护色技术

#### 4.1.3.1 传统酱卤肉制品的上色

生鲜鸡肉通常呈淡红色或灰白色,是畜禽中颜色最浅的肉类,其色泽主要由肌红蛋白决定。肌红蛋白由多肽链和辅基血红素组成,血红素中的铁离子状态和血红素辅基的配体共同决定了肉色。

传统酱卤肉制品一般呈酱红色、金黄色、酱黄色、褐色等,其色泽主要来自加工制作中的配料和工艺。对色泽产生影响的主要有色素、酱色(如酱油、干黄酱等呈现酱色)、着色性香辛料等。色素中最常用的是红曲红色素和焦糖色素,一般在卤制或者腌制过程中添加。

腌制、油炸、卤制工艺也都会对酱卤肉制品的色泽产生影响。

在腌制过程中通常会加入盐、糖、亚硝酸盐或硝酸盐,亚硝酸盐和硝酸盐有发色和护色的作用。但亚硝酸盐在腌制发色过程中可转化为亚硝胺,形成强烈的致癌物,因此,在肉制品腌制中要控制亚硝酸盐的用量。

油炸上色主要是因为涂在肉品表面的糖类在油炸过程中发生了美拉德反应和焦糖化反应,而焦糖化反应是上色的主要原因。经过加热后肉中的蛋白质分解为氨基化合物,受热后的糖分解为羰基化合物,羰氨缩合发生美拉德反应,生成棕色缩合物。而单糖在加热到熔点时会发生焦糖化反应。

酱卤肉制品的色泽主要来自卤制工艺中添加的酱色物质和红曲红等色素类物质,香辛料也有一定的上色作用,而如糖、盐、料酒、味精等其他辅料对色泽的贡献度不大;在工艺方面,煮制温度会强烈地影响酱卤肉制品色泽的形成,卤制温度越高则产品的色泽越深;与室温冷却相比,低温冷却更有利于保护产品色泽。

酱卤肉制品的着色上色方法有很多,通常是使用一种方法或将几种方法结合应用。在老卤中添加红曲红色素、焦糖色素、老抽和着色性香辛料等是最常用到的方法。有些产品(如烧鸡)是刷糖水油炸上色后再卤制上色。

#### 4.1.3.2 传统酱卤肉制品的护色技术

在酱卤肉制品生产过程中,很多商家都会加入红曲红色素,使酱卤肉制品呈现鲜艳的红色,但是使用红曲红着色的产品在储存或者销售过程中容易因阳光直射或发生氧化作用而使产品褪色,而散装酱卤制品放置时间长了色泽会变黑,因此需要对酱卤制品进行护色。

关于肉制品护色的研究较多,一般常用的方法有气调包装、抗氧化剂护色和辐照等护色技术。其中抗氧化剂护色技术更受欢迎,近几年国内外肉品企业开始偏爱使用来自植物的天然抗氧化剂,天然抗氧化剂护色是基于天然物质中的一些具有还原性的成分,如酚羟基、不饱和双键等。迷迭香、薄荷、丁香、甘草、百里香、桂皮、胡椒、生姜、大蒜等植物都有护色的作用。

在酱卤肉制品护色方面,还可采用复合护色剂(如β-环糊精+海藻酸钠+异抗坏血酸钠+柠檬酸),该复合护色剂能有效延缓红曲红色素的氧化及光分解,将之应用于真空包装后杀菌的酱卤肉制品,在35℃下保存60 d后酱卤肉的色泽依然鲜亮。茶多酚、抗坏血酸钠和葡萄糖也有明显的护色作用,经过复配护色处理后仍表现出很好的护色效果。

### 4.1.4 海藻酸钠可食性膜及其对酱卤鸡腿的保鲜效果

可食性膜以可食性物质为原料,是具有栅栏阻隔能力的薄膜,利用可食性膜保鲜具有操作简单、经济廉价等优点。肉类的可食性膜可以通过刷涂、喷涂、浸涂等方式在肉的表面形成一层具有保护作用的薄膜。可食性膜通过调控水分、气体或溶质的迁移，达到降低腐败微生物的接触、减少汁液流失和干耗，延长货架期的目的。

根据可食性涂膜制备材料的不同，可以将其划分为多糖类、蛋白类、脂类和复合类。在各种成膜基质中，海藻酸钠价格低廉，成膜性好，容易被微生物降解，研究表明其适合作为肉品的可食性膜材料。但由于海藻酸钠本身是亲水性的，其形成的凝胶是水溶性的，单独使用进行涂膜处理的效果并不好。海藻酸钠与一些多价阳离子（如 $Ca^{2+}$、$Ba^{2+}$、$Sr^{2+}$ 等）反应能形成凝胶，氯化钙中的钙离子是有效的凝胶剂，钙剂交联使海藻酸钠产生了抑制水分流动的三维结构，从而使膜的水溶性降低，经氯化钙处理的海藻酸钠膜的物理和机械性质均得到改变。而甘油作为增塑剂可以削弱分子间的作用，利于外力场下海藻酸钠链段的重排，可以提高膜的柔韧性，减小膜的脆性，改变膜的阻水性能，改善膜的机械性能。

酱卤鸡腿生产工艺流程：原料→解冻→修整→腌制→卤制→成品。

基础成膜剂的配制：将海藻酸钠颗粒加入蒸馏水中，100℃水浴加热至海藻酸钠完全溶解，加入相应质量浓度的甘油混匀制成涂膜液，涂膜液需进行灭菌处理（121℃、20 min），灭菌后在无菌环境下使用无菌容器分装待用。

酱卤鸡腿被膜工艺：在无菌室内使用浸涂法对酱卤鸡腿进行涂层处理，将酱卤鸡腿放入涂膜液中浸泡 30 s，取出沥干 1 min 后，立即放入相应质量浓度的氯化钙溶液中浸泡 1 min，取出沥干后在室温（15 ~ 20℃）条件下贮藏。

酱卤鸡腿分别经过 A 组（海藻酸钠 2 g/100mL、氯化钙 3 g/100mL、甘油 5 g/100mL）和 B 组（海藻酸钠 2 g/100mL、氯化钙 3 g/100mL、甘油 3 g/100mL）处理后 15 ~ 20℃室温条件下储藏，分析其保鲜效果。

#### 4.1.4.1 涂膜处理对酱卤鸡腿菌落总数的影响

由图 4 - 1 可知，对照组的菌落总数增长非常快，经过 36 h 后，对照组样品的菌落总数已经接近国标 GB/T 23586—2009 酱卤肉制品的限值 80000 CFU/g，到 48 h 时，菌落总数已超标。经过涂膜处理的样品 A、B 组的菌落总数一直低于对照组，但在储藏后期的菌落总数增长仍旧非常快，分析认为这可能与处理组有效降低了失水率有关，涂膜处理组由于膜的阻隔作用有效降低了酱卤鸡腿被环境中微生物侵染的概率，但在菌落总数已经较高的情况下，经涂膜处理的高水分含量样品仍有利于微生物的繁殖，因此仅是单纯的海藻酸钠可食性膜处理对延长酱卤鸡腿货架期的效果是有限的。

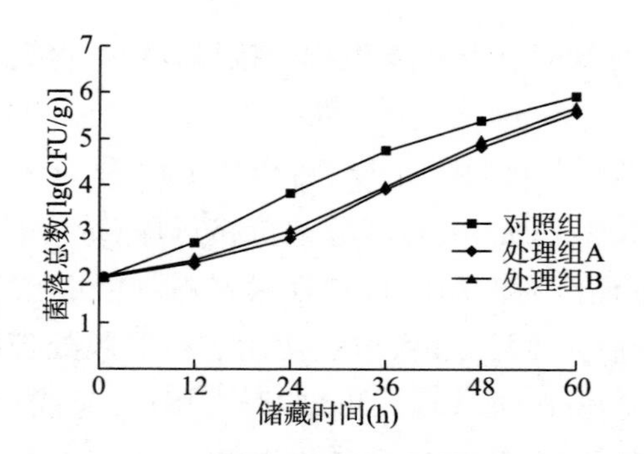


图 4－1　15～20℃储藏条件下菌落总数的变化

#### 4.1.4.2　涂膜处理对酱卤鸡腿菌失水率的影响

由图 4－2 可知，处理组样品的失水率一直远远低于对照组，表明涂膜处理可有效降低失水率。对照组和处理组的失水率在初期的增长都非常快，对照组样品在经过 24 h 后已经达到 13.18%，最终的失水率在 18.15%，而经过涂膜处理的样品最终 A 组失水率为 9.63%，B 组为 8.42%，B 组在降低失水率方面略好于 A 组。

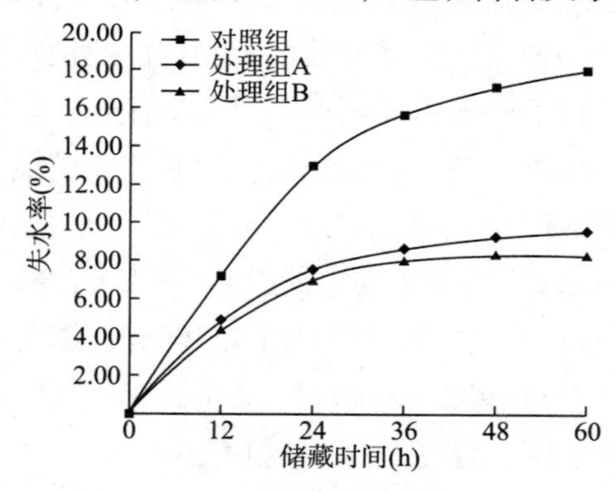


图 4－2　15～20 ℃储藏条件下失水率的变化

### 4.1.5　抗菌护色性海藻酸钠膜对酱卤鸡腿贮藏特性的影响

可食性抗菌膜就是在膜中加入抗菌剂，通过抗菌剂的缓慢释放和光催化等作用以达到抗菌、保鲜目的。将抗菌剂直接混入可食性成膜材料中就可以制得可食性抗菌膜，抗菌膜不仅可以阻隔食品与空气的直接接触，而且膜中的抗菌剂缓慢释放，在较长的时间内都可以作用于食品，可以持久地抑菌，达到更好的保鲜效果。

本节将复合抑菌护色剂（Nisin 0.035%，茶多酚 0.025%，柠檬酸 0.090%）加入可食性海藻酸钠涂膜中，拟得到一种抗菌护色性海藻酸钠涂膜，采用此抗菌护色性海藻酸钠膜对酱卤鸡腿进行涂膜保鲜，在 15～20℃室温条件下储存，分析抗菌护色性海藻酸钠膜对酱卤鸡腿贮藏特性的影响。

#### 4.1.5.1　抗菌护色性海藻酸钠膜对酱卤鸡腿菌落总数的影响

由图 4-3 可知，对照组的菌落总数增长非常快，经过 48 h 后，对照组样品的菌落总数已经超出国标 GB/T 23586—2009 酱卤肉制品的限值 80000 CFU/g，到 72 h 时，已经有腐败味。经过抗菌护色性海藻酸钠涂膜处理的酱卤鸡腿的菌落总数一直低于对照组，但在储藏后期的菌落总数增长仍旧非常快，分析认为这可能与处理组有效降低了失水率有关，涂膜处理组由于膜的阻隔作用有效降低了酱卤鸡腿被环境中微生物侵染的概率，但在菌落总数已经较高的情况下，经涂膜处理的高水分含量样品仍旧有利于微生物的繁殖。

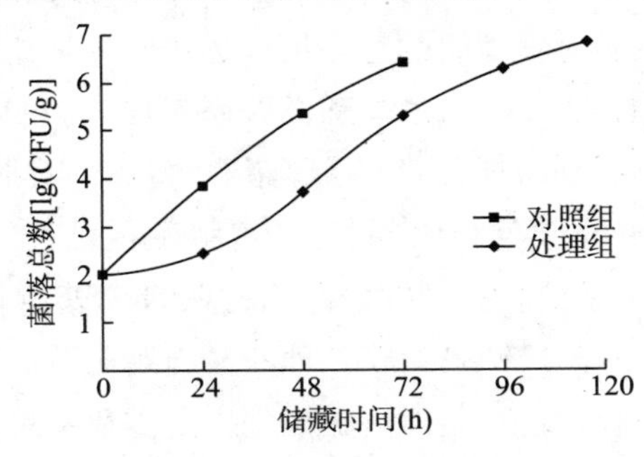


图 4-3　15～20℃储藏条件下菌落总数的变化

#### 4.1.5.2　抗菌护色性海藻酸钠膜对酱卤鸡腿失水率的影响

由图 4-4 可知，处理组样品的失水率一直远远低于对照组，表明涂膜处理可有效降低失水率。对照组和处理组的失水率在初期的增长都非常快，对照组样品在经过 24 h 后已经达到 13.22%，最终的失水率在 18.56%，而经过涂膜处理的样品的失水率在经过初期的快速增长后，在后期的增长较为缓慢，最终失水率为 10.33%。

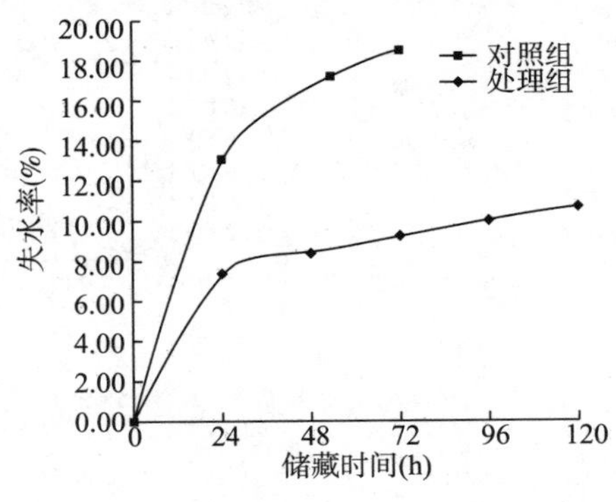


图 4-4　15～20℃储藏条件下失水率的变化

#### 4.1.5.3 抗菌护色性海藻酸钠膜对酱卤鸡腿色泽的影响

CIELAB 表色系统是一个三维系统，其中 $L^*$ 表示明度（亮度）指数，$a^*$ 表示红度，$b^*$ 表示黄度。但单独使用 $L^*$、$a^*$、$b^*$ 中任何一个数据都不能很好地表现出色泽，$\Delta E^*$ 在测量颜色变化时比较有用，尤其是跟 $L^*$（亮度）、$a^*$（红度）、$b^*$（黄度）、$\Delta E^*$ 结合使用更好。由图 4－5 可知，对照组和处理组的 $L^*$ 都随着储藏时间的增加而呈现下降趋势，相较于对照组的快速降低，处理组表现地更缓慢。同 $L^*$ 值一样，红度值 $a^*$ 也随着储藏时间的增加而呈现下降趋势，处理组下降地更缓慢。而处理组和对照组的黄度值 $b^*$ 都呈现波动状，没有表现出明显的趋势，研究显示在测量肉色时，一般 $L^*$ 值和 $a^*$ 值运用的较多，而 $b^*$ 值意义不大，且 $b^*$ 值在感官判断上也更困难，因此我们对 $b^*$ 值只略做参考使用。色差 $\Delta E^*$ 都表现出明显的上升趋势，但明显处理组的色差值远远小于对照组，对照组在储藏 24 h 时，色差值已达 7.94，按照 $\Delta E^*$ 与色差感觉关系对应表，色差值在 6.0～12.0 区间时，人体已经能够感觉到很明显的差异，储藏 72 h 时对照组的终点色差值达 16.87，和初始酱卤鸡腿的颜色相比，此时的鸡腿颜色已经属于不同色泽。而经过抗菌护色性海藻酸钠膜涂膜处理的酱卤鸡腿在储藏 96 h 以前色差值一直小于 6.0。经过抗菌护色性海藻酸钠膜涂膜处理的酱卤鸡腿其 $L^*$、$a^*$、$\Delta E^*$ 值的下降均低于对照组，说明涂膜处理对酱卤鸡腿表现出了护色效果。

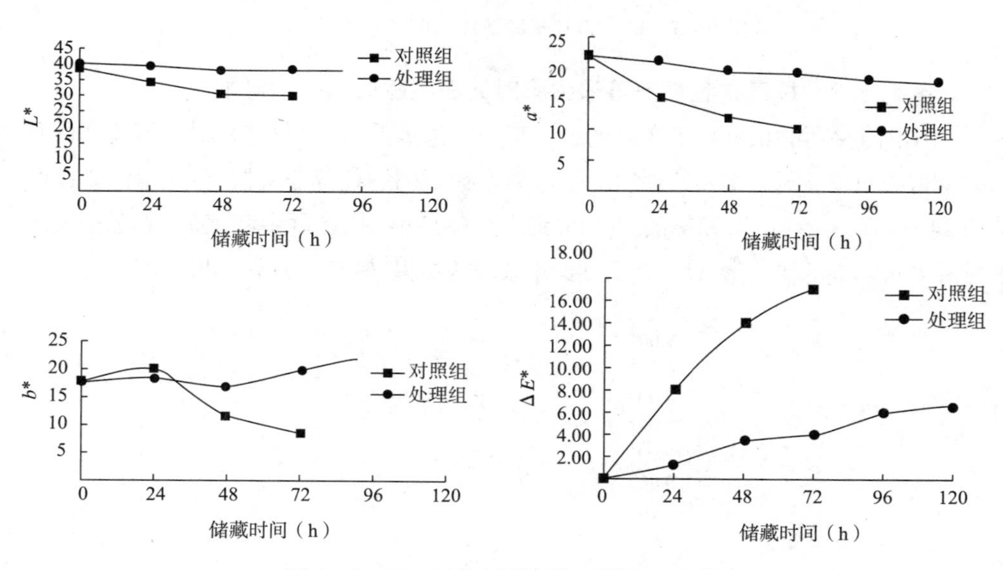


图 4－5　15～20℃储藏条件下颜色的变化

#### 4.1.5.4　抗菌护色性海藻酸钠膜对酱卤鸡腿 pH 值的影响

肉制品 pH 值的变化，一方面是由于蛋白质被分解成氨基酸，氨基酸通过脱羧生成酸或通过脱氨生成碱，最终的 pH 值取决于脱羧或脱氨哪个作用占优势。在另一方面，微生物分解营养物质生成的乳酸、醋酸等有机酸也会影响 pH 值。由图 4－6 可知，对照组的 pH 值一直呈现下降趋势，这可能是因为微生物分解利用肉制品中大量营养物质，生成乳酸、醋酸等弱的有机酸。而处理组的 pH 值也呈现不规律波动的缓慢的下降趋势。两组的 pH 值趋势很相似，这说明涂膜处理对 pH 值的影响较小。

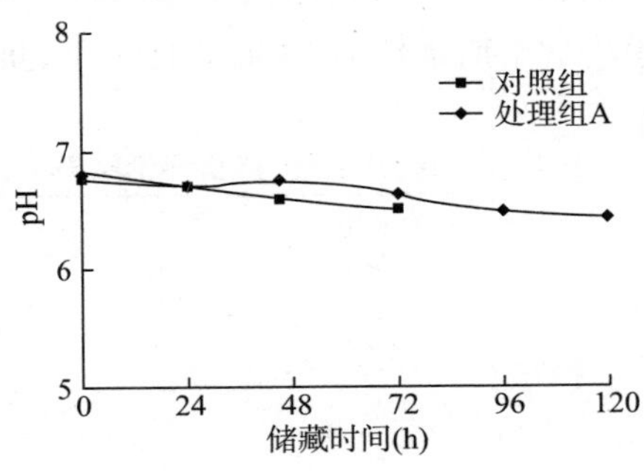


图 4－6　15～20℃储藏条件下 pH 值的变化

#### 4.1.5.5　抗菌护色性海藻酸钠膜对酱卤鸡腿 TVB－N 值的影响

由图 4－7 可知，对照组和处理组的 TVB－N 值都呈现出上升趋势，这是因为在贮藏期内，随着贮藏时间的延长，酱卤鸡腿中残存的微生物或二次污染的微生物逐渐开始生长繁殖，菌落总数不断增加，分解蛋白质的能力不断加强，蛋白质被分解成的碱性含氮物质的量不断累积，即表现为 TVB－N 值不断上升。TVB－N值在一定程度上反映了动物性食品的新鲜度。而相较于对照组，处理组较低的 TVB－N 值一定程度上反映出抗菌护色性海藻酸钠膜的处理对酱卤鸡腿有保鲜作用。

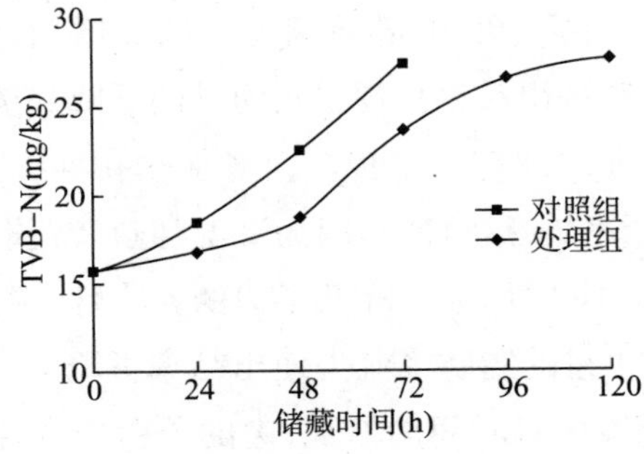


图 4－7　15～20℃储藏条件下 TVB－N 值的变化

#### 4.1.5.6 抗菌护色性海藻酸钠膜对酱卤鸡腿感官评价的影响

由表4-1可知,处理组的感官评分一直高于对照组。与对照组相比涂膜处理组均极显著地提高了感官评价($p<0.01$)。对照组和处理组的感官评分随储藏时间增长都呈现出下降趋势,这可能与样品在环境条件下失水率增高、色泽变差、风味流失等有关。抗菌护色性海藻酸钠涂膜处理组的感官评分在一开始就要略高于对照组,分析认为这可能与涂膜处理使酱卤鸡腿更有光泽感有关。感官评定中发现高失水率会导致酱卤鸡腿的风味和感官品质很差。

抗菌护色性海藻酸钠膜将酱卤鸡腿的货架期延长了26 h,而未添加复合抑菌护色剂的海藻酸钠膜将货架期延长了10 h,相比之下,抗菌护色性海藻酸钠膜有更好的保鲜效果。

表4-1 酱卤鸡腿的感官评价结果

| 时间(h) | 对照组 | 处理组 |
|---|---|---|
| 0 | 7.52 | 7.83 |
| 24 | 5.81 | 7.31 |
| 48 | 3.45 | 6.32 |
| 72 | 2.74 | 4.85 |
| 96 | — | 3.92 |
| 120 | — | 2.93 |

### 4.1.6 卤煮时间对酱卤鸡腿品质的影响

卤煮时间较长会使鸡肉蛋白发生热变性,弹性下降,产品风味、口感及营养价值降低。卤煮时间较短鸡肉中盐分等得不到充分地渗透,蛋白质水解不充分以致挥发性风味物质难以富集,严重影响产品品质。因此卤煮工艺仍需进一步探讨和研究。

#### 4.1.6.1 卤煮时间对酱卤鸡腿出品率的影响

如图4-8所示,鸡腿经卤煮加热后,其水分、蛋白质及少量脂肪溶出导致汁液流失,重量显著减小。由图可知,随着卤煮时间的增加,鸡腿的出品率呈下降趋势。卤煮0~0.5 h,鸡腿出品率呈现出较明显的下降趋势,0.5~2.5 h之间下降幅度较小,2.5~4.0 h之间趋于平稳。卤煮加热初期,鸡腿失重明显,在随后的煮制过程中变化趋于平缓,这可能是因为高温加热较短时间内,鸡腿肉中胶原蛋白和肌原纤维蛋白剧烈变性,大大降低了肉的保水性。热溶性胶原蛋白、肌浆蛋白汁液、弹性蛋白及少量的脂肪等流失使出品率下降。卤制1.5 h时,出品率下降为71.2%,之后随着卤煮时间的增加,肉的蛋白质变性及降解不再明显,因而失水率及保水性变化不再显著。

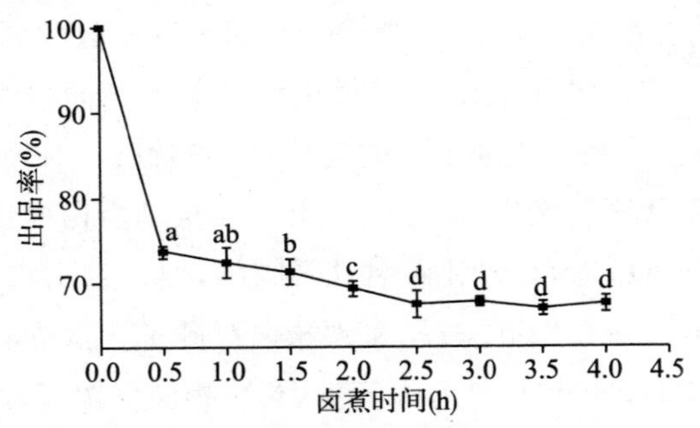


图 4-8 卤煮时间对酱卤鸡腿出品率的影响

### 4.1.6.2 卤煮时间对酱卤鸡腿水分含量及迁移变化的影响

利用低场核磁共振测定鸡腿肉中水分含量及迁移变化时，样品的 $T_2$ 弛豫时间一般会出现 3 ~ 4 个峰，即代表不同的水分状态。如图 4-9 所示，酱卤鸡腿的 $T_2$ 弛豫时间分布出现 4 个峰，当 $T_2$ 弛豫时间在 0 ~ 1 ms 时，这部分水与肌肉蛋白质分子结合最为紧密，属于结合水，用 $T_{2b}$ 表示；1 ~ 10 ms 之间组分与大分子结合程度相对较弱，是弱可移动的水，用 $T_{21}$ 表示；主峰 10 ~ 100 ms 的信号占总信号 90% 以上，是存在肉内部结构中肌原纤维、纤丝及膜之间的不易流动水，用 $T_{22}$ 表示。100 ~ 1000 ms 属于肌细胞外间隙中的水分，是自由水，用 $T_{23}$ 表示。

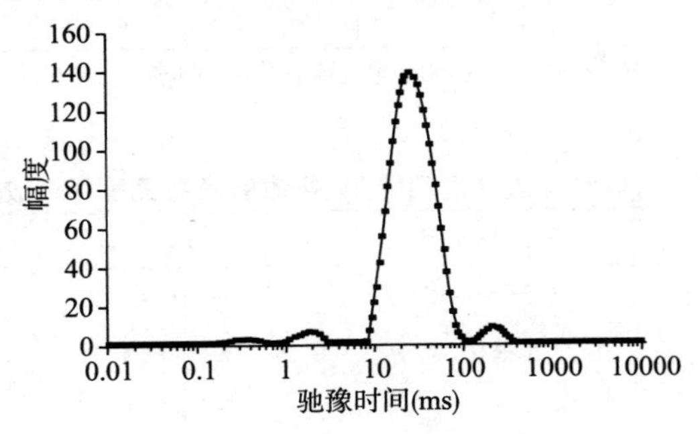


图 4-9 酱卤鸡腿 $T_2$ 弛豫时间分布图

表 4-2 为酱卤鸡腿的水分自由度随卤煮时间的变化。结果表明，随着卤煮时间的增加，酱卤鸡腿的 $T_{21}$、$T_{22}$、$T_{23}$ 值分别从 1.99、44.28、426.88 ms 缩短至 1.80、27.00、211.45 ms。由此可以看出，三种状态的水分随着卤煮时间的延长均呈现出弛豫时间缩短的规律，这表明鸡腿肉水分的自由度降低。这可能是由于卤煮加热使胶原蛋白和肌原纤维蛋白剧烈变性导致蛋白质空间构象变化，肌肉

纤维收缩，使肉的蛋白质保水性降低，水分自由度降低、不易流动性增强。表4－3为卤煮时间对酱卤鸡腿 $T_2$ 各弛豫峰峰面积百分数的影响。结果显示，随着卤煮时间的增加，结合水和束缚水相对比例显著上升而自由水含量显著减小（$p<0.05$），这与鸡腿出品率逐渐下降的变化趋势相符合。这是因为随着卤煮时间的延长，自由水逐渐蒸发流失，加之肌球蛋白和肌动蛋白变性造成肉的保水性严重下降。由表4－3可以看出，随着卤煮时间的延长，自由水相对含量在1.5 h和3.0 h出现显著降低（$p<0.05$）。又因为酱卤鸡腿的出品率在1.5 h后出现明显下降，这表明卤煮1.5 h时水分流失较少、营养物质保留较好。

**表4－2　卤煮时间对酱卤鸡腿 $T_2$ 弛豫时间的影响**

| 卤煮时间(h) | $T_{2b}$(ms) | $T_{21}$(ms) | $T_{22}$(ms) | $T_{23}$(ms) |
|---|---|---|---|---|
| 0.0 | — | $1.99 \pm 0.07^{ab}$ | $44.28 \pm 2.94^{a}$ | $426.88 \pm 53.85^{a}$ |
| 0.5 | — | $1.60 \pm 0.15^{b}$ | $24.70 \pm 0.85^{b}$ | $240.38 \pm 25.82^{ab}$ |
| 1.0 | $0.33 \pm 0.03^{ab}$ | $1.90 \pm 0.13^{ab}$ | $25.51 \pm 2.25^{b}$ | $268.40 \pm 9.24^{b}$ |
| 1.5 | $0.36 \pm 0.01^{a}$ | $1.68 \pm 0.00^{b}$ | $26.03 \pm 0.00^{b}$ | $235.16 \pm 8.48^{ab}$ |
| 2.0 | $0.33 \pm 0.01^{ab}$ | $2.04 \pm 0.36^{ab}$ | $25.12 \pm 0.91^{b}$ | $227.27 \pm 16.37^{ab}$ |
| 2.5 | $0.33 \pm 0.01^{ab}$ | $2.36 \pm 0.42^{a}$ | $25.12 \pm 0.91^{b}$ | $210.90 \pm 0.00^{b}$ |
| 3.0 | $0.30 \pm 0.02^{b}$ | $1.62 \pm 0.06^{b}$ | $27.00 \pm 0.97^{b}$ | $235.16 \pm 8.48^{ab}$ |
| 3.5 | $0.36 \pm 0.03^{a}$ | $2.13 \pm 0.46^{ab}$ | $27.32 \pm 0.92^{b}$ | $226.68 \pm 0.00^{ab}$ |
| 4.0 | — | $1.80 \pm 0.00^{b}$ | $27.00 \pm 0.97^{b}$ | $211.45 \pm 15.23^{b}$ |

注：表中值为平均值±标准差，同列字母相同者差异不显著，不同者差异显著（$p<0.05$），“—”表示未测出。

**表4－3　卤煮时间对酱卤鸡腿 $T_2$ 各弛豫峰峰面积百分数的影响**

| 卤煮时间(h) | $T_{2b}+T_{21}$(%) | $T_{22}$(%) | $T_{23}$(%) |
|---|---|---|---|
| 0.0 | $2.53 \pm 0.36^{c}$ | $90.94 \pm 1.02^{c}$ | $6.53 \pm 1.12^{b}$ |
| 0.5 | $2.63 \pm 0.30^{bc}$ | $89.30 \pm 1.41^{d}$ | $8.08 \pm 1.13^{a}$ |
| 1.0 | $4.20 \pm 0.91^{abc}$ | $91.53 \pm 0.75^{c}$ | $4.27 \pm 0.48^{bc}$ |
| 1.5 | $3.73 \pm 0.19^{abc}$ | $93.51 \pm 0.28^{ab}$ | $2.76 \pm 0.09^{d}$ |
| 2.0 | $4.60 \pm 0.96^{ab}$ | $91.90 \pm 0.38^{bc}$ | $3.50 \pm 0.58^{bc}$ |
| 2.5 | $4.95 \pm 1.77^{a}$ | $91.84 \pm 1.32^{bc}$ | $3.21 \pm 0.45^{c}$ |
| 3.0 | $3.72 \pm 0.07^{abc}$ | $94.00 \pm 0.30^{a}$ | $2.28 \pm 0.23^{d}$ |
| 3.5 | $4.68 \pm 1.96^{ab}$ | $92.29 \pm 1.79^{abc}$ | $3.03 \pm 0.59^{c}$ |
| 4.0 | $3.39 \pm 0.14^{abc}$ | $93.66 \pm 0.00^{ab}$ | $2.95 \pm 0.13^{cd}$ |

注：表中值为平均值±标准差，同列字母相同者差异不显著，不同者差异显著（$p<0.05$）。

#### 4.1.6.3 卤煮时间对酱卤鸡腿色泽的影响

生鸡腿肉为淡红色，经卤煮加热后，由于血红蛋白和肌红蛋白变性以及酱油和糖与氨基化合物发生焦糖化反应导致肉的颜色发生变化。由表4-4可知，与生鸡腿相比，卤煮后的鸡腿亮度 $L^*$ 值显著增大，继续延长卤煮时间，卤煮2.0 h $L^*$ 值与对照组无明显差异，之后 $L^*$ 值又显著减小( $p<0.05$ )；黄度 $b^*$ 值显著增大( $p<0.05$ )；红度 $a^*$ 值呈现先减小后增大的趋势。究其原因，卤煮初期，肉的亮度 $L^*$ 值增加可能是由于肌红蛋白中的珠蛋白变性或亚铁血红素氧化被取代，随着卤煮时间的延长，1.5 h后亮度 $L^*$ 值下降则可能是由于保水性降低、汁液流失、肌肉收缩以及发生焦糖化反应生成棕色、黑色物质，导致鸡腿颜色加深，表面反射率降低；黄度 $b^*$ 值在煮制期间显著增大，是因为卤煮加热过程中，肉中脂肪发生氧化以及水分流失等造成黄度上升，也可能是卤煮过程中，香辛料等辅料对肉品黄度有了一定的提升作用；红度 $a^*$ 值在卤煮0.5 h时最小，这可能由于呈鲜红色的肌红蛋白被氧化成红褐色的高铁肌红蛋白，从而造成红度的下降；卤煮时间延长，$a^*$ 值又整体回升，这是由于蛋白变性，肌肉收缩，肉品颜色加深，使测量时红度 $a^*$ 值上升。由此看出，酱卤鸡腿在卤煮过程中，$L^*$ 值和 $a^*$、$b^*$ 值在1.5 h呈现显著变化，其中亮度 $L^*$ 值经1.5 h后呈现显著减小，红度 $a^*$ 值和黄度 $b^*$ 值呈现显著增大的趋势。这可能成为消费者在挑选商品时一个感官评价突变点。

表4-4 卤煮时间对酱卤鸡腿色泽的影响

| 卤煮时间(h) | $L^*$ 值 | $b^*$ 值 | $a^*$ 值 |
| --- | --- | --- | --- |
| 0.0 | $56.91 \pm 0.10^{d}$ | $12.70 \pm 0.53^{d}$ | $8.34 \pm 0.17^{e}$ |
| 0.5 | $76.06 \pm 2.00^{a}$ | $19.70 \pm 0.51^{c}$ | $5.43 \pm 0.14^{f}$ |
| 1.0 | $66.10 \pm 0.55^{b}$ | $22.59 \pm 0.24^{bc}$ | $9.68 \pm 0.25^{d}$ |
| 1.5 | $63.57 \pm 1.06^{c}$ | $22.48 \pm 0.28^{bc}$ | $9.60 \pm 0.20^{d}$ |
| 2.0 | $58.15 \pm 0.71^{d}$ | $24.09 \pm 0.13^{b}$ | $10.22 \pm 0.05^{cd}$ |
| 2.5 | $56.47 \pm 1.01^{de}$ | $25.12 \pm 0.84^{b}$ | $15.01 \pm 0.39^{c}$ |
| 3.0 | $54.65 \pm 0.57^{e}$ | $25.76 \pm 0.65^{b}$ | $16.44 \pm 1.02^{b}$ |
| 3.5 | $44.55 \pm 0.60^{f}$ | $29.34 \pm 0.99^{a}$ | $18.66 \pm 0.16^{a}$ |
| 4.0 | $39.38 \pm 0.52^{g}$ | $22.50 \pm 0.92^{bc}$ | $16.43 \pm 0.49^{b}$ |

注：表中值为平均值±标准差，同列字母相同者差异不显著，不同者差异显著( $p<0.05$ )。

#### 4.1.6.4 卤煮时间对酱卤鸡腿 pH 值的影响

由图 4-10 可知，与生鸡腿相比，酱卤鸡腿的 pH 均有所增加，大体上先升高后呈现出波动下降的趋势。卤煮 0.5 h 时鸡腿 pH 达到最大 6.68，之后随着卤煮时间的延长，pH 整体呈现波动下降的趋势。加热初期，酱卤鸡腿 pH 升高可能是因为肉中蛋白质化学键（如氢键、疏水作用等）被破坏，导致样品肉中蛋白质的酸性基团减少。随后 pH 波动下降，原因是肌肉中的脂肪和蛋白质降解生成脂肪酸和游离氨基，使酸度增高 pH 减小。综上可知，酱卤鸡腿的 pH 在 1.5 h 和 3.5 h 出现两个极小值点分别为 6.43 和 6.38。有研究表明，低 pH 有利于蛋白质的降解和肉中营养物质的消化吸收，由此可见 1.5 h 和 3.5 h 是鸡腿品质变化的突变点。

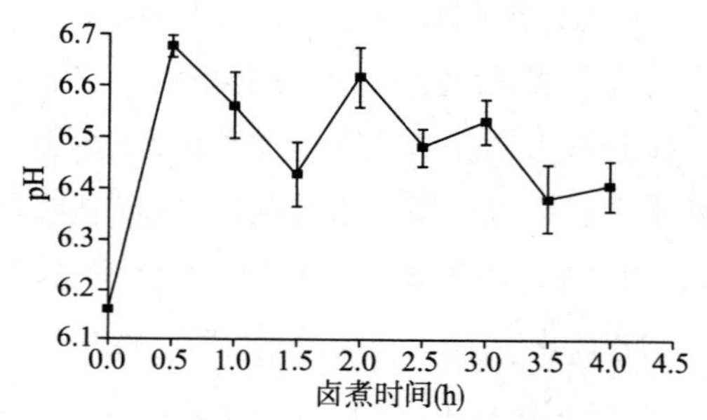


图 4-10 卤煮时间对酱卤鸡腿 pH 值的影响

#### 4.1.6.5 卤煮时间对酱卤鸡腿质构特性的影响

质构特性是一种感官特性，它通过硬度、弹性、咀嚼性和回复性等指标综合反映出食品的物理性质和组织结构，在感官上主要表现为“口感”，是消费者选择产品质量的重要参考。由表 4-5 可以看出，随着卤煮时间的延长，酱卤鸡腿的硬度和胶着性呈现先增加后下降的显著变化；而弹性、内聚性、咀嚼性以及回复性则呈现显著下降（$p < 0.05$）。与生鸡腿相比较，卤煮 0.5 h 胶原蛋白受热形成明胶，鸡腿硬度上升而弹性下降。卤煮 0.5～1.0 h 硬度显著增大（$p < 0.05$），主要是由于经卤煮加热后，肉中肌原纤维蛋白（如肌球蛋白、肌动球蛋白）开始出现凝固硬化，浸出物和盐类物质析出，导致肉质硬度增大。煮制 1.5 h 时，鸡腿中的碳水化合物发生部分水解，变性的蛋白质也发生降解，肌纤维断裂，从而使硬度和咀嚼性呈现下降的趋势。结合图 4-10 可知，样品 pH 与硬度呈现负相关性。综合各数据，可认为 1.5 h 为酱卤鸡腿质构特性突变点。

表4－5 卤煮时间对酱卤鸡腿质构特性的影响

| 时间(h) | 硬度(g) | 弹性 | 内聚性 | 胶着性(g) | 咀嚼性 | 回复性 |
| --- | --- | --- | --- | --- | --- | --- |
| 0.0 | 1270.261 ± 541.658[bc] | 1.644 ± 0.249[a] | 0.573 ± 0.007[a] | 731.209 ± 321.650[ab] | 1248.795 ± 632.161[a] | 0.285 ± 0.016[a] |
| 0.5 | 1887.767 ± 120.230[b] | 0.817 ± 0.087[b] | 0.592 ± 0.053[a] | 1118.160 ± 127.243[a] | 907.104 ± 100.276[abc] | 0.252 ± 0.028[a] |
| 1.0 | 2549.491 ± 525.877[a] | 0.805 ± 0.064[b] | 0.551 ± 0.006[ab] | 1402.289 ± 278.352[a] | 1114.781 ± 163.335[ab] | 0.235 ± 0.017[b] |
| 1.5 | 2009.417 ± 444.181[b] | 0.707 ± 0.130[b] | 0.457 ± 0.026[cde] | 929.492 ± 260.996[b] | 641.594 ± 152.724[bcd] | 0.200 ± 0.011[c] |
| 2.0 | 1220.844 ± 171.945[c] | 0.684 ± 0.029[b] | 0.522 ± 0.022[abc] | 525.916 ± 77.125[ab] | 359.552 ± 56.258[d] | 0.198 ± 0.001[c] |
| 2.5 | 1220.844 ± 112.835[bc] | 0.840 ± 0.076[b] | 0.458 ± 0.085[cde] | 550.214 ± 57.985[ab] | 465.950 ± 89.159[cd] | 0.111 ± 0.003[e] |
| 3.0 | 1265.649 ± 114.145[bc] | 0.822 ± 0.134[b] | 0.417 ± 0.042[de] | 530.979 ± 91.887[ab] | 426.070 ± 50.466[d] | 0.132 ± 0.024[de] |
| 3.5 | 1022.320 ± 53.896[c] | 1.189 ± 0.567[a] | 0.398 ± 0.024[e] | 407.580 ± 37.615[c] | 478.922 ± 218.290[d] | 0.127 ± 0.08[e] |
| 4.0 | 882.459 ± 55.573[c] | 0.700 ± 0.017[b] | 0.483 ± 0.026[bcd] | 427.333 ± 49.054[ab] | 298.095 ± 28.411[d] | 0.154 ± 0.08[d] |

注：表中值为平均值 ± 标准差，同列字母相同者差异不显著，不同者差异显著（$p<0.05$）。

### 4.1.7 结论与展望

传统酱卤肉制品是我国特有的一种肉制品，以鸡腿为例，经95℃左右卤煮1.5 h后得到的酱卤鸡腿口感和品质最佳。目前关于酱卤肉制品的保鲜技术研究很多，比较成熟的有添加防腐抑菌剂技术和真空包装技术，关于护色技术的研究多集中于生鲜肉，对酱卤肉制品的护色技术研究较少，且对于保鲜和护色的研究多只专注于其中一个。将可食性涂膜和复合抑菌护色剂结合使用，能够达到同时保鲜和护色的效果，可显著延长酱卤肉制品的货架期，保持产品质量，促进肉禽加工业的快速、健康、持续发展，具有良好的经济效益和社会效益，为海藻酸钠可食性膜在酱卤肉制品中的实际推广应用奠定基础。

可食性膜不仅可以食用，也可以作为包装材料使用，可以与食品一起被消费，因而成为食品包装发展的新趋势。将可食性膜技术结合抑菌剂、护色剂应用于酱卤肉制品，为解决酱卤肉制品货架期短和储藏过程中色泽不稳定的问题提供了一种可行的方法，对肉制品企业具有重要的经济意义和环保意义。

可食性膜在商业上的应用较少，与塑料膜相比，可食性膜的机械性能尚无法满足包装要求，同时可食性膜的包装性能、喷涂方式等问题尚未完全解决。因此,在研究提高可食性膜的性能、提升其实用性等方面仍需要做大量的工作。相信随着研究开发的深入,可食性膜将会有更大的发展。

## 4.2 仙草贡丸

贡丸是一种具有中国传统特色的乳浊式低温肉制品,它以猪肉为主要原料,经过绞切、擂溃、煮制、成型、冷却、速冻等一系列工艺制成,在低温下储藏销售。贡丸因其独特的脆、香特点和极好的口感,深受消费者的欢迎,在亚洲和部分欧洲地区都具有广阔的市场。

仙草又名仙人草、凉粉草,为唇形科仙草属一年生草本植物,广泛种植于我国的广东、福建、广西和台湾等地,是一种药食两用的特色资源。近年来,随着一些知名凉茶品牌的崛起,其主要原料仙草也受到人们的广泛关注。

### 4.2.1 贡丸及仙草贡丸简介

#### 4.2.1.1 贡丸概述

以畜肉、禽肉、水产品等为主要原料,添加水、淀粉等食品辅料,经绞碎、腌制或不腌制、乳化(斩拌或搅拌)、成型、熟制或不熟制、冷却、速冻或不速冻等工艺制成的产品。

贡丸是我国一种历史悠久的家常传统肉制品食品,在我国已有近千年的传统。相传最早起源于清明时代的广东客家,是一种民间手工加工制品,贡丸因其食用便捷、营养美味等优点,使其广为流传。我国各地居民的饮食习惯存在较大差异,贡丸也因而呈现出品种、口味多样化的特点。贡丸属于肉类的深加工产品,是我国最主要的速冻肉制品之一,随着贡丸加工工艺的不断改进和完善,以及形成标准的工业化生产,保障了消费者的安全卫生,深受消费者喜爱。

#### 4.2.1.2 贡丸分类

按所使用原料可分有:牛、猪、鱼肉丸等品种。

按肉含量分为:特级(肉含量大于65%)、优级(肉含量大于55%)、普通级(肉含量大于45%)。

### 4.2.2 贡丸的制作

#### 4.2.2.1 贡丸的制作工艺

以畜肉、禽肉、水产品等为主要原料,添加水、淀粉等食品辅料,经绞碎、腌制或不腌制、乳化成型、熟制或不熟制、冷却、速冻等工艺而后制得。

一般贡丸工艺流程:原料肉预处理→解冻→绞肉→斩拌→添加辅料→搅拌→成型→熟制→冷却→包装→成品→ 4℃储藏。

仙草贡丸加工工艺流程:原料肉预处理→解冻→绞肉→斩拌→加入仙草提取物等其他辅料→乳化→成型→熟制→冷却→包装→成品→ 4℃储藏。

仙草提取液的制备:干仙草→清洗后 40℃烘干 24 h→粉碎后过 60 目筛→取 40 g 仙草,加 800 mL 的 0.14 mol/L $NaHCO_3$溶液 90℃煮制 3 h→200 目纱布过滤三次→离心取清液→稀盐酸调节 pH 为 7→旋转蒸发浓缩至 200 mL→4℃储藏备用。

贡丸基础配方:瘦肉 75,脂肪 25,食盐 2.0,白糖 1.5,味精 0.1,磷酸盐 0.3,胡椒粉 0.4,小苏打 0.3,木薯淀粉 6, 合计:110.6(单位均为 g)。

#### 4.2.2.2 操作要点

(1)原料选择。

购买来自非疫区且经过相关部门检验合格的新鲜去骨猪肉作为原料,原料的外观和相关的卫生指标必须符合要求;原料以腿肉和皮下肥膘为好。

(2)预处理和腌制。

将肉在清水中快速洗净、沥干,然后将肉上的淋巴、血管、结缔组织清理干净;将瘦肉和肥膘按比例混合,切成小块,加入食盐在低温条件下进行腌制。

(3)绞碎。

将腌制好的肉放入绞肉机内,绞碎至肉糜状,注意绞碎的温度不能过高,时间控制在 20 min 内,在搅拌的过程中为了防止蛋白质高温变性,添加冰水代替常温水以保持整个绞碎过程的低温状态。

(4)添加调味料。

按照预先设定的配方表,加入淀粉、白糖、味精、白胡椒、鲜葱、鲜姜等调味料,搅拌均匀。

(5)斩拌。

将调配好的肉糜放进斩拌机内进行斩拌,斩拌时间不能过长,过长会使得体系温度过高致使蛋白质变性,斩拌时间不足不能使体系内分子间相互交联形成网状结构,会降低产品的品质。

(6)成型。

人工成型或者使用肉丸成型机,将肉馅制成直径约 2.5 cm 的贡丸。

(7)预煮制。

将成型的肉丸,放入90℃左右的热水中煮制。预煮制时间受到产品尺寸、形态的影响,煮制时间太短会导致产品的夹生和微生物超标,煮制时间过长却容易使得产品出油和开裂,因此,预煮制时间的过长和不足都使得肉丸产品品质下降。

(8)冷却。

将煮制好的肉丸放入符合饮用水卫生要求的冰水中,当肉丸的中心温度冷却到10℃左右即可。冰水冷却不仅速度较快,不容易滋生细菌,而且冰水冷却可以消除肉丸蛋白质胶凝体的热塑性,防止肉丸在以后的工序中干瘪。

#### 4.2.2.3 各成分在贡丸中的作用

(1)食盐。

添加食盐主要有三个目的:

①溶解肌肉蛋白质,产生食品预期的质构。

②提供肉丸制品的风味。

③抑制微生物生长。

食盐对于肉糜凝胶网络的形成起到非常重要的作用,添加食盐可以稳定肌原纤维蛋白;此外,食盐不但可以降低肉丸制品的脂肪含量,提高产品成品率,而且能提高口感、风味等感官指标。

(2)脂肪。

脂肪的作用总的来说是改善产品质地和增加风味。脂肪具有保湿性,增加脂肪用量可以改善产品质地,提高成品率。

(3)淀粉。

加入淀粉一开始是为了降低成本,经过多年来对肉丸加工过程的研究发现,淀粉可以提高肉丸产品的相关指标(感官、得率、质地等),被认作是一种肉丸品质改良剂,其主要作用如下:

①提高肉丸保水性:肉丸在加热煮制过程中,淀粉发生糊化作用,肉内水分被淀粉颗粒吸收并且固定,改变了肉丸持水能力,使其更具紧密性。其中,蛋白质的变性发生在淀粉糊化之前,经过加热后蛋白质变性已基本完成并形成网络结构,其释出的水分被淀粉紧紧吸收形成凝胶;蛋白质在经过反复冻融后,失水严重,造成肉丸失去滑嫩的口感。为此,加入淀粉可以改善肉丸质构(增加弹性等)、提高肉丸耐冻性。

②改善肉丸组织形态:高温情况下,糊化淀粉与肉糜的调和,最大程度减少

了肉糜分子之间可能存在的小空洞。同时,淀粉颗粒糊化后分布均匀,赋予了肉丸良好的组织形态,使其切面平滑、有光泽。

③吸油乳化作用:淀粉具有吸油性和乳化性,对脂肪的流动有一定束缚作用,缓解脂肪流失带来的不良影响,改善产品外观和口感。对于肉丸的使用原料来说,脂肪的比例是比较大的。而脂肪在加热加工时易溶化,不仅使肉丸外观和内部结构发生变化,造成肉丸口感变劣,脂肪溶化流失甚至会影响成品率。为此,在肉丸中加入淀粉以避免或减少脂肪的流失。

#### 4.2.2.4　其他贡丸食品添加剂

为了使产品保持原有的商业价值,人们还通过添加以下几种添加剂来影响制品质构、成品率和风味等。

(1)食用胶类。

食用胶作为一类功能性食品添加剂被广泛用于食品工业,对冷冻食品加工尤其适用。在肉制品的生产中,国内允许使用的食用胶除仙草胶外,主要还有:瓜儿豆胶、黄原胶、卡拉胶、琼脂和明胶等。

食用胶添加到原料肉中,加热时能表现出充分的凝胶化和乳化效果。食用胶可以减少盐溶性蛋白的流失,抑制鲜味物质的溶出;同时,其形成的巨大网状结构可以保持水分,避免了肉汁流出,从而提高成品率,并使产品具有良好的弹性和韧性等感官品质。在肉丸的生产中,添加量一般在0.3%至0.6%的范围。

(2)磷酸盐。

磷酸盐作为诸多产品的保水剂应用在各领域的食品加工生产中。对于肉类产品的加工,磷酸盐可以降低蒸煮过程中的水分损失率,改善制品的保水性从而提高了成品率。目前国内允许使用的磷酸盐主要有:焦磷酸钠、三聚磷酸钠和六偏磷酸钠。

磷酸盐主要有以下作用:

①提高pH值。磷酸盐呈碱性,能使肉的pH向碱性偏移,远离蛋白质等电点,增强肉的保水能力。

②螯合金属离子。磷酸盐能螯合原先结合在蛋白结构中的金属离子,蛋白质释放出羧基,由于羧基发生静电相斥作用,致使蛋白质结构变得松弛,有利于水分扩散和渗透。

③抑制蛋白质变性。肌球蛋白的热不稳定性,在盐溶液中约30℃就开始变性,而磷酸盐对其变性有抑制作用,使肌肉蛋白质持水能力稳定。

④解离肌动球蛋白。肌球蛋白的增加可以使肉持水性增强,添加磷酸盐后

明显降低了肉丸的蒸煮损失和脂肪流失，增加了制品的弹性和聚合力，而且降低了红色值和黄色值。复合磷酸盐中焦磷酸钠和三聚磷酸钠的最佳比例为1:3，使用量的范围一般在0.2% ~0.5%。

### 4.2.3 仙草提取物对贡丸品质的影响

贡丸加工的核心基础理论是肌肉凝胶形成机理与控制，其生产中常加入淀粉类物质以提高其质构和保水特性。脂质氧化是影响贡丸质量的重要因素，它能导致变色、产生异味，甚至产生一些有毒化合物。而仙草提取物既能与淀粉结合产生良好的凝胶特性，又具有显著的抗脂质过氧化和抑菌等功能性作用，将其应用于贡丸的生产中，有利于解决贡丸食品品质不佳、储藏期短和添加剂滥用等问题。

仙草提取液中仙草空白液为不添加仙草，只加入0.14 mol/L $NaHCO_3$，90℃煮制3 h，调节pH为7后浓缩至200 mL备用。贡丸仙草提取物添加量各水平设计，在基础配方的基础上加入以下溶液，对照组：未添加—空白液20 g，第一组：1—空白液15 g + 仙草液5 g，第2组：2—空白液10 g + 仙草液10 g，第三组：3—空白液0 g + 仙草液20 g。

仙草胶添加量各水平设计：在基础配方的基础上加入以下溶液，对照组：未添加—蒸馏水20 g，第一组：G1—蒸馏水20 g + 仙草胶0.5 g，第2组：G2—蒸馏水20 g + 仙草胶1 g，第三组：G3—蒸馏水20 g + 仙草胶2 g，0.02%丁基羟基茴香醚（BHA）：在对照组的基础上添加占总肉重0.02%的BHA。

#### 4.2.3.1 仙草胶对贡丸质构特性的影响

将贡丸切成直径：25 mm，高：15 mm圆柱，置于TA - XT型质构仪载样台的中央做质构剖面分析。基本参数：圆柱形探头P36R，直径36 mm，测试前速度1.0 mm/s，测试速度1.0 mm/s，测试后速度1.0 mm/s，试样变形50%，两次压缩中停顿5 s。

质构和食品的外观、风味、营养一起构成食品四大品质要素。由表4 - 6可以看出，添加仙草胶处理组贡丸的硬度、弹性和咀嚼性较未添加仙草胶处理组有显著提高（$p<0.05$），G1和G2的硬度、弹性都较好，其中以实验2的样品为最佳样品。随着仙草胶添加量的增加，贡丸的硬度、弹性和咀嚼性均呈现先升高后降低的趋势，当仙草胶添加量为总肉重的1%时，达到最高，其硬度为1261.61 g，弹性为0.82 g，咀嚼性为754.42 g，比不添加仙草胶组分别提高了17.73%，9.33%和16.38%。当仙草胶添加量继续增加时，贡丸的质构特性反而降低。研究发

现,溶液中蛋白质与多糖的相互作用对蛋白质凝胶性有很大影响,在温度、pH 等理化条件适宜时,多糖能与蛋白发生作用,促进蛋白网络结构形成,增强凝胶强度,提高肉糜品质。当仙草胶浓度适宜时,多糖与蛋白交互作用,共同维持三维网络结构的稳定,有利于贡丸质构特性的提高,而当仙草胶浓度较高时,多糖也可能与肌肉蛋白发生拮抗作用,不利于乳化作用和蛋白凝胶的形成,从而导致贡丸食用品质的下降。

**表 4-6 不同仙草胶添加量贡丸的质构特性分析**

| 添加水平 | 硬度(g) | 弹性(g) | 咀嚼性(g) |
|---|---|---|---|
| 未添加 | $1071.32 \pm 22.37^{b}$ | $0.75 \pm 0.032^{d}$ | $647.88 \pm 3.53^{a}$ |
| G1 | $1164.32 \pm 10.03^{ab}$ | $0.81 \pm 0.065^{b}$ | $734.73 \pm 8.16^{b}$ |
| G2 | $1261.61 \pm 50.56^{a}$ | $0.82 \pm 0.012^{a}$ | $754.42 \pm 3.46^{a}$ |
| G3 | $1136.08 \pm 33.93^{b}$ | $0.79 \pm 0.0017^{c}$ | $653.32 \pm 4.71^{c}$ |

注:a、b、c 在同列字母中,相同表示差异不显著,不同则表示差异显著($n=5, p<0.05$)。

#### 4.2.3.2 仙草胶对贡丸色泽的影响

将贡丸切成直径 25 mm,高 15 mm,光滑、平整的圆片,置于 X-Rite SP60 型色差仪的光圈上,先对仪器进行调零,再调白,记录亮度($L^*$)、红度($a^*$)和黄度($b^*$)值,$L^*=0$ 为黑色,$L^*=100$ 为白色,$+a^*$ 值越大,颜色越接近红色,$-a^*$ 值越小越接近绿色;$+b^*$ 值越大,颜色越接近黄色,$-b^*$ 值越小越接近蓝色。

色泽是评价贡丸感官品质的重要指标,也是影响消费者购买力的重要因素。色差仪可用于颜色的测定,业内最常用的是 CIE Lab 色空间,通常以 $L$ 值表示颜色的亮度,$a^*$ 值表示颜色的红度,$b^*$ 值表示颜色的黄度。由表 4-7 可知,仙草胶添加量对贡丸 $L^*$ 值、$a^*$ 值、$b^*$ 值均有显著影响($p<0.05$)。同对照组相比,随着仙草胶添加量增加,贡丸颜色逐渐加深,$L^*$ 值、$b^*$ 值逐渐降低,$a^*$ 值逐渐提高,说明仙草胶的加入明显改变了贡丸的本来的色泽状态,这可能是因为仙草富含咖啡色素,仙草经高温碱提后呈棕褐色,加入肉中引起贡丸色泽的变化,导致亮度和红度降低。此外,仙草胶主要成分为多糖,在贡丸煮制过程中,里面的还原糖可能与肉中的蛋白质发生美拉德反应,生成一些类黑色物质,也会引起色泽的变化。当仙草胶添加量增加到总肉重的 2% 时,贡丸颜色变得暗和黑,不易被食者接受。

表 4-7 仙草胶添加量对贡丸色泽的影响

| 实验组 | $L^*$ 值 | $a^*$ 值 | $b^*$ 值 |
|---|---|---|---|
| 未添加 | $76.88 \pm 0.21^{a}$ | $0.60 \pm 0.12^{b}$ | $15.08 \pm 0.52^{a}$ |
| G1 | $53.63 \pm 0.55^{b}$ | $3.66 \pm 0.18^{b}$ | $14.64 \pm 0.39^{a}$ |
| G2 | $44.62 \pm 0.69^{c}$ | $4.50 \pm 0.13^{a}$ | $13.09 \pm 0.25^{b}$ |
| G3 | $38.71 \pm 0.52^{d}$ | $4.11 \pm 0.04^{a}$ | $10.83 \pm 0.23^{c}$ |

注：a、b、c、d 在同列字母中，相同表示差异不显著，不同则表示差异显著（$n=5, p<0.05$）。

#### 4.2.3.3 感官评定

挑选食品专业评委 10 人，从色泽、口感、滋味、组织、弹性 5 个方面评价仙草贡丸的风味品质，各方面分别下设次级指标，满分为 25 分。评分结果以样品平均分显示（样品平均分 = 总评分/评价员数）。具体标准见表 4-8。

表 4-8 贡丸感官评定标准

| 项目 | 评分标准 | 喜好 | 分值 |
|---|---|---|---|
| 色泽 | 灰白色 | 喜欢 | 5 |
| | 较黄 | 一般 | 3 |
| | 色泽褐变，不正常 | 厌恶 | 1 |
| 口感 | 鲜嫩爽口，柔软不硬实 | 喜欢 | 5 |
| | 爽口，较实，不够柔软 | 一般 | 3 |
| | 松软无咬劲 | 厌恶 | 1 |
| 滋味 | 具有猪肉的鲜味，可口 | 喜欢 | 5 |
| | 口味正常，肉味不够浓 | 一般 | 3 |
| | 肉腥味较重 | 厌恶 | 1 |
| 组织 | 切面细密，气孔细小均匀 | 喜欢 | 5 |
| | 切面较细密，基本无大气孔 | 一般 | 3 |
| | 切面不均匀，膨松 | 厌恶 | 1 |
| 弹性 | 指压不破裂，30 cm 落下能弹跳 2 次 | 喜欢 | 5 |
| | 指压不破裂，30 cm 落下能弹跳 1 次 | 一般 | 3 |
| | 指压即破裂 | 厌恶 | 1 |

注：分值为 20～25 很好，18～20 较好，15～18 好，10～15 可接受，10 以下为差，不可接受。

贡丸的感官评分如图 4-11 所示，随着仙草胶添加量的增加，贡丸的感官总评分呈现先增加后降低的趋势，平均分高低顺序为 G2 > G1 > 未添加组 > G3。G3 组贡丸样品色泽褐变，缺乏咬劲，仙草气味较重，切面不均匀，膨松，对贡丸的组织状态和感官起反作用，难以被食用者接受，其原因可能是仙草胶添加过多，仙草与肌肉蛋白竞争水分，破坏蛋白质分子间的相互作用力，不利于肌球蛋白分子三维网状结构形成和凝胶化作用，导致贡丸品质变差。而 G2 组贡丸虽然色泽较对照组有所变暗，但稳定均匀，被食用者接受，贡丸鲜嫩爽口，柔软不硬实，具有猪肉的鲜味和仙草的特殊香味，切面细密，气孔细小均匀，指压不破裂，30 cm 落下能弹跳 2 次，整体评价最高。

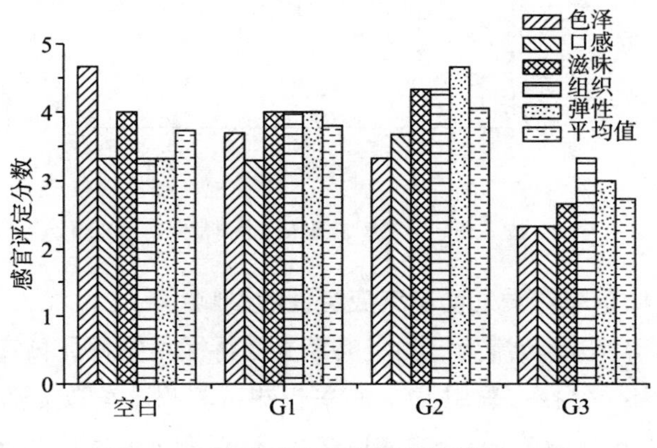


图 4－11　仙草贡丸感官评定结果（n＝10）

#### 4.2.3.4　仙草胶对贡丸保水保油性的影响

贡丸切片后取 1 g 置于滤纸上，另一片滤纸置于其上，定压 1000 g 挤压 1 min，加压前后分别称重，记录加压前重量（$W_1$）和加压后重量（$W_2$），则加压条件下的保水保油性可以用加压失重率 $X_p$（Pressing loss）表示，如式（4－2－1）：

$$X_p = \frac{W_1 - W_2}{W_1} \times 100\% \qquad (4-2-1)$$

保水保油性是低温凝胶肉制品的重要功能特性，它直接影响到贡丸的品质和感官效果。加压损失率越低，说明产品的保水保油能力越强。从图 4－12 中加压损失率变化规律可以看出，3 组贡丸的加压损失率在储藏期间均呈上升趋势，说明贡丸的保水保油能力逐渐下降。三组贡丸的加压损失率差异显著（$p < 0.05$），其大小顺序为：对照组 > BHA 贡丸 > 仙草贡丸，表明添加仙草胶提高了贡丸的保油保水能力。贡丸的储藏期间，脂肪和蛋白发生氧化，使贡丸凝胶结构遭到破坏，组织松懈导致内部结构发生变化，加压时肌肉内部水分渗出，包裹的脂肪也易溶出，导致保水保油能力下降。仙草胶可以促进肉凝胶网络形成，还可以同淀粉提高保水性，且仙草胶具有抗氧化和抑菌效果，可以降低产品氧化和腐败对凝胶结构的破坏，因此添加仙草胶的贡丸加压损失率较低，保水保油能力较强，产品品质较好。

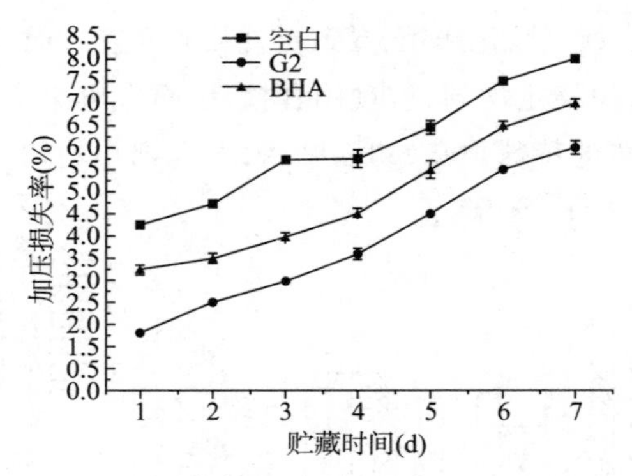


图 4 – 12　贡丸 4℃贮藏期间加压损失率的变化

#### 4.2.3.5　仙草胶对贡丸动态流变特性的影响

采用 MCR101 型旋转流变仪测定肉糜流变特性。先将乳化完成的肉糜样品均匀地涂布在测试平台上，采用 50 mm 平板测试。测试参数为：频率为 0.1 Hz，应变为 1%，上下狭缝为 1 mm。样品以 2 ℃/min 恒定速度由 20℃升温至 90℃，再从以 5 ℃/min 恒定速度由 90℃降温至 20℃。记录不同仙草添加量肉糜在加热过程中储存模量（$G'$）随温度升高的变化情况。在测试过程中，用石蜡封住平行板周围缝隙，防止水分蒸发影响实验结果。

由图 4 – 13 可知，不同仙草胶添加量的肉糜体系中储能模量（$G'$）在加热过程中具有相同的变化趋势图。升温过程：储能模量在 20 ~ 45℃范围内下降，在 46 ~ 53℃范围内逐渐增加，直至达到一个极大值，随后在 53 ~ 60℃范围内又开始逐渐下降到最小值，之后又在 61 ~ 72℃范围内迅速上升，在 72 ~ 85℃范围内缓慢上升，最后在 85℃以后达到平台期，基本保持稳定。肉糜体系在 20 ~ 45℃范围内 $G'$降低，可能是因为肉糜乳化时温度较低导致肉脂肪凝固，加热后随着温度上升，脂肪熔化为液态，导致储能模量降低；46 ~ 85℃范围内则与肉肌原纤维蛋白热诱导凝胶变化趋势相同，肉糜在加热过程从无序逐渐形成有序的三维网络凝胶，储能模量升高。相比升温过程的变化，降温过程趋势则比较简单统一，在 90 ~ 20℃范围内 $G'$均呈现缓慢上升态势，说明经过加热过程，肉糜已经形成了不可逆的凝胶状态，降温过程中肉糜分子热运动降低，肉糜的凝胶性能进一步巩固，所以凝胶强度不但没有降低，反而继续升高。

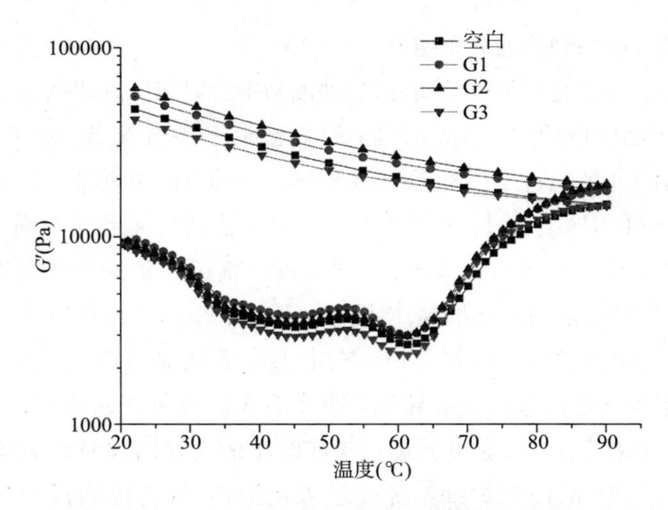


图 4-13 仙草胶添加量对肉糜加热过程中储能模量变化的影响

另外,随着仙草添加量的增加,肉糜凝胶的储能模量先增加后降低,与贡丸 TPA 分析中的硬度变化趋势相同,贡丸加工的核心基础理论是肌肉盐溶蛋白的热诱导凝胶,而本段研究和第三章中仙草胶对盐溶蛋白的影响研究的一致性,说明了仙草胶对肌肉蛋白凝胶的作用具有两面性,适宜浓度时促进凝胶,提高了凝胶强度,浓度较高时则不利于凝胶形成,导致凝胶强度降低。

## 4.2.4 仙草胶抗氧化能力

### 4.2.4.1 仙草胶抑制猪油氧化能力研究

通过高温烘箱加速氧化法研究不同抗氧化剂对猪油氧化的抑制作用,实验组分别添加 0.02% 的仙草胶、VC 和叔丁基羟基茴香醚(BHA),以不加任何抗氧化剂的油脂作为空白对照组,测定了油脂过氧化值和酸价的变化,结果如图 4-14和图 4-15所示。过氧化值是衡量油脂酸败程度的重要指标。从图 4-14可知,随着放置时间的延长,四组油脂逐渐被氧化,POV 值均呈上升趋势。放置第3 d以后,添加了仙草胶、VC 和 BHA 的样品 POV 值显著低于空白对照组($p<0.05$),说明三种物质均可有效抑制油脂的氧化。添加三种物质的试验组中,VC 组的 POV 上升较快,抑制猪油氧化能力较弱,这种现象可能与 VC 溶解性有关,VC 属于水溶性维生素,在油脂中溶解度较低,因此其在猪油中不能完全溶解,难以发挥抗氧化效果。仙草胶在油脂中有一定溶解性,有少量沉淀于底部,BHA 可完全溶于猪油溶液中,从图 4-14 可以看出,添加仙草胶组猪油的 POV 上升较慢,与对照组和添加 VC 相比,抑制猪油 POV 升高效果显著($p<0.05$),与添加 BHA 组差异不显著($p>0.05$),说明仙草胶具有较强的抑制猪油氧化能力。

酸价可作为油脂变质程度的指标，反映油脂中游离羧酸基团数量。从图4－15可以看出，空白组的酸价高于添加不同抗氧化剂组，差异显著（$p<0.05$）。未添加组酸价在第3 d就超过了国标规定（1.3 mg/g），添加VC组第4 d时酸价超标，而添加仙草胶和BHA组酸价均到第5 d才超标且两者差异不显著（$p<0.05$）。对比图4－14和图4－15可以看出，不同抗氧化剂组酸价的变化趋势与POV相同，三种抗氧化剂对猪油氧化抑制作用强弱依次为BHA＝仙草胶＞VC。

仙草胶具有一定的抗脂质过氧化作用，其主要机制可能与仙草中所含的多糖、多酚、黄酮等活性成分直接清除氧自由基有关。有研究认为仙草提取物是一种有效的外源性抗氧化剂，它可通过直接或间接的途径清除氧自由基，阻断体内脂质过氧化的进程，从而保护细胞免受过氧化损伤，维持细胞正常的生理功能。研究发现酸性多糖的抗氧化作用较中性多糖更佳，并认为酸性多糖中的羧基在发挥抗氧化功效中起到了非常重要的作用，而仙草胶中含有大量的糖醛酸，这或许也是其具有抗氧化活性的重要原因。

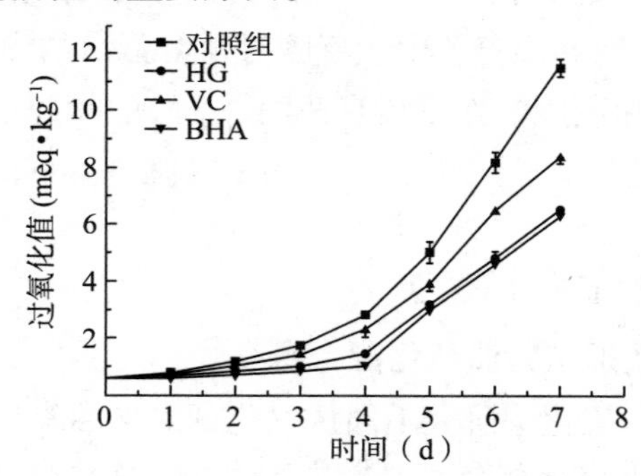


图4－14　仙草胶对猪油过氧化值（POV）的抑制作用

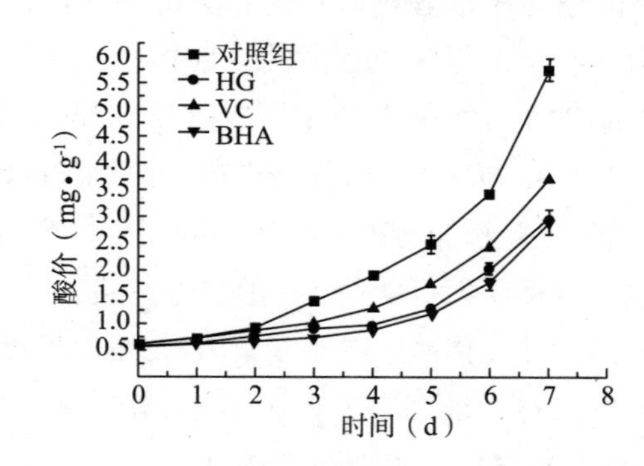


图4－15　仙草胶对猪油酸价值（AV）的抑制作用

### 4.2.4.2　仙草胶对贡丸总抗氧化能力的影响

取 10 g 捣碎贡丸，加 50 mL 甲醇，于 50℃的恒温振荡器中恒温萃取 1 h，过滤，取 1 mL 试样，加 pH 6.6 的磷酸盐缓冲液 2.5 mL 和 1% 铁氰化钾[$K_3Fe(CN)_6$]溶液 2.5 mL，混合后在 50℃放置 20 min，加入 10% 三氯乙酸溶液 2.5 mL 混合，取混合液 2.5 mL，加入 2.5 mL 蒸馏水和 0.1% 氯化铁溶液 2.5 mL，混匀，静置 10 min，以试剂代替试样作为空白调零，在 700 nm 处测定吸光度(A0)，则总抗氧化能力可以用 A0 来表示，值越大则还原能力越强。

抗氧化剂是通过自身的还原作用使自由基转变成稳定的分子，从而失去活性。还原力越大，抗氧化能力就越强，因此可以通过测定还原力来评价抗氧化活性的强弱。本文采用普鲁士蓝法来检测仙草贡丸的还原力。以普鲁士蓝的生成量作为指标，在 700 nm 处比色，吸光值越大表明样品的还原力越大。由图 4－16 可以看出，随着仙草胶添加量的增加，贡丸的总抗氧化能力有显著提高($p < 0.05$)。低温肉制品非常容易氧化腐败，肌肉中的 $Fe^{3+}$ 可以与氧合肌红蛋白结合，生成高铁肌红蛋白，严重影响肉色，此外，肉制品中的一系列氧化反应还容易导致肉的腐败变质。仙草胶的加入显著提高了贡丸的还原能力，对于贡丸的色泽和品质有重要作用。

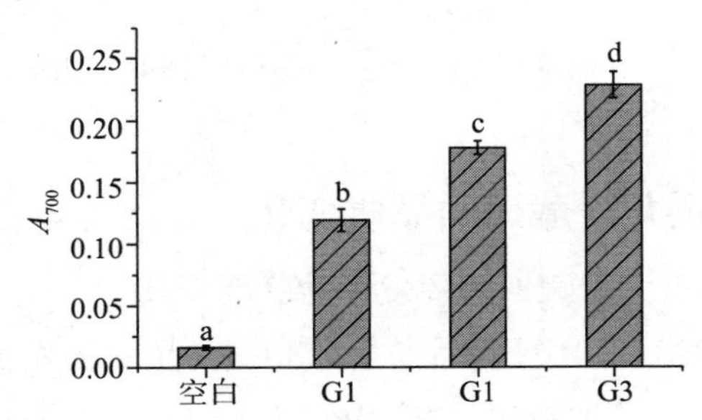


图 4－16　仙草胶添加量对贡丸总抗氧化能力的影响

### 4.2.4.3　仙草贡丸清除 DPPH 自由基能力的测定

取 10 g 捣碎贡丸，加 50 mL 甲醇，于 50℃的恒温振荡器中恒温萃取 1 h，过滤，取上清液 517 nm 波长下测定其吸光度 $A_i$。同时 2 mL 浓度为 0.1 mmol/L DPPH 溶液和 2 mL 甲醇备用。

在装有 2 mL DPPH 的甲醇溶液中，加入 2 mL 样品溶液，振荡后在黑暗中室温下放置，使其反应 30 min，以甲醇溶液为空白，测定混合后的吸光值 $A_0$ 与 2 mL 样品液和 2 mL 无水乙醇混合后的吸光值 $A_j$。清除率按式(4－2－2)计算。

$$清除率(\%)=\frac{A_0-(A_i-A_j)}{A_0}\times 100\% \qquad (4-2-2)$$

由图4－17可以看出，随着仙草胶添加量的增加，贡丸的清除DPPH自由基能力有显著提高（$p<0.05$），说明仙草胶可以增加贡丸的清除DPPH自由基能力。四组贡丸中G3组清除率最高，达到60.2%，是不添加时的1.8倍。肉制品中含有较丰富的蛋白质和脂肪，它们不仅给人类提供营养，在肉制品储藏过程中，会发生一系列氧化反应，还会产生一些自由基，给人体带来不利的影响。由前人研究结果可知，仙草胶具有良好的抗氧化能力，而本研究结果表明，仙草胶加入贡丸中，不仅能改善凝胶，还显著提高了贡丸的抗氧化和清除自由基能力，增强了肉制品的抗氧化功能。

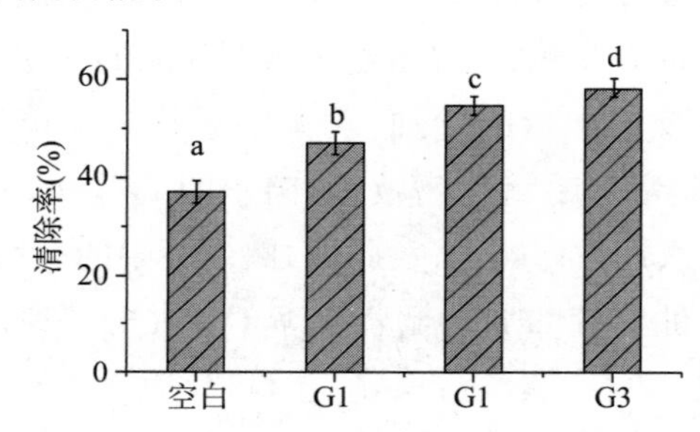


图4－17 仙草胶添加量对贡丸清除DPPH能力的影响

## 4.2.5 仙草贡丸冷藏期间品质变化

### 4.2.5.1 仙草贡丸冷藏期间挥发性盐基氮变化

参照GB 5009.228—2016《食品安全标准 食品中挥发性盐基氮的测定》中的半微量定氮法进行。称取绞碎、混合均匀的10.00 g贡丸于锥形瓶中加100 mL水，摇匀，浸渍30 min，过滤，备用。蒸馏滴定：将盛有10 mL硼酸吸收液（20 g/L）及5滴混合指示液（等体积甲基红—乙醇指示剂（2 g/L）、亚甲基蓝指示剂（1 g/L）混合的锥形瓶置于冷凝管下端，并使其下端插入硼酸吸收液的液面下，准确吸取10.0 mL上述试样滤液于蒸馏器反应室内，加5 mL氧化镁混悬液，迅速盖塞，并加水以防漏气，通入蒸汽，进行蒸馏，蒸馏5 min即停止，吸收液用盐酸或硫酸标准滴定溶液（0.01 mol/L），终点至蓝紫色。同时做试剂空白试验。

试样中挥发性盐基氮的含量按式（4－2－3）计算，计算结果保留三位有效数字。

$$X=\frac{(V_1-V_2)\times c\times 14}{m\times 5\times 100}\times 100 \qquad (4-2-3)$$

式中：$X$ 为试样中挥发性盐基氮的含量，单位为 mg/100g；$V_1$ 为测定用样液消耗盐酸标准溶液体积，单位为 mL；$V_2$ 为试剂空白消耗盐酸标准溶液体积，单位为 mL；$c$ 为盐酸标准溶液的实际浓度，单位为 mol/L；14 为与 1.00 mL 盐酸标准滴定溶液（$c_{HCl}$ = 1.00 mol/L）相当的氮的质量，单位 mg；$m$ 为试样质量，单位为 g。

图 4－18 反映了添加不同物质的贡丸在储藏期间 TVB－N 值的变化。挥发性盐基氮（TVB－N），是肉制品新鲜度的一个重要的化学指标，其变化与肉制品中微生物及酶的含量和活性及蛋白质的稳定性有关，微生物及酶的含量越大，活性越高，TVB－N 的增加趋势越明显。从图 4－18 可以看出，随着时间的延长，所有处理组 TVB－N 值均逐渐升高，其中不添加仙草胶的对照组 TVB－N 值升高最快，添加 0.02% BHA 组上升最慢。对照组贡丸的 TVB－N 值在第 5 d 就到达了 20.62 mg/100g，超过国标规定 20 mg/100g，而仙草猪肉贡丸在第 7 d 才超过国标规定，为 22.56 mg/100g，延长了 2 d 的保质期。添加仙草胶贡丸 TVB－N 值增长速度低于对照组，这可能是因为仙草中含有的多糖、黄酮和酚类等功能性成分具有抑菌作用，可降低由细菌引起的蛋白质分解产生氨以及胺类等碱性含氮物质的速度，从而减缓贡丸制品中蛋白质被分解为挥发性碱性含氮物质的可能。

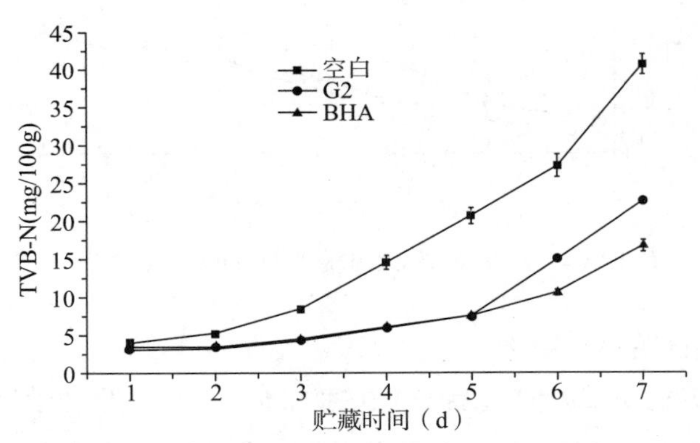


图 4－18　贡丸在 4℃贮藏期间 TVB－N 值的变化

#### 4.2.5.2　仙草贡丸冷藏期间硫代巴比妥酸反应物（TBARS）变化

准确称取粉碎后样品 10 g，置于 10 mL 具塞三角瓶内，4℃冰箱保存。TBARS 测量方法如下：

加入 50 mL 的 7.5% 三氯乙酸溶液（含 0.1% EDTA），均质机均质 30 s，然后置于摇床中速振摇 30 min,双层滤纸抽滤。移取滤液 5 mL 加入 5 mL TBA 溶液(0.02 mol/L),混匀后 100℃加热 40 min,冷却 1 h,离心 5 min(2000 r/min),移取上清液加入 5 mL 氯仿,532 nm 和 600 nm 波长处比色(同时做空白实验)记录吸光值,并用式(4-2-4)计算 TBA 值:

$$\text{TBA 值(mg/100g)} = \frac{A_{532} - A_{600}}{155} \times \frac{1}{10} \times 72.6 \times 100 \qquad (4-2-4)$$

TBARS 值是指动物性油脂中不饱和脂肪酸氧化分解所生成的衍生物如丙二醛(MDA)与 TBA 反应的结果,其高低表明脂肪氧化终极产物的形成,是脂肪氧化后期的判定指标。从图 4-19 可以看出,随贮藏时间的延长,各处理组贡丸的 TBA 值呈上升趋势,但添加仙草胶贡丸的 TBA 值明显低于对照组,差异显著($p<0.05$)。仙草贡丸的 TBARS 值较小,表明仙草胶能有效抑制猪肉脂肪氧化,提高贡丸品质和抗氧化能力。添加 0.02% BHA 的贡丸 TBA 值与添加 1% 仙草胶贡丸差异不显著($p>0.05$),说明仙草贡丸在抑制脂肪氧化的能力与 0.02% BHA 相当。

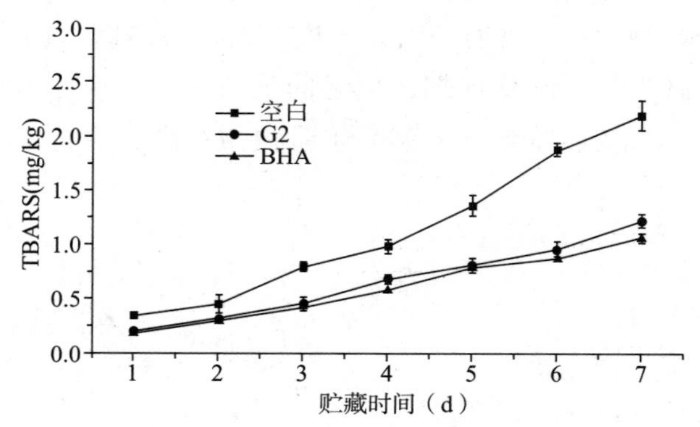


图 4-19　贡丸在 4℃贮藏期间 TBA 值的变化

### 4.2.5.3　菌落总数变化

参考 GB 4789.2—2016《食品安全国家标准　食品微生物学检验菌落总数测定》,取 25 g 样品加入 225 mL 灭菌蒸馏水中均质制备 10 倍系列稀释液,选择 2~3 个适宜稀释度样品稀释液,各取 1 mL 分别加入无菌培养皿内,每皿加入 15~20 mL 平板计数琼脂培养基,混匀,36℃±1℃,48 h±2 h 培养,计算菌落总数。

引起肉制品腐败的菌有细菌、霉菌、酵母菌等,但主要是细菌。由图 4-20 可知,贡丸随贮藏时间延长,菌落总数不断上升($p<0.05$),但后期增加缓慢。灭菌后,成品中残存下来的微生物在新的贮藏环境条件下,利用肉制品中的各种营

养物质,进行自我生长和繁殖,在前期生长比较慢,短暂适应之后,微生物进入了对数生长期,菌落总数急剧上升。随后微生物达到一定数量时,进入稳定期,生长速度逐渐降低,总数增加缓慢。

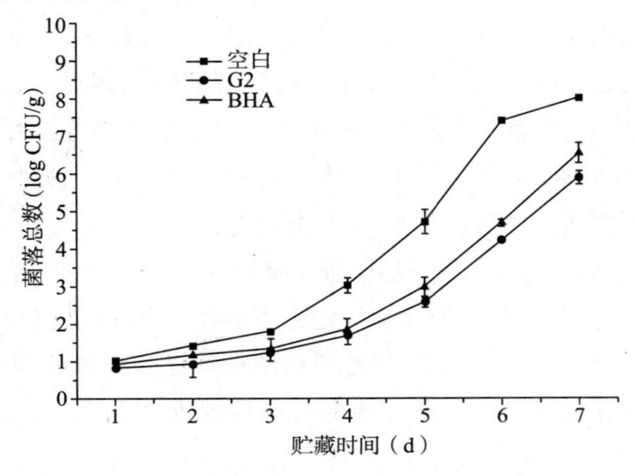


图 4-20 贡丸 4℃贮藏期间菌落总数的变化

在储藏过程中,随着时间的延长,菌落总数不断上升,三种贡丸差异显著($p < 0.05$),菌落总数大小顺序为:未添加仙草贡丸 > 添加 BHA 贡丸 > 仙草贡丸。对照组贡丸在第 5 d 时,菌落总数已经超过国标,不具备食用价值,而仙草胶组和 BHA 组菌落总数都是在第 7 d 才超过国标规定,比对照组延长了 2 d,表明仙草胶能抑制贡丸中细菌生长。从细菌数量和增长速度来看,仙草胶组的抑菌效果要好于添加 BHA 组。仙草胶的抑菌作用可能是其中含有的活性多糖和黄酮类物质引起的。研究表明,绝大部分黄酮类物质均可抑制金黄色葡萄球菌、变形杆菌、大肠杆菌和痢疾杆菌等细菌,这些细菌是食品加工和储存过程中常见的腐败菌种和致病菌,还有报道认为多糖—蛋白体系可增强蛋白体系抗菌性,降低了由细菌引起的蛋白质分解产生氨以及胺类等碱性含氮物质的速度,有效延长保质期。

### 4.2.6 结论与展望

在工业化实际生产过程中,贡丸受到原料、配方、工艺等方面多种因素综合影响。对于生产者而言,在降低生产成本的同时,也要保障产品的食用品质及安全,生产出物美、价廉、安全的产品,是企业生存和竞争的根本所在。

淀粉是肉品加工中最常用的填充剂之一,它在肉制品中同时兼有促进保水和乳化的作用,改善肉制品的组织结构、口感和风味,降低生产成本、增加经济效益,同时可满足人们对健康肉制品低钠、低胆固醇的需要,已在国内外肉食行业广泛使用。淀粉对低温凝胶肉制品的质构特性影响显著,其原因是淀粉在加热糊化过程中能吸收比自身体积大几十倍的水分形成凝胶,能够较好地对肉块及肉糜起黏结作用,具有增稠和乳化效果,改善食品品质,但过多的淀粉会使产品组织粗糙、无弹性、色泽浅、口感差。木薯淀粉属于野生植物淀粉,无污染、口感纯正,富含碳水化合物、粗蛋白质和人体所需的各种维生素,是制作贡丸的好原料。在贡丸斩拌中加入木薯淀粉的主要作用是提高贡丸的保水性和附着力,加热过程中,淀粉颗粒吸水、膨胀、糊化,肌肉蛋白质发生变性作用,并形成了网状结构,此时淀粉颗粒夺取存在于网状结构中不够紧密的水分,这部分水分被淀粉颗粒固定,因而保水性提高。淀粉的使用会使得率提高而降低成本,因而在贡丸制品加工中是十分重要的。木薯淀粉还可增加弹性,保持贡丸组织切面平滑有光泽,同时淀粉还可以乳化脂肪,减少脂肪流失,避免肥腻感。

仙草胶既能和木薯淀粉形成良好的凝胶,又具有改善盐溶蛋白凝胶的功能。适宜浓度仙草添加物不仅能够改善蛋白凝胶,还能赋予其特殊的保鲜功能。当仙草添加量过高时,则不利于乳化作用和凝胶的形成,形成的网状结构松散,保水保油能力下降,肉丸品质较差。综合成本、感官评分及质构特性等因素,当仙草胶的添加量为总肉重的1%时,肉丸的质构和感官评分最佳。仙草胶既能改善猪肉肉丸的质构特性和感官品质,又可以增强肉丸的抗氧化能力。当仙草胶添加量为总肉重的1%时,不仅有效改善了肉丸的质构特性,同时肉丸的感官品质也达到最佳,其硬度、弹性和咀嚼性比未添加组分别提高了17.73%,9.33%和16.38%。此外,仙草胶还显著提高了肉丸的清除DPPH自由基和$Fe^{3+}$还原能力。4°C下储藏实验表明,与对照组(未添加仙草)比较,添加1%仙草胶能显著减缓肉丸TBARS值、TVB-N值和菌落总数的上升速度,对照组中肉丸TVB-N值和菌落总数在第5天就已经超过了国标,而仙草组第7天才超国标,有效延长了货架期。与添加0.02% BHA组相比,其抑制脂肪氧化能力差异不显著,但是抑菌能力和保水保油能力显著提高。仙草胶同时具备改善凝胶性能与抑菌保鲜两大功能,且仙草种植简单、成本低廉、提取率高,这为仙草在肉制品中的应用提供了广阔的前景。